PythonとChatGPTを活用する
スペクトル解析実践ガイド

ケモメトリクスから機械学習まで

稲垣 哲也 著
Tetsuya Inagaki

講談社

まえがき

　本書では，「スペクトルを取り扱うすべての大学生，研究者，データサイエンティスト」を対象とし，スペクトルにケモメトリクスや機械学習を適用して，分類・定量を行う方法について学んでいきます。

　皆さん自身でプログラムを駆使して分類・定量を自由自在に行えるようになるためは，①プログラミング（本書では Python），②統計，③ケモメトリクスと機械学習，④スペクトル，⑤試料について学ぶ必要があります。本書では，特に①〜③について，初学者の方でも理解できるようにていねいに説明を進めていきます。もちろん，これらを十分に理解している読者にとっても，新しい発見のある内容になっていると思います。

　統計，ケモメトリクス，機械学習のそれぞれについて詳しく学んだ後，Python プログラムで実際のデータを用いて解析を行うことで，スペクトル解析の理論と実践の両方を理解していきます。また，プログラムを効率的に書くために，ChatGPT の効果的な使い方についても説明します。

　なお，本書で用いるデータやプログラムのソースコードは，すべて GitHub 上のサポートサイトからダウンロードして利用できるので，安心して学習を進めていけます。また，本書に掲載されているすべてのプログラムについて，詳細な解説動画を購入者限定で無料公開しています。詳しくは 2.1 節をご覧ください。

GitHub のサポートサイト（講談社サイエンティフィクの本書書籍ページにもリンクを掲載）
https://github.com/inatetsu2nd/SpectralAnalysisPractice

　本書の構成は以下のようになっています。まず，第 1 章でスペクトル解析の基本のほか，ケモメトリクスと機械学習の違い，さらにはケモメトリクスと機械学習をどのように使い分けるべきかについて，因果と相関という観点から考えます。第 2 章では，Python プログラミングの導入と基本的な使い方を説明します。第 3 章と第 4 章では，スペクトル解析を行う上で知っておくべき統計と線形代数の基礎を Python を使いながら学びます。第 5 章では，ChatGPT を用いた効率的なプログラミングの方法を説明します。第 6 章と第 7 章でケモメトリクスの基礎知識，第 8 章でスペクトルの前処理，第 9 章で機械学習の基礎知識をスペクトル解析の手順に沿って学びます。第 10 章では，基本的なスペクトル操作の実践を説明した後，第 11 章でケモメトリクスと機械学習を実践します。最後の第 12 章では，ハイパースペクトルイメージング解析について解説します。

2025 年 1 月

稲垣　哲也

目次

まえがき iii

第1章　スペクトル解析の基礎知識　　　1

- **1.1　機器分析**　　1
- **1.2　分光分析とスペクトル**　　2
- **1.3　スペクトル解析**　　2
- **1.4　従来のスペクトル解析とPythonによるスペクトル解析**　　4
- **1.5　Pythonを使用する利点**　　4
- **1.6　機械学習とケモメトリクスのスペクトル解析への適用**　　5
  - 1.6.1　機械学習とは 5
  - 1.6.2　ケモメトリクスとは 6
  - 1.6.3　ケモメトリクスと機械学習の違い 7
  - 1.6.4　スペクトル解析における相関と因果の区別の重要性 ... 8
  - 1.6.5　検量線と検量モデル 8
- **1.7　相関と因果**　　9
- **1.8　ノーフリーランチ定理**　　11
  - **コラム 1** ▶ 公理と定理 13

第2章　Pythonプログラミングの導入と基礎　　　15

- **2.1　Python（Jupyter Notebook）の環境構築**　　15
- **2.2　GitHubからのデータのダウンロード**　　17
- **2.3　Pythonプログラミング入門**　　18
  - 2.3.1　キーボードショートカットとMarkdown 19
  - 2.3.2　変数の取り扱い 21
  - 2.3.3　リスト 21

v

目次

2.3.4	タプル	23
2.3.5	bool 型	23
2.3.6	if 文	24
2.3.7	for 文	26
2.3.8	関数の定義	27

2.4 ライブラリ　　29

2.4.1	ライブラリとは	29
2.4.2	ライブラリのインストールとインポート	31
2.4.3	Python とライブラリのバージョンについて	33
2.4.4	ライブラリの利用方法	34

第3章 Python で理解する基礎統計　　36

3.1 平均，分散，標準偏差　　36

3.2 正規分布　　38

3.3 データフレームの取り扱い　　40

3.3.1	データフレームの作成	40
3.3.2	インデックスがないデータ	41
3.3.3	インデックスもカラム名もないデータ	42
3.3.4	データフレームの操作	43

3.4 pandas で正規分布を理解する　　45

3.4.1	平均値と標準偏差の計算	47
3.4.2	ヒストグラムと正規分布のグラフの作成	48
3.4.3	Z スコアを用いた統計的指標の計算	49

3.5 母集団と標本，偶然誤差と系統誤差　　50

3.6 点推定　　51

3.7 区間推定　　52

3.7.1	母集団の分散が既知の場合の信頼区間の求め方	52
3.7.2	母集団の分散が未知の場合の信頼区間の求め方	54
3.7.3	母集団の信頼区間の推定	58

3.8 対応のある t 検定　　62

3.9 対応のない t 検定　　65

3.10 相関係数と p 値　　68

第4章 Pythonで理解する線形代数 72

4.1 行列の基本演算 72
4.1.1 行列の和，差，積 72
4.1.2 単位行列と逆行列 73
4.1.3 Pythonを用いた行列の基本演算 74

4.2 逆行列で連立方程式を解く 76
4.2.1 逆行列を用いた連立方程式の解き方 76
4.2.2 Pythonによる行列を用いた連立方程式の解き方 77
4.2.3 逆行列が求まらない連立方程式 77
4.2.4 単回帰分析（最小二乗法） 78
4.2.5 Pythonによる単回帰分析（最小二乗法） 80

4.3 DataFrame (pandas) とndarray (NumPy) の関係 83

コラム 2 バタフライ効果（グーテンベルグ・リヒター則と偶然性） 88

第5章 ChatGPTの効果的な使い方 89

5.1 ChatGPTの概要 89

5.2 ChatGPTの機能 90
5.2.1 プラグイン 90
5.2.2 ウェブブラウジング 91
5.2.3 Advanced data analysis 91
5.2.4 DALL–E 画像生成 93
5.2.5 MyGPTs 93

5.3 プロンプトエンジニアリング 93
5.3.1 プログラムの理解 94
5.3.2 プログラムのデバッグ 95
5.3.3 プログラムの更新 96
5.3.4 プログラムの生成 97

コラム 3 社会学（相関と蓋然性） 99

第6章 ケモメトリクスの基礎知識 100

6.1 ランベルト・ベール則 100

6.2 古典的最小二乗 (CLS) 法 102

vii

目次

6.2.1	ランベルト・ベール則を拡張する	102
6.2.2	純スペクトル行列を解く（CLS法）	104
6.2.3	CLS法の問題点	106
6.2.4	CLS法の実装	109

6.3 逆最小二乗 (ILS) 法 　112

6.3.1	ILS法の特徴	112
6.3.2	ILS法の計算と欠点	113
6.3.3	ILS法の実装	115

第7章　ケモメトリクスの基礎知識：応用編　118

7.1 主成分分析 (PCA) 　118

7.1.1	PCAの概念	118
7.1.2	ローディングの性質	122
7.1.3	PCAローディングの性質をPythonで確認する	124
7.1.4	PCAと固有値問題（特異値分解）	127
7.1.5	中心化と標準化がローディングに与える影響	133
7.1.6	中心化と標準化がローディングに与える影響をPythonで確認する	136
7.1.7	スコアとローディングによるスペクトルの再構築	139
7.1.8	スコアとローディングによるスペクトルの再構築をPythonで確認する	141
7.1.9	主成分回帰 (PCR) と最適な主成分数の決定（バリデーション）	142
7.1.10	クロスバリデーションとテストセット	145

　　コラム 4　正確度と精度 　148

7.2 部分的最小二乗回帰 (PLS回帰) 　148

7.2.1	PLS回帰の概要	148
7.2.2	ウェイトローディングとローディングの違い	153
7.2.3	ウェイトローディングとローディングの違いをPythonで確認する	155

7.3 スペクトル分解としてのケモメトリクス 　159

　　コラム 5　医療と治験 　160

第8章　スペクトルデータの前処理　161

8.1 スペクトルデータの一括読み込み 　161

8.2 横軸の間隔が異なるスペクトル 　163

8.3 行方向（試料方向）の前処理 　164

8.3.1	中心化と標準化	165
8.3.2	乗算的散乱補正（MSC）	167

● 8.4　列方向（波長方向）の前処理　169

8.4.1	スムージング，一次微分，二次微分による前処理	171
8.4.2	スムージング，一次微分，二次微分による前処理の実行	172
8.4.3	標準正規変量（SNV）による前処理の実行	174

● 8.5　前処理の関数のモジュール化　175

コラム 6 ビッグデータと GAMAM 179

第9章　機械学習の基礎知識　180

● 9.1　クラスタリング　180

● 9.2　k 近傍法　186

● 9.3　決定木をベースとしたアルゴリズム　189

9.3.1	ランダムフォレスト	190
9.3.2	勾配ブースティング	191
9.3.3	Python による実践	191

● 9.4　重回帰分析（最小二乗法，最小絶対値法，リッジ回帰，ラッソ回帰）　192

● 9.5　サポートベクトルマシン（SVM）　196

9.5.1	SVM の損失関数	196
9.5.2	SVM（ハードマージン）の条件	198
9.5.3	SVM（ソフトマージン）の条件	202
9.5.4	主問題と双対問題（カーネル化と非線形判別分析）	203
9.5.5	SVM による非線形判別分析の実践	212
9.5.6	サポートベクトル回帰（SV 回帰）	213
9.5.7	スペクトルに現れる非線形項	214

● 9.6　ニューラルネットワーク（NN）　215

● Appendix　SVM の主問題から双対問題への変換　220

第10章　スペクトル操作の実践　222

● 10.1　スペクトルデータの読み込み　222

● 10.2　箱ひげ図による目的変数の分布の把握　224

● 10.3　スペクトル表示　228

ix

10.4	ピーク検出	229
10.5	相関スペクトル	231
10.6	ベースライン補正	234
10.7	カーブフィッティング	237
10.8	ヒートマップによるスペクトル表示	241

第11章　ケモメトリクスと機械学習の実践　244

11.1	アウトライヤーの検出と除去	244
11.2	各モジュールでの標準化自由度	248
11.3	PLS回帰のウェイトローディング，ローディング，回帰係数	250
11.4	ウェイトローディングと寄与率	252
11.5	GridSearchCVによるクロスバリデーション	259
11.6	パイプラインを用いたモデルの最適化	261

第12章　ハイパースペクトルイメージング解析　273

12.1	RGB画像とハイパースペクトルイメージング (HSI)	273
12.2	NIR–HSIデータの構造と読み込み	275
12.3	画像とスペクトルの抽出	279
12.4	試料領域のスペクトルと画像を抽出	283
12.4.1	任意の波長領域でのHSIとスペクトルの抽出	283
12.4.2	試料領域の抽出	285
12.5	PLS回帰を用いた目的変数の予測値の空間分布を可視化	291
12.6	HSIデータ解析への畳み込みニューラルネットワーク (CNN) の適用	296

あとがき　301

索引　303

第 1 章 スペクトル解析の基礎知識

　本章では，スペクトル解析の基礎として，まず機器分析の一般的な手法から分光分析を解説します。分光分析は，物質の特性や濃度を把握するために広く活用されており，化学・生物・物理など多くの分野で不可欠な分析方法です。ここではこれらの基礎を学び，スペクトル解析の重要性を理解しましょう。

1.1 機器分析

　さまざまな科学的機器を使用して，物質の物理的・化学的特性の分析を行うことを**機器分析**といいます。機器分析は，化学，生物学，物理学，医学，環境科学など，幅広い分野において重要な役割を果たしています。機器分析の目的は，試料中の成分の同定，濃度の測定，分子構造の解析など，物質に関する詳細な情報を得ることです。機器分析には多くの手法がありますが，おもに以下のようなものがあります。

① **クロマトグラフィー**：物質の大きさや吸着力，電荷，質量，疎水性などの違いを利用して成分の分離と定量を行う。液体クロマトグラフィー (liquid chromatography, LC)，ガスクロマトグラフィー (gas chromatography, GC)，高速液体クロマトグラフィー (high performance liquid chromatography, HPLC) などがある。
② **質量分析**：分子をイオン化し，そのイオンを電気的・磁気的な作用などによって（質量電荷比に応じて）分離し，検出する。得られるスペクトルをマススペクトルと呼ぶ。
③ **分光分析**：物質の光の吸収や放出を測定する。紫外可視 (ultraviolet-visible, UV-Vis) 分光法，赤外 (infrared spectroscopy, IR) 分光法，原子吸光分光法 (atomic absorption spectrometry, AAS) などがある。
④ **核磁気共鳴**（**nuclear magnetic resonance, NMR**）**分析**：原子核と固有の周波数の電磁波との相互作用を利用して，分子構造を解析する。

　これらの機器分析手法は，それぞれ異なる原理に基づいており，分析したい物質の性質や目的に応じて選択されます。

第 1 章　スペクトル解析の基礎知識

1.2

分光分析とスペクトル

　機器分析の中でも，分光分析は物質が放出または吸収する光（電磁波）のスペクトルを測定し，物質の性質や濃度を分析する手法です。スペクトルは，光の波長や周波数に応じた強度分布であり，物質固有の特性を反映しています。スペクトルを解析することで，物質の同定や定量が可能です。

　分光分析を行うためには，光源，分光器，検出器といった基本的な装置が必要です。光源から発せられた光は，試料を透過または反射し，分光器によって波長ごとに分離され，検出器によって各波長の強度が測定され，スペクトルとして記録されます。

　分光分析は，化学，生物学，物理学，材料科学など多岐にわたる分野で応用されています。具体的には，大気中の汚染物質のモニタリング，食品の成分分析，新薬の開発，半導体材料の品質管理など，多様な目的に利用されています。分光分析にはさまざまな種類がありますが，おもに以下のものがあります。

① 紫外可視分光法（UV-Vis 分光法）：紫外線および可視光の波長範囲（通常，$200 \sim 800$ nm 程度）において，物質による光吸収を測定する。この範囲の吸光は，分子内の電子遷移に由来し，これにより，物質の濃度や分子構造の特定などが行える。

② 赤外分光法（IR 分光法）：中赤外領域（通常，$2.5 \sim 4$ μm 程度）の光を物質に当て，吸収される波長を調べることで，分子内の特定の化学結合の振動を検出する。対象物の分子構造や状態を知るために使用される。赤外線の吸収は分子振動に伴って双極子モーメントが変化するときに生じる。この手法は，有機化合物の構造解析に特に有用である。

③ ラマン分光法：レーザー光を試料に照射し，散乱された光の周波数シフトを測定する。分子の振動情報を得ることができ，分子構造の解析に用いられる。水溶液のスペクトル測定が容易であるため，水溶液の定性や定量分析に適している。

④ 蛍光分光法：物質が光を吸収した後に発する蛍光の強度を測定。この方法は，非常に高い感度をもち，微量物質の検出に適している。

⑤ 原子吸光分光法（AAS）：試料を高温で原子化し，特定の波長の光を吸収する度合いを測定することで，元素の濃度を分析する。

　これらの分光分析法では多くの場合，微量な試料でも分析が行えます。さらに，特定の分光法を選択することで，特定の物質の特性や構造に関する詳細な情報を得ることができます。

1.3

スペクトル解析

　スペクトル解析は，分光分析で得られたスペクトルをもとに，物質の性質や濃度を調べる重要な手法です。スペクトルには，物質が光（電磁波）を吸収，放出，または散乱する際に生じる特徴的なピークやパターンが含まれており，これらは物質の分子構造や化学的性質を反映しています。スペクトルは一般的に 2 次元で表現され，横軸と縦軸をもちます。図 1.1 に近赤外スペクトルの例，表 1.1 に代

1.3 スペクトル解析

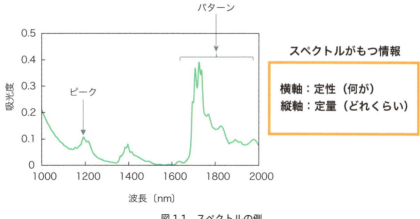

図 1.1 スペクトルの例

表 1.1 おもな機器分析手法のスペクトル

分析手法	得られるスペクトル 横軸	得られるスペクトル 縦軸	定性	定量
原子吸光分光法（AAS）	波長〔nm〕、エネルギー〔eV〕	吸収強度、吸光度	分子や原子の電子遷移	物質の濃度
発光分光法	波長〔nm〕、エネルギー〔eV〕	発光強度	発光元素や分子の特定	元素や分子の濃度
紫外可視分光法（UV-Vis分光法）	波長〔nm〕	吸光度、透過率	電子遷移による分子の構造	色素や有機化合物の濃度
赤外分光法（IR分光法）	波数〔cm^{-1}〕	透過率、吸光度	分子振動による官能基の同定	官能基の量
ラマン分光法	波数シフト〔cm^{-1}〕	散乱強度	分子振動による分子構造の解析	特定分子の濃度
蛍光X線分析	エネルギー〔keV〕または波長	強度（カウント数）	元素の同定	元素の濃度
粉末X線回折	回折角 2θ〔°〕	強度（カウント数）	結晶構造の同定	結晶相の量
質量分析	質量電荷比 m/z	強度（相対的なアバンダンス）	分子やフラグメントの質量	イオン濃度
核磁気共鳴分析（NMR分析）	化学シフト〔ppm〕	信号強度	分子構造の解析	原子核の環境に応じた信号の強度
クロマトグラフィー	保持時間〔min〕、移動時間〔cm〕	検出器応答（信号強度）	物質の分離・同定	物質の濃度
電気泳動	移動距離〔mm〕、時間〔min〕	強度（カウント数、密度）	分子の大きさや電荷に基づく分離	バンドの強度による物質の量

表的なスペクトルデータの横軸と縦軸の情報とこれらのスペクトルによって何が定性・定量できるかを示します。

　スペクトル解析の目的は，物質の定性的および定量的な情報を得ることです。定性的な情報とは，スペクトルの特定のピークやパターンを用いて，試料中に存在する化合物や元素を特定することを指します。たとえば，NMR スペクトルでは化学シフトの値が特定の原子や官能基に対応し，マススペ

第 1 章　スペクトル解析の基礎知識

クトルでは質量電荷比が分子やフラグメントの質量を示します。一方，定量的な情報とは，スペクトルのピークの強度や面積を解析することにより，試料中の物質の濃度や含有量を推定することを指します。

さらに，分光分析は化学反応の進行状況や動力学の研究にも利用され，リアルタイムでのモニタリングが可能です。これにより，反応条件の最適化や新しい化学反応の開発に貢献しています。

スペクトル解析の進歩は，計測機器の高度化やデータ処理技術の向上によって支えられています。高感度な検出器や高分解能の分光器が開発されることで，より微量な試料の分析や複雑なスペクトルの解析が可能となりました。また，ケモメトリクスや機械学習などのデータ解析技術の発展により，大量のスペクトルデータから有用な情報を抽出することが可能となっています。総じて，スペクトル解析は，物質の特性を評価する強力なツールであり，科学技術の多様な分野でその価値を発揮しています。本書では分光スペクトル，NMR スペクトル，マススペクトルなど，どのようなスペクトルの解析にも対応できるように説明を行っていきます。

1.4
従来のスペクトル解析と Python によるスペクトル解析

従来のスペクトル解析では，多くの場合，スペクトル測定装置に付属する専用のソフトウェアを用いて解析を行っていました。これらのソフトウェアは，特定の波長・周波数，または質量電荷比（m/z）などの軸に沿ってピークを検出し，その位置と強度を特定するピークピッキング，観測データに対して理論的なモデルを当てはめるカーブフィッティング，構成される個々の成分に分離するスペクトル分解，などといった基本的な解析機能を搭載しています。そのため，初心者でも直感的に操作できる利便性がある一方，いくつかの制限がありました。

まず，複雑なスペクトルデータの解析や，大量のデータを扱う場合には，従来のソフトウェアでは柔軟性が不足していることがあげられます。それを補うために，ケモメトリクスに特化したソフトウェアなども販売されてきましたが，新しい解析手法やアルゴリズムを適用するためには，ソフトウェアのアップデートが必要となることが多く，迅速な研究開発の妨げとなることがありました。

また，第 12 章で扱うハイパースペクトラルイメージングデータのように，画像解析とスペクトル解析の両方が必要となる場合には，専用のソフトウェアで用意された解析だけでは限界があります。複雑なデータの解析には，より柔軟で高度なプログラミングが求められます。こうした背景から，近年では Python などのプログラム言語を用いたスペクトル解析が注目されています。

1.5
Python を使用する利点

本書ではデータ解析用のプログラム言語として Python を用います。Python は，豊富なライブラリやフレームワークを備えた高機能なプログラミング言語であり，科学技術計算やデータ解析に広く利用されています。Python を用いることで，従来のソフトウェアでは困難だった高度なデータ処理

4

や解析を柔軟に実現することができます。また，オープンソースであるため，新しい機能の追加やカスタマイズが容易であり，コミュニティによるサポートも充実しています。

Pythonでは，アルゴリズムの中身を考えながら解析を行うことができるため，より深い理解と精度の高い解析が期待できます。加えて，ChatGPTの登場により，プログラミングが以前にも増して容易になってきています。Pythonの特徴は，オブジェクト指向であること，ライブラリやフレームワークが豊富であること，インタープリター上で実行することなどがあげられますが，これらを一言でまとめると「読みやすく，効率の良いコードを，簡単に書ける」となります。左手に本書，右手にインターネットに接続したPCがあれば，すぐにPythonを使ったスペクトル解析を始めることができます。

1.6
機械学習とケモメトリクスのスペクトル解析への適用

1.6.1　機械学習とは

機械学習は，コンピュータがデータから学習し，学習した経験を基にして予測や意思決定を行う技術のことです。これにより，人間の介入を最小限に抑えつつ，複雑な問題を解決することができます。機械学習は，特にビッグデータの解析やパターン認識において強力なツールとなっています。

機械学習にはおもに3つの種類があります。

① **教師あり学習**：ラベル付けされたデータを用いてモデルを訓練し，未知のデータに対する予測を行う。たとえば，過去の売上データから将来の売上を予測する場合などが該当。
② **教師なし学習**：ラベル付けされていないデータを用いて，データ内のパターンや構造を発見する。たとえば，顧客データを基に顧客セグメントを識別する場合などが該当する。
③ **強化学習**：エージェントが環境と相互作用しながら，試行錯誤を通じて最適な行動を学習する。たとえば，ロボットが障害物を避ける最適なルートを学習する場合などが該当する。

近年，特に2010年代以降，さまざまな科学分野で機械学習の利用が推し進められています。その理由として，以下の点が挙げられます。

- 一度に測定されるデータの容量が非常に大きくなってきていること
- パソコンのスペックが向上したこと
- GitHub（https://github.co.jp/）やQiita（https://qiita.com/）に代表されるような記録・共有プラットフォームサービスが増えたこと
- Pythonのようなインタープリター型の高水準汎用プログラミング言語が無料・簡易に利用できるようになったこと

もちろん新しい機械学習アルゴリズムが続々と提案されていることも大きな要因です。これらの理由から，機械学習はスペクトル解析において非常に有用なツールとなっています。スペクトル解析における機械学習では，通常，説明変数（予測変数，独立変数）を用いて，目的変数（従属変数，応答変数）の値を予測するモデルを構築します。説明変数は他の変数の値を説明・予測するために使用され，モデルの入力値として使用されます。目的変数は分析の結果として説明・予測される変数であり，モデルの出力値として使用されます。モデルを構築する過程では，説明変数と目的変数の間の関係を明らかにし，どの説明変数が目的変数に対して有意な影響をもつかを特定することが重要です。

1.6.2 ケモメトリクスとは

ケモメトリクスは，化学計測データの統計的解析手法であり，スペクトルデータから有用な情報を抽出し，予測モデルを構築するのに役立ちます。ケモメトリクスでは，多変量解析，回帰分析，分類，クラスタリング，パターン認識などの統計的手法を駆使して，スペクトルデータや実験データから化学的特性や構造，濃度などを推定します。たとえば，近赤外分光法や質量分析によって得られた複雑なスペクトルデータから，成分の定量分析や品質管理を行うことができます。ケモメトリクスは特に近赤外スペクトルの解析によく用いられてきました。

図 1.2 (a) に実際の近赤外スペクトル測定の様子を示します。図 (a) 左のように非接触で光を照射し反射光を取得する，あるい図 (a) 右のように照射光ファイバーと入射光ファイバーを束ねたファイバーバンドルを木材表面の直接押し当てるだけで測定が完了します。

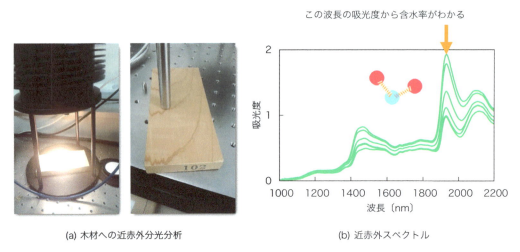

(a) 木材への近赤外分光分析　　　(b) 近赤外スペクトル

図 1.2　近赤外スペクトル測定の例

図 (b) の近赤外スペクトルは，図 (a) のように近赤外分光法で含水率の異なる複数の木材試料を測定して得られたスペクトルです。スペクトルに現れる吸光度（吸収）のピークは，O—H，C—H，N—H など，水素末端の官能基の倍音と結合音に由来します。倍音は分子の振動モードに対する基本振動の整数倍の周波数に由来する吸収帯です。一方，結合音は異なる基本振動が組み合わさって生じる

新しい振動モードに対応する吸収帯を指します。これらの吸収はモル吸光係数が小さく，吸収が波長方向に幅を広くもった形（ブロード）となります。

また，木材を測定した場合，その主成分であるセルロース，ヘミセルロース，リグニン，水や抽出成分中に含まれる官能基による吸収が同時に現れます。つまり，このスペクトルで1つの山に見える吸収（図(b)の矢印で指した箇所）にも，実は多くの吸収が重なっています。

近赤外スペクトルの吸収はブロードであり，多くの吸収が重なって現れていることから，1波長の吸光度の値のみを用いて定量・定性分析を行うことは困難であるといえます。そのため，近赤外スペクトルの解析には，波長全体の吸光度の分散を効率的にとらえるためにケモメトリクスが用いられてきたのです。

1.6.3 ケモメトリクスと機械学習の違い

ケモメトリクスと機械学習は，スペクトル解析において以下のように活用されています。

① **成分の同定と定量分析**：スペクトルデータを解析し，成分の同定や定量分析を行う。これにより，農学や食品科学，医薬品開発などの分野で品質管理や成分分析が可能となる。
② **複雑なスペクトルの解析**：複雑なスペクトルデータからパターンを学習し，物質の同定や濃度予測を自動化できる。これにより，スペクトル解析の精度を向上させ，新たな知見を得ることができる。

近年では，ケモメトリクスは機械学習の一部であるように認識されていますが，その名前（chemo ＋ metorics：日本語訳は「計量化学」）からわかるように，ケモメトリクスは分析化学分野への応用という形で発展してきました。筆者はケモメトリクスと機械学習はスペクトラム状に連続しつつも異なる目的を有するものと考えています。すなわち，ケモメトリクスでは「実験結果の解釈」，機械学習では「予測精度の向上」にそれぞれ主眼を置いたものであると考えます。**図1.3**に私が考えるケモメトリクスと機械学習の関係性を示します。

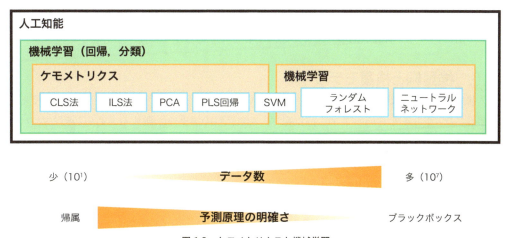

図1.3　ケモメトリクスと機械学習

第1章　スペクトル解析の基礎知識

ケモメトリクスの手法には，CLS（classical least squares）法，ILS（inverse least squares）法，PCA（principal component analysis），PLS 回帰があります。これらのアルゴリズムは，スペクトル中の帰属をもとにデータを解釈することに主眼を置いています。一方，機械学習の手法には，SVM，ランダムフォレスト，ニュートラルネットワーク（neural network，NN）があります。これらの手法は解析の中身がブラックボックス的であり，非常に多くのデータを必要としますが，高い予測精度を実現します。

機械学習の利用が推し進められた背景には，PC のスペック向上やデータ共有プラットフォームの普及があり，スペクトル解析もその恩恵を受けています。しかし，スペクトル解析においては無条件に機械学習を利用するのは危険であり，「相関と因果」を明確に区別することが重要です。ケモメトリクスと機械学習を適切に理解し，目的に応じて使い分けることが，スペクトル解析における成功の鍵となります。次項で「相関と因果」を切り口にこのことについて考えていきます。これはケモメトリクスや機械学習を扱うデータサイエンティストや科学者にとっては非常に大切な内容だと考えています。

1.6.4　スペクトル解析における相関と因果の区別の重要性

スペクトル解析において，相関と因果の区別は非常に重要です。相関は，2 つの変数が統計的に関連していることを示します。しかし，この関係が因果関係を直接意味するものではなく，両者が独立して他の要因に影響を受けている可能性があります。たとえば，夏にアイスクリームの売上が増加し，同時に日焼け止めクリームの使用も増加することがありますが，これらは共通の要因である「季節」の影響を受けているだけであり，アイスクリームの売上が日焼け止めクリームの使用を引き起こしているわけではありません。

因果関係は，一方の変数の変動が直接的に他方の変数の変動を引き起こす関係を指します。これは実験や観察を通じて証明される必要があります。スペクトル解析では，得られたデータをもとに物質の特性や濃度を予測します。この際，単にスペクトルの特定のピークと物質の濃度が相関していることを見つけるだけでは不十分で，その相関が因果関係に基づいていることを確認することが重要です。たとえば，特定の波長での吸光度が，ある化合物の濃度と強く相関している場合，それが偶然の一致ではなく，化合物の分子構造や化学的性質に起因するものであるかを検証する必要があります。

1.6.5　検量線と検量モデル

スペクトル解析では，既知の濃度の標準試料を用いて，スペクトルの吸光度などの測定強度と濃度の関係を示した，検量線を作成します。検量線は，未知試料の濃度を予測するための基盤となります。検量線の作成は以下のステップで行われます。

1. **標準試料の準備**：既知の濃度の標準試料を複数用意する。
2. **測定**：各標準試料のスペクトルを測定し，特定の波長やピークの測定強度を記録する。
3. **プロット**：標準試料の濃度と測定強度をプロットし，最適な回帰モデル（線形回帰，非線形回帰など）を適用して検量線を作成する。

8

この検量線をもとにして，未知試料の濃度を予測するために構築する数式モデルを**検量モデル**といいます。検量モデルは，検量線の回帰式や統計的手法を使用して構築されます。信頼性の高い検量モデルを作成するためには，以下の点に注意が必要です。

① **モデルの選択**：データに最も適した回帰モデルを選択する。単純な線形モデルから複雑な非線形モデルまで，データの性質に応じて選択する。

② **クロスバリデーション**：検量モデルの過剰適合（オーバーフィッティング）を防ぐために，クロスバリデーションを行い，モデルの汎用性を評価する。

③ **堅牢性の確認**：検量モデルの堅牢性（ロバスト性）を評価し，異なる試料や測定条件に対しても一貫した性能を維持するかを確認する。

スペクトル解析においては，相関と因果を正しく理解し，適切な検量線と検量モデルを構築することが，正確な定量分析と信頼性の高い予測を行うための鍵となります。これにより，化学計測の精度と効率が飛躍的に向上し，多様な応用分野での活用が期待できます。

1.7
相関と因果

さてここからは，相関と因果についていくつかの例をもとに考えていきます。はじめに気を付けてほしいのは「相関関係は因果関係を含意しない」（相関関係は因果関係の前提に過ぎない）ということです。しかし，よく考えてみると，これはなかなか難しい問題であることがわかります。このことについていくつか例を出して考えていきましょう。

誤りとして最もわかりやすい例は因果関係が逆転している次の例です。

例①「救急車の出動回数と死者数に有意な相関関係があった。つまり，救急車が多いせいで人は亡くなる。」

これは因果関係が逆であることがわかりやすいです。それでは次の例はどうでしょうか。

例②「確かな情報源から取得した 1950 年から 2021 年までの世界人口と，地球の平均気温をプロットすると，正比例の関係がみられる（**図 1.4**）。」

世界人口と地球の平均気温の間に正の相関がある場合，人口が増加するにつれて平均気温も上昇する傾向があることを意味します。相関関係を検討する際には，統計的な手法を用いて**有意差**を評価することで，観察された相関が偶然の産物であるかを検定することができます。しかし，相関関係があるからといって，必ずしも因果関係が存在するとは限りません。

因果関係は，一方の変数の変動が直接的に他方の変数の変動を引き起こす関係を指します。因果関

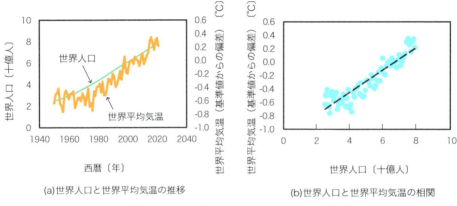

図 1.4 世界人口と平均気温の (a) 年代による変化と (b) 散布図

係を把握するためには，単にデータを観察するだけではなく，詳細な実験や長期的な観察，さらには第三の要因の排除が必要となります．地球の平均気温の増加の因果を把握するのは非常に難しいといえます．気温に影響を与える要因は多岐にわたり，自然の変動，二酸化炭素などの温室効果ガスの排出，太陽活動の変動，地球の軌道変化など，複数の要因が複雑に絡み合っています．そのため，特定の要因が気温の増加を直接引き起こしていると断定するには，多くのデータと厳密な科学的検証が必要です．

したがって，相関関係は統計的な手法を用いて有意差をもとに検討できますが，因果関係の把握にはさらに高度な分析と検証が求められます．相関を発見しただけでは因果を証明したことにはならず，因果関係を明らかにするためには，他の潜在的な要因を排除し，実験的な証拠を収集することが不可欠です．さて，もしも考えられるすべての要因を解析に入れたら，地球の平均気温のデータの因果をすべて説明できるようになるのでしょうか？　筆者はそうは思いません．人間が感じることができる世界には限界があり，その認識の外にも世界は広がっているからです．

それでは次の例はどうでしょうか．

例③「トマト中のリコペンを定量したい．日本農林規格（JAS）に従って，粉砕した試料をメタノールで洗浄し，β-カロテンを除去した．その後，ヘキサン/アセトン混合液でリコペンを抽出し，その抽出液の波長 472 nm における吸光度を測定し，既知の検量線を用いてリコペン濃度を算出した．」
(参考：JAS『生鮮トマト中のリコペンの定量－吸光光度法』，https://www.maff.go.jp/j/jas/jas_kikaku/attach/pdf/kokujikaisei-83.pdf)

この実験の信頼性は非常に高いように思われます．この方法も最終的な定量には，既知の「リコペン濃度との吸光度の相関（比例）関係」を用いていますが，ここには科学における多くの蓄積があります．たとえば，試料のメタノール洗浄によって β-カロテンを除去できること（β-カロテンもリ

コペンと同じ波長 472 nm に吸収をもつ），ヘキサン / アセトン混合液でリコペンを抽出できること，リコペンの共役二重結合系をもつ電子遷移エネルギーが可視光に相当すること，吸光度と試料濃度には比例関係があること（ランベルト・ベール則）など，多くの実験結果・理論解析による蓄積が「因果」を担保しているということになります。

最後に次の例はどうでしょうか。

例④「YouTube にアップロードされた動画からランダムに 1,000 万枚の写真を取り出して，ディープラーニングで学習したモデルをつくったら，そのモデルが勝手に猫を認識した。」

これは現在まで続くディープラーニング躍進の先駆けとして，2012 年に Google の研究チームが発表した実際の研究成果です。ディープラーニングは多層のニューラルネットワークを使用して，複雑なパターンや特徴を学習する機械学習の一分野です。ニューラルネットワークは，人間の脳の神経細胞（ニューロン）のネットワークを模倣した計算モデルです（詳細は第 9 章で説明）。さて，このモデルについて「なぜこのモデルで猫が認識できるの？」と子どもに尋ねられたら，筆者は困ってしまいます。「子どもが理解できないほど難しい」からではなく，「筆者自身がわかっていない」からです。しかし，「理由はわからないけど，1,000 万枚という膨大なデータを用いてモデルを作成しているので，きっとあなたのスマホの中の画像にも適用できるよ」とだけは言えます。解析の中身がブラックボックスであろうと，使えれば問題ない！　という考え方です。

ここでは 4 つの例をもとに相関と因果について考えてきました。相関は因果の前提に過ぎず，相関だけで物事を語るのは避けるべきです。エビデンスとは相関を足掛かりに発見した因果のことを指します。しかし，スペクトルをケモメトリクスや機械学習を用いて解析していくと，相関と因果について考えるのが非常に難しくなってきます。本書のコラムでは，「公理と定理」やさまざまな研究領域における相関と因果についての話題を紹介します。

1.8

ノーフリーランチ定理

相関は帰納的なアプローチ，因果は演繹的なアプローチで発見されるものですが，相関と因果の重要性の比率はその研究分野によって変わります（第 1 章コラム参照）。一般的に相関を重要視する分野では，その妥当性はデータ量によって担保されるものと考えられます。これの最たる例がブラックボックス的なディープラーニングを用いてビッグデータを解析する例です（第 8 章コラム参照）。一方，因果を重視する分野では，①公理を仮定して定理を演繹的に導出すること，②新たな公理や定理を発見すること，③定理をもとに新たな技術を発明する，といったアプローチをとります。この足掛かりとしてデータの相関を利用することも考えられます。

データを扱う際には，相関と因果のバランスを考えて解析を進めるのが肝要であると筆者は考えます。過去に行われ発表された多くの研究成果を統合し，統計解析を行う**メタ解析**も非常に重要な研究分野であるものの，通常，自然科学分野で実験データを扱う科学者が取り扱うデータ数は多くても数

百～数千です。これではとてもビッグデータとはいえません。限られたデータ数を扱う場合にはやはり因果に関する考察が不可欠となります。

本章の最後にノーフリーランチ（no free lunch, NFL）定理について説明します。これは最適化問題とアルゴリズムの性能に関する重要な定理です。この定理では，すべての最適化問題に対して一様に最適なアルゴリズムは存在しないと述べています。つまり，ある特定の問題に対して非常に効果的なアルゴリズムがあったとしても，そのアルゴリズムが他のすべての問題に対しても同様に効果的であるとは限らないということです。

この定理は，1997 年に David H. Wolpert と William G. Macready によって提唱されました。彼らの論文 "No Free Lunch Theorems for Optimization" では，最適化問題に対するアルゴリズムの性能を数学的に分析し，すべての最適化問題に対して同じ平均性能をもつアルゴリズムは存在しないことを示しました。筆者はこの論文を「その領域に関する知識を使わずに，最適アルゴリズムを決定することに反対する」ものであると理解しています。すなわち，ある説明変数から目的変数を予測する際に，さまざまなアルゴリズムを網羅的に試して，正確度の最も高かったアルゴリズムを採用するというアプローチに反対するものであると考えています。

第 7 章ではデータを訓練データ（トレーニングセット），妥当性検証用データ（バリデーションセット），評価用データ（テストセット）に分割し，検量モデルを評価する方法について学びます。確かにこの手法によりモデルの堅牢性はある程度担保されますが，新たに測定したデータにこのモデルが適用可能かどうかは知りようがありません。この新たなデータへの適用可能性を担保するのが「その領域に関する知識」です。スペクトル解析の場合，「その領域に関する知識」とは，試料そのもの，スペクトルと目的変数両方の測定原理・測定装置・測定装置の誤差，そしてアルゴリズムといえます。

前述のように，その研究領域における相関と因果の重要性の比率を熟考し，可能な限り因果を理解するということが大事です。このうえで，ケモメトリクスは機械学習よりも因果を重要視するアルゴリズムであるといえるでしょう。もちろん，試料数が十分な場合（数千以上），あるいはメタ解析を行う場合には機械学習は有効ですが，それも目的によります。筆者は，予測精度が多少下がったとしても，「説明可能な」モデルを使うべきと考えます。スペクトル解析においては，特に実験をともない試料数やデータ数が少ない場合，限られたデータ数で確実な結果を得るためには，相関だけでなく因果関係の理解が不可欠です。

コラム 1：公理と定理

　公理とは「理論の出発点」であり，定理は公理から導き出すものです。高校で習うニュートン力学の場合，運動の第1法則（慣性の法則），第2法則（運動方程式），第3法則（作用・反作用の法則）が公理であり，ここから導き出されるさまざまな方程式（運動量保存の法則やケプラーの法則）が定理です。

　公理というのは実は単なる仮定で，この公理自体が正しいことは証明できません。これは，結構怖い話です。ではなぜ，われわれは仮定に過ぎない公理を信じているのでしょうか？　理由は1つ，この公理によって導き出されるさまざまな定理を用いると，今のところいろいろな事象を説明できるからです。「いろいろなものの動きを観察してみたら，ニュートン力学から導き出される定理でほぼ説明できるな。つまり，公理は正しかった！」ということです。これは帰納法と呼ばれる方法で，フランシス・ベーコン（1561–1626）によって提案された概念です（その反対が演繹法です）。つまり，公理はどのように設定されていてもよいのです。公理がどのような動機で設定されていたとしても，ここから導かれる定理が現象のほとんどを説明していれば，それは公理として認められます。

　さて，19世紀頃まではニュートン力学によってほとんどすべての力学問題を説明することができていたので，この公理は正しいと思われていました。そのため，ピエール＝シモン・ラプラス（1749–1827）が「ラプラスの悪魔」を提唱するほどに，公理としてのニュートン力学は確からしいと思われていたわけです。しかし，観測技術の発達にともなって，ある条件ではニュートン力学が通用しないことがわかってきました。その条件とは，「とても速い」あるいは「とても小さい」というものです。そのため，ニュートン力学に代わる新たな公理が必要となったのです。前者の条件に対しては相対性理論（慣性系間の等価性）が，後者の条件に対しては量子力学（シュレディンガー方程式）が考え出されました。

　ここで，帰納法には確証性の原理というものがあります。これは，「法則に関連する観察が増えれば増えるほど，その法則の確からしさは増大する」というものです。これ自体は正しそうですが，これに異論をとなえたのがカール・グスタフ・ヘンペル（1905–1997）です。有名なヘンペルのカラスです。

　また，帰納法は斉一性，つまり「すべての物事は他に事情がない限り，今までどおり進んでいく」という原理に従わなければ成り立ちません。「太陽は昨日も一昨日も東から昇ったから，明日も東から昇るに違いない」と信じて，われわれは科学を発展させています。しかし，これまで積み上げてきた科学的知見が明日も利用できるかどうかは，実は保証されていないのです。それでも私たちは「明日も同じような結果が得られるはず」と信じて研究を行うわけです。ここまで示してきたように，われわれが採用している科学の方法論，公理・定理と帰納法にはもともと限界があるのです。

　さてここで似非科学についても確認をしておきましょう。X（旧Twitter）上では，「これは似非科学だ！」という罵詈雑言があふれていますが，カール・ライムント・ポパー（1902–1994）

は似非科学の判断基準として反証可能性を提案しています。反証可能性とは「検証されようとしている仮説が実験や観察によって反証される可能性があること」です。もちろん，反証可能性は「それが正しいかどうか」を保証するものではなく，「科学的かどうか」を決める基準として提案されているものです。この反証可能性を採用するのであれば，われわれが土台としている理論は「反証可能性に開かれていなければならない，そして今のところは反証されていない」ものに過ぎません。

　ここまでは公理・帰納法の限界について述べてきました。大学生の頃，筆者は「科学は絶対なものだ」と思っていました。しかし，公理が仮定に過ぎないことを知ったとき，何か足場を失ったように感じ，「相関と因果について考えるのやーめた！」とノックアウトされかけました。しかし，先人や天才は偉大です。カール・ライムント・ポパーが指導したポール・ファイヤアーベント（1924–1994）は，「科学は原理主義的に盲信されてはいないだろうか？」と考えています。高校時代の筆者を含め，世界中の多数の人びとから「なんとなく良いものなのだろう」という教条的な信頼を集めているもの，それが科学です。科学者が「真理，理性，純粋」というキーワードをもとにその崇高さをたたえているもの，それが科学です。彼はそれに異論をとなえ，著書『方法への挑戦：科学的創造と知のアナーキズム』では「anything goes（なんでもかまわない）」という言葉を残しています。このように科学は基本的に anything goes ではありますが，私たちは足を止めるわけにはいきません。ここで私たちができることは「公理が仮定に過ぎないことや斉一性の原理も重々承知である。しかし，それでもスペクトルから（相関だけではなく）因果を探していく」という努力です。

　アラン・ブルーム（1930–1992）は『アメリカン・マインドの終焉』という本の中で，「教養の役割とは，他の見方・考え方があり得ることを示すことである」と言っています（筆者はこの言葉は瀧本哲史（1972–2019）の『2020 年 6 月 30 日にまたここで会おう』を読んで知りました）。筆者自身がスペクトル解析を行うときは，この「教養の役割」と 1.8 節で説明したノーフリーランチ定理をつねに心にとどめています。

第
2
章

Pythonプログラミングの導入と基礎

　本章に続く第3章と第4章では，Pythonによるプログラミングを通して，ケモメトリクスと機械学習の基礎となる統計と線形代数の基礎を学んでいきます。本書ではPythonの実行環境に **Jupyter Notebook** を使います。本章では，Jupyter Notebookを設定した後に，Pythonの基礎を学んでいきます。データの種類やその取り扱い方を決定するデータ型，if文やfor文などの制御構文，関数とその集まりであるライブラリについて説明します。

2.1

Python（Jupyter Notebook）の環境構築

　Jupyter Notebookは，ウェブベースの対話型計算環境で，コードの実行やリッチテキスト，数式，プロットおよびその他のメディアを統合したドキュメントを作成できます。Pythonをはじめとする多くのプログラミング言語に対応しており，データ分析や機械学習，科学技術計算など，さまざまな分野で広く使用されています。

　ノートブックは，コードセルとマークダウンセルを組み合わせて構成され，コードの実行結果や図表をリアルタイムで表示しながら，ドキュメント全体を通して解析や説明の記述を行うことができます。研究や教育，データサイエンスのプロジェクトで利用できるツールとして，世界中の多くのユーザーに支持されています。

　それでは，Jupyter Notebookを用いたPythonプログラミングの環境を構築していきましょう。まずはAnacondaをインストールします。AnacondaはPythonとRのプログラミング言語に特化した，データサイエンスと機械学習のためのディストリビューション（パッケージ管理システムや環境構築ツールが一体となった開発環境）です。データ分析や計算科学，機械学習などの分野で広く使用されています。AnacondaとJupyter Notebookは，データサイエンスや機械学習のプロジェクトで非常に強力なコンビです。Anacondaをインストールすることで，Jupyter Notebookも一緒にインストールされるため，環境設定が簡単です。

　インストールのためにまずはAnacondaの公式サイトにアクセスします（https://www.anaconda.com/download）。2024年12月現在，このページにアクセスするとメールアドレスの入力が求められます。入力したメールアドレスにダウンロードのリンクが送信されるので，そのリンクからAnacondaをダウンロードします。その後，ダウンロードしたファイルをダブルクリックしてインストールを行います。

15

なお，Python の環境構築をはじめ，本書に登場するすべてのプログラムの詳細な解説動画を Udemy（オンライン学習プラットフォーム）で公開しています．本書を購入いただいた方は，図 2.1 に記載の招待 URL から特設の Discode サーバーに参加していただくことで，本 Udemy コースの無料クーポンをご利用いただけます．なお，こちらはサービスの仕様変更などで予告なく変更される場合がありますのでご了承ください．

なお，バージョンやサイトの更新により，ダウンロード方法などが変更になる可能性があります．2024 年 7 月段階で Anaconda をインストールした際の Python のバージョンは 3.12.4 です．

図 2.1　本書購入者向けの Udemy コースと Discode サーバー

Anaconda のインストールが完了したら，Jupyter Notebook を起動してみましょう．Windows ではスタートメニューから，Mac ではスポットライトから Jupyter Notebook を検索して起動できます．または，Anaconda Navigator を起動してから，Jupyter Notebook を起動（Launch）することもできます．

起動すると図 2.2 の画面が表示されます．はじめに本書で行うプログラムをまとめるためのフォルダを作成しましょう．画面右上の「New」から「New Folder」をクリックすると（①），新しいフォルダが作成されます．新しいフォルダができたら，そのフォルダの左側のチェックボックスをチェックして（②），「Rename」をクリックして（③），フォルダの名前を変更します．筆者は「chemometrics」という名前にしました．本書で作成するプログラムはすべてこのフォルダに入れていくことにしましょう．このフォルダに移動して，次節からファイルを作成していきます（④）．

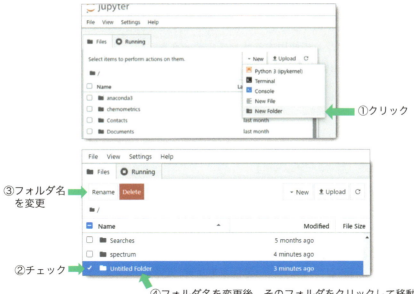

図 2.2　Jupyter Notebook でフォルダを作る

2.2 GitHub からのデータのダウンロード

本書では，読者が実際にスペクトル解析を体験できるように，GitHub 上にプログラムのソースコードと解析に用いるデータを公開しています（https://github.com/inatetsu2nd/SpectralAnalysisPractice）。

プログラムとデータは以下の手順でダウンロードできます。

1. 上記の URL にアクセスする（講談社サイエンティフィクの本書書籍ページのリンクからもアクセス可能）。
2. ページの右上にある「Code」ボタンをクリックし，表示されたメニューから「Download ZIP」を選択する。
3. ダウンロードされた zip ファイル (SpectralAnalysisPractice-main.zip) を解凍すると，プログラムとデータが含まれたフォルダ (SpectralAnalysisPractice-main) が得られる。
4. 解凍されたフォルダを開き，さらにその中の同名のフォルダを開くと，ipynb の拡張子ファイルと各プログラムで使用するサンプルデータが保存されたフォルダが確認できる。

これらのファイルとフォルダをすべてコピーして，前節で作成したフォルダ（筆者の場合 chemometrics フォルダ）に保存してください。

ipynb ファイルは Jupyter Notebook 用のファイルです。Jupyter Notebook で開くことができ，

書かれたテキストを閲覧したり，プログラムを実行したりすることができます。各プログラムは上のセルから順に実行する必要があります。これは，上のセルで定義された変数や関数が下のセルで使用されるためです。各プログラムで使用するサンプルデータも，同じフォルダ内に入っています。プログラムを実行する際には，適切なデータファイルを指定する必要があります。これらを用いることで，本書で扱うスペクトルデータの読み込みや解析を手軽に体験できます。

2.3 Python プログラミング入門

前節までの準備が完了したら Python の基礎を学んでいきます。Jupyter Notebook を起動して，図 2.3 のように右上の「New」から「Python 3(ipykernel)」をクリックすると（①），新しいファイルが作成され，プログラム作成画面が表示されます。ファイル名のエリア（②）をクリックするとファイル名を変更できます。コードは「セル」と呼ばれるところに書き込みます（③）。このセルを実行するためには，実行ボタン（④）をクリックします。

図 2.3　プログラムの書き込みと実行

実際にセルにコードを書いていきましょう。Python では電卓と同じような計算を行うことができます。まずはセルに以下の入力の内容を打ち込んで，実行ボタンをクリックするとプログラムの実行結果が出力されます。

コード 2.1　おためしプログラム

```
1   4/2
```

```
2.0
```

実際のプログラム画面を図 2.4 に示します。ここでは図 2.4 ①と②を行いました。

図 2.4　Python で四則演算

続いて，新しいセルを作成するには，図 2.4 ③のように Insert ボタン（＋）をクリックします。新しいセルに以下を入力して実行してみましょう。

コード 2.2　四則演算

```
print(3/2)   # 割り算
print(3//2)  # 切り捨て除算
print(11%3)  # 剰余
print(2**8)  # べき乗
```

```
1.5
1
2
256
```

　このプログラムでは各行の後に日本語が書いてあります。これは**コメントアウト**といって，後から見返したときに「各行がどのような意味をもっているか」を記録することができます。コメントアウトしたい箇所の前に「#」を入力します。コメントアウトされた部分はプログラムとして実行されません。なお，`print()` は「括弧の中身を表示する」という関数です。関数については 2.3.8 項で詳しく説明します。

2.3.1　キーボードショートカットと Markdown

　セルをクリックするとエディットモードになり，コードを入力できる状態になります（図 2.5 ①）。一方，セルの外側をクリックするとコマンドモードになり，新たにセルを追加したり，ファイル内を検索したりといったコマンドを行うことができます（図 2.5 ②）。
　これらのさまざまなコマンドには**キーボードショートカット**が準備されています。一度，コマンドモードにしてキーボードの「Ctrl + Shift + h」を押してみましょう。図 2.5 ③の各コマンドのショー

図 2.5　セルのモードとショートカット

トカット一覧が表示されます。

　たとえば，「M：セルを markdown に変更」というものがあります。**Markdown** はウェブ上のデジタル文章に適したドキュメントを作成できる記法で，視覚的にわかりやすい構造の文章を作成できます。見出しや段落，箇条書き，太字などの装飾，リンクや画像の挿入などを簡易的に行えます。

　さっそくコマンドモードでキーボードの「M」を押してセルを Markdown に変更して，以下を入力してみましょう。ここでは見出し（#）やリスト（-），キーボード入力要素（<kbd></kbd>）の表記方法を用いています。これを実行すると出力図のようにウェブ上で見やすいテキストを作成することができます。その他の記法については Qiita などで検索してみてください。

コード 2.3　Markdown

```
### Jupyter Notebook ショートカットまとめ
#### Jupyter Notebook ショートカットまとめ

- <kbd>H</kbd>： ヘルプを表示
- <kbd>M</kbd>： Markdown セルに変更
- <kbd>Ctrl</kbd>+<kbd>Enter</kbd>： セルの内容を実行
- <kbd>Shift</kbd>+<kbd>Enter</kbd>： セルの内容を実行して下へ
- <kbd>Ctrl</kbd>+<kbd>/</kbd>： コメントアウト
- <kbd>Y</kbd>： Code セルに変更
- <kbd>A</kbd>： ひとつ上に空のセルを挿入
- <kbd>B</kbd>： ひとつ下に空のセルを挿入
- <kbd>D</kbd><kbd>D</kbd>： セルの削除
```

Jupyter Notebook ショートカットまとめ

Jupyter Notebook ショートカットまとめ

- H : ヘルプを表示
- M : Markdownセルに変更
- Ctrl + Enter : セルの内容を実行
- Shift + Enter : セルの内容を実行して下へ
- Ctrl + / : コメントアウト
- Y : Codeセルに変更
- A : ひとつ上に空のセルを挿入
- B : ひとつ下に空のセルを挿入
- D D : セルの削除

2.3.2 変数の取り扱い

次にプログラミングにおける変数について学びます。**変数**は，値を格納（代入）するための名前付きの記憶領域で，その値はプログラムの実行中に変更することができます。これにより，コード内で扱う情報を動的に管理して，処理を効率的に行うことが可能になります。まずは以下のように入力して実行してみましょう。

コード 2.4 変数の取り扱い

```
1  a=10
2  b=5
3  S=a**2*3.14
4  print("円の面積は ",S," です")
```

```
円の面積は  314.0  です
```

1 行目で a という変数に 10 を代入しています。2 行目で b という変数に 5 を代入しています。3 行目で S という変数に $a^2 \times 3.14$ を代入しています。最後に print 関数を用いて，S の値を表示しています。**print** 関数では間をカンマでつなぐことで文字も変数も表示できます。

2.3.3 リスト

前項の変数では，1 つの変数に 1 つの値を代入しました。これに対して，**リスト**を用いると 1 つの変数に複数の値を代入することができます。リストを代入するときには角括弧（[]）を用います。以下のように変数 number にリストを代入して実行してみましょう。

コード 2.5 リスト

```
1  number=[1,2,3,4,5] # リスト
2  print(number)
```

```
[1, 2, 3, 4, 5]
```

第 2 章　Python プログラミングの導入と基礎

このように number という変数の中に 5 つの数字が代入されたことがわかります。リストの中身は数字でなくてもよいです。これは変数も同様です。

ここでデータ型についても学んでおきましょう。変数やリストに代入できるものとして，文字列や整数，日付があります。これら代入できるものの種類のことを**データ型**と呼びます。たとえば代入するものが文字列であれば，データ型は str です（string の最初の 3 文字）。整数であれば int です（integer の最初の 3 文字）。C 言語などのプログラムでは，変数を作成するときにデータ型を指定する必要がありますが，Python では入力された値によって自動で設定されます。以下を入力して実行してみましょう。

コード 2.6　データ型

```
1  # 整数 = int 型
2  # 浮動小数点数 = float 型
3  # 文字列 = str 型
4  # 論理値 (True[1], False[0]) = bool 型
5
6  A=" 文字です "
7  print(A)
8  print(" 変数のデータ型は ",type(A)," です ")
```

```
文字です
変数のデータ型は  <class 'str'> です
```

ここでは変数 A に「文字です」という文字列を代入しました。文字列を代入するには，文字をシングルクオート（'）やダブルクオート（"）で囲います。また **type** 関数はオブジェクトのデータ型を返してくれます。

さらにリストを理解するために以下を入力して実行してみましょう。

コード 2.7　リストの操作

```
1  data=[" 身長 ",175," 体重 ",60]
2  print(" リストの中身は ", data) # ①
3  print(" リストの長さは ",len(data)) # ②
4  print(" リストの最初の要素は ",data[0]) # ③リストの最初の要素　Python では 0 から指定する
5  print(" リストの最初の要素は ",data[2]) # ④
6  data[3]=45 # ⑤
7  print(" リストの中身は ",data) # ⑥
```

```
リストの中身は  [' 身長 ', 175, ' 体重 ', 60]
リストの長さは  4
リストの最初の要素は  身長
リストの最初の要素は  体重
リストの中身は  [' 身長 ', 175, ' 体重 ', 45]
```

リストには文字と整数を代入しています。①はリストの中身を表示します。②は len 関数を用いて，変数 data に代入されているリストのデータ数を出力します。③と④はリストの中身を抽出します。リストの場合，変数名 [整数] と記述することで，リストの中からその整数の順番にあたる中身

を抽出できます。気を付けなければいけないのは，Python の場合，順番（インデックス）が 0 から始まるということです。つまり，③のように data[0] と記述すると，1 番目の身長が出力されます。④のように data[2] と記述すると 3 番目の体重が出力されます。また，リストの中身を変更したい場合は，⑤のように記述します。⑥で再度リストを表示すると，4 番目の値が 45 に変更されていることがわかります。

2.3.4　タプル

　タプルはリストと似ていますが，変更できない（**イミュータブル**）データ構造のため，一度作成したタプルの中身は変更できません。タプルはリストよりもメモリ効率が良く，操作が高速です。リストと同様にインデックスでアクセスできます。タプルは丸括弧 () を使って定義します。

コード 2.8　タプル

```
1   data = ("身長", 175, "体重", 60) # タプルの定義
2   print("タプルの中身は ", data)  # タプルの中身を表示
3   print("タプルの長さは ", len(data))  # タプルの長さを表示
4   print("タプルの最初の要素は ", data[0])  # インデックスで要素にアクセス
5   print("タプルの 3 番目の要素は ", data[2])  # インデックスで要素にアクセス
6   data[3] = 45  # タプルはイミュータブルなので値を変更しようとするとエラー
```

```
タプルの中身は ('身長', 175, '体重', 60)
タプルの長さは 4
タプルの最初の要素は 身長
タプルの 3 番目の要素は 体重
------------------------------------------------------------------------
TypeError: 'tuple' object does not support item assignment
```

　1 行目でタプルを定義しています。2～5 行目ではリストと同様中身の表示や長さを表示することができています。しかし，5 行目で要素の変更を行うとエラーが生じることがわかります。データの不変性を保証する必要がある場面や，誤ってデータを変更するのを防ぎたい場合に有用です。

2.3.5　bool 型

　次に bool 型を説明します。**bool 型**は True と False の 2 つの値のいずれかのみをもつことができるデータ型です。これはプログラム内での条件判断や，特定の状態を表す際に非常に便利です。以下のプログラムを実行してみましょう。

コード 2.9　bool 型と条件式

```
1   # bool 型 (True or False)
2   bool_integer=100
3   bool_50=bool_integer>=50
4   bool_200=bool_integer>=200
5   print("bool_integer の値は ",bool_integer)
6   print("bool_integer は 50 以上ですか？→ ",bool_50)
7   print("bool_integer は 200 以上ですか？→ ",bool_200)
```

第 2 章　Python プログラミングの導入と基礎

```
bool_integer の値は 100
bool_integer は 50 以上ですか?→ True
bool_integer は 200 以上ですか?→ False
```

このプログラムでは，変数 bool_integer に 100 を代入しています。次に，変数 bool_50 と変数 bool_200 に，それぞれ bool_integer が 50 以上であるかどうか，200 以上であるかどうかの条件式を代入しています。これらの条件式は bool 型の値（True か False）で出力されます。

bool_integer が 50 以上であるため，bool_50 は True と判定されます。一方，200 以上ではないため，bool_200 は False と判定されます。つづいて，別の例を見てみましょう。

コード 2.10　bool 型の比較演算

```python
1  a=100
2  print(a==100) # 等しい
3  print(a != 100) # 等しくない
4  print(a>80) # 大なり
5  print(a<80) # 小なり
6  print(a >= 100) # 以上
7  print(a <= 100) # 以下
```

```
True
False
True
False
True
True
```

このプログラムでは，変数 a に 100 が代入され，その後いくつかの比較演算を行っています。これらの比較演算の結果も bool 型の値となります。

このように，bool 型を使用すると，プログラムの中で状態や条件を表現し，それに基づいて処理を分岐させることができます。bool 型は非常にシンプルですが，プログラミングに欠かせないデータ型です。

2.3.6　if 文

続いて，bool 型がかかわってくる if 文を説明します。if 文は「条件によって異なる処理を実行する際」に使用する構文です。さっそくプログラムを例に説明します。

コード 2.11　if 文

```python
1  Ymoney=1000
2  # Ymoney=450
3  # Ymoney=100
4  if(Ymoney>=200):
5      print("お祭りで何か買えます")
6  if(Ymoney>=500):
7      print("焼きそばが買えます")
8  elif(200<=Ymoney<500):
```

```
 9        print("りんご飴が買えます")
10    else:
11        print("何も買えません")
```

```
お祭りで何か買えます
焼きそばが買えます
```

このプログラムは，変数 Ymoney の値によって異なるメッセージを出力します。4 行目の if 文は，Ymoney が 200 以上であれば「お祭りで何か買えます」と表示されます。Ymoney の値が 1000 なので，この条件は True であり，メッセージが表示されます。次に，6 行目の if 文では，Ymoney が 500 以上であれば「焼きそばが買えます」と表示されます。これもまた Ymoney の値が 1000 なので True となり，メッセージが表示されます。

6,8,10 行目の if-elif-else 文では，まず Ymoney が 500 以上であるかが評価されますが，これは True なので「焼きそばが買えます」と表示され，以降の elif や else のブロックは評価されません。この例からわかるように，Python の if 文は条件が True であれば，その直後のインデント（行頭の空白，字下げ）されたブロックを実行します。elif（else if の略）は前の条件が False であった場合に評価され，else はすべての if と elif の条件が False であった場合に実行されます。このように if 文を使用することで，プログラムの流れを柔軟に制御することができます。

条件分岐を上手に活用することで，より複雑なプログラムも簡単に作成することが可能です。コード 2.11 の 1 行目を Ymoney=450 とした場合は以下のように出力されます。

```
お祭りで何か買えます
りんご飴が買えます
```

また，Ymoney=100 とした場合は以下のように出力されます。

```
何も買えません
```

Python では，if 文などでブロックを表すために，**インデント**（行頭への空白の挿入）を行うことが重要です。通常は半角スペース 4 つが推奨されています。インデントが正しくないと，プログラムは期待どおりに動作しません。

また，Python の if 文を書く際には，条件式の後にコロン（:）を置く必要があります。コロンは条件式が終わったことを示し，次にくるインデントされたブロックが if 文の一部であることを示します。elif や else にも同様に，コロンを付ける必要があります。

コード 2.12　インデント

```
1    if (条件1):
2        # インデントされたブロック
3    elif (条件2):
4        # インデントされたブロック
5    else:
6        # インデントされたブロック
```

第 2 章　Python プログラミングの導入と基礎

2.3.7　for 文

繰り返し処理を行う際には **for 文**を使用します。for 文の基本的な構造は以下です。

コード 2.13　for 文の構造

```
1  for 変数 in オブジェクト:
2      # インデントされた実行文
```

　ここで，変数は繰り返しの各ステップで異なる値をとり，オブジェクトは繰り返しを行う対象となるものです。たとえば，リストや文字列，範囲を指定する range 関数などがよく使われます。range 関数は連続する整数を生成するためによく用いられます。

　それでは，具体的なプログラム例を通じて for 文の使い方を見ていきましょう。

コード 2.14　for 文の具体例

```
1  for i in [0,1,2]:
2      print(i)
```

```
0
1
2
```

　このプログラムでは，オブジェクトとしてリスト [0,1,2] の各要素に対して繰り返し処理を行っています。変数 i はリストの要素を順にとり，print(i) が実行されます。結果として，0 から 2 までの数字が順に出力されます。

　次に range 関数を使った例を見てみましょう。range 関数は range(stop) で，0 から stop － 1 までの整数を生成します。たとえば，range(5) は 0, 1, 2, 3, 4 という整数を生成します。また，range 関数は range(start, stop) や range(start, stop, step) という形式で使用することもできます。start は生成される整数の開始値を，stop は終了値（この値自体は含まれない）を，step は整数を生成する際のステップ幅を指定します。たとえば，range(2, 10, 2) は 2, 4, 6, 8 という整数を生成します。

コード 2.15　range 関数

```
1  A = range(5)
2  print(A)
3  for i in range(5):
4      print(i)
```

```
range(0, 5)
0
1
2
3
4
```

続いて，for 文の最後の例です。

コード 2.16　for 文と変数

```
1  words=["Python"," による "," スペクトル解析 "]
2  for w in words:
3      print(w)
```

```
Python
による
スペクトル解析
```

　このプログラムでは，文字列のリストが代入された変数 words の各要素に対して繰り返し処理を行っています。変数 w はリストの要素を順にとり，print(w) が実行されます。結果として，リストに含まれる文字列が順に出力されます。

　このように for 文を使用することで，リストや範囲などさまざまなオブジェクトに対して繰り返し処理を簡単に記述することができます。if 文と同様に末尾のコロンとインデントに注意してください。

2.3.8　関数の定義

　本節の最後に関数について説明します。ここまで出てきた print，len，range はいずれも**関数**と呼ばれます。関数とは，ひとまとまりの「処理」に名前を付け，これをいつでも呼びだせる形にしたものです。関数に入力する値のことを**引数**，関数を実行して得られる結果のことを**戻り値**（**返り値**）と呼びます。関数によっては引数あるいは戻り値がない場合もあります。Python では **def** キーワードを使用して関数を新しく定義することができます。基本的な構造は以下のとおりです。

コード 2.17　def キーワードを使用した関数定義の構造

```
1  def 関数名 ( 引数 ):
2      # 実行文
3      return 戻り値
```

　関数名は関数を呼び出す際に使用する名前，引数は関数に渡す値，戻り値は関数の実行結果です。前述のとおり，引数や戻り値は必ず必要というわけではありません。はじめに，引数と戻り値をもたない関数を以下に示します。

コード 2.18　引数と戻り値をもたない関数

```
1  def hello():
2      print("hello to chemometorics")
3      print("for the spectral analysis")
4  hello()
```

```
hello to chemometorics
for the spectral analysis
```

第 2 章　Python プログラミングの導入と基礎

このプログラムでは，関数名を hello と定義しています。この関数は引数をとらず，内部で 2 つの print 関数を呼び出してメッセージを出力します。関数の定義自体は単に処理を「準備」するだけで，実際には何も実行されません。関数を「呼び出す」ことで，初めて定義した処理が実行されます。4 行目の hello() で関数の呼び出しを行っています。この行が実行されると，hello 関数内の処理が実行されます。

関数を呼び出す際には関数名に続けて「()」を書きます。もし関数が引数をとる場合は，それらの引数をカンマで区切って () 内に記述します。この例では hello 関数は引数をとらないため，() は空のままです。

続いて，引数をもつ関数です。

コード 2.19　引数をもつ関数

```
1  def show_hello_to(name1,name2):
2      print(name1+" さん , ケモメトリクス解析へようこそ ")
3      print(name2+" さん , スペクトルが自由に解析できますよ ")
4
5  show_hello_to("sakai","kato")
```

sakai さん , ケモメトリクス解析へようこそ
kato さん , スペクトルが自由に解析できますよ

このプログラムでは show_hello_to という関数を定義しています。この関数は 2 つの引数 name1 と name2 をとり，これらを使ってメッセージを出力します。ここでは，5 行目で関数を呼び出す際に引数として "sakai" と "kato" を渡しています。

最後に引数と戻り値の両方をもつ関数を以下に示します。

コード 2.20　引数と戻り値をもつ関数

```
1  def simple_tashizan(a,b,c):
2      p1=a+b
3      p2=a+c
4      p3=b+c
5      return p1,p2,p3
6
7  d1,d2,d3=simple_tashizan(10,20,30)
8  print(d1,d2,d3)
```

30 40 50

このプログラムでは simple_tashizan という関数を定義しています。この関数は 3 つの引数 a,b,c をとり，それぞれの和を計算して 3 つの値を戻り値として返します。7 行目で関数を呼び出す際には引数として 10,20,30 を渡し，戻り値は変数 d1,d2,d3 に格納されます。最後にこれらの値を print 関数で出力しています。

2.4　ライブラリ

このように関数を使用することで，コードを再利用しやすくなり，プログラムがより読みやすく，メンテナンスしやすいものになります。引数を使うことで汎用性の高い関数を作ることができ，戻り値を使うことで関数の実行結果を柔軟に扱うことが可能です。ぜひ関数を活用して，効率の良いスペクトル解析を目指していきましょう。

2.4 ライブラリ

2.4.1　ライブラリとは

プログラミングにおける**ライブラリ**とは，特定の機能を提供するためのコードの集まりです。ライブラリが公開されているおかげで，プログラマーはすでに誰かが書いたコードを再利用することができ，より複雑なプログラムを簡単・効率的に開発することができます。

本書ではライブラリは「パッケージをひとまとめにしたもの」とします。**パッケージ**とは，「モジュールをひとまとめにしたもの」です。さらに，**モジュール**とは「Python のコードを記述した拡張子が .py のファイルのこと」です。さらに，モジュールの中では関数やクラスが定義されています。

ややこしいですが，ここで機械学習を扱ううえで必須のライブラリである **scikit-learn** を例に見ていきます（scikit-learn 公式サイト：https://scikit-learn.org/stable/）。scikit-learn を用いればすぐさま機械学習プログラミングを行うことができます。

図 2.6 に scikit-learn のライブラリ，パッケージ，モジュールの関係を示します。scikit-learn にはさまざまなパッケージが用意されています。たとえば，linear_model というパッケージは線形モデルに関するモジュールをたくさん詰め込んだものです。linear_model には，_base.py（一般化線形モデル）や _logistic.py（ロジスティック回帰）などのモジュールが含まれています。このモジュールの拡張子は .py で，Python ファイルにつけられる拡張子です。ここにプログラムの本体が書かれています。_base.py の中身を見ると，class や def が多く見つかります。def は 2.3.8 項で説明したとおり，関数のことです。**class** はデータや関数を 1 つにまとめたものです。

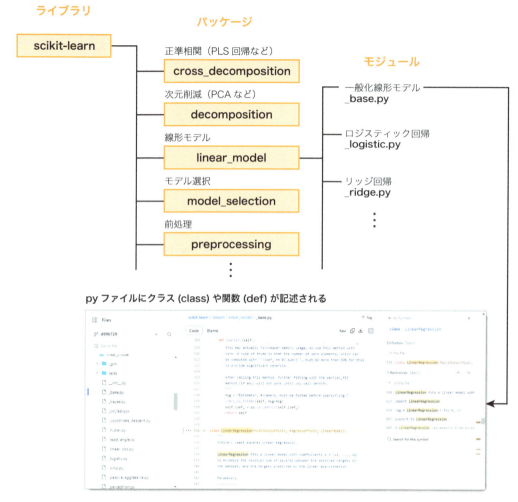

図 2.6 　 scikit-learn のライブラリ，パッケージ，モジュールの関係

　実際に scikit-learn の中身を確認してみましょう。scikit-learn 公式サイトのリファレンス（https://scikit-learn.org/stable/modules/generated/sklearn.linear_model.LinearRegression.html）にアクセスすると，scikit-learn のパッケージである `linear_model` の中にある関数，`LinearRegression` の情報を見ることができます（図 2.7 ①）。画面右上の「source」をクリックすると，中身を見ることができます（図②）。画面左側にはフォルダの構造が表示されます。拡大したものが図③です。

　この中にある `linear_model` というフォルダがパッケージです。この中に `_base.py` というモジュールがあります（図④）。このモジュールには一般化線形モデルに関する `class` や `def` が記述されています。このモジュールの下のほうに移動すると，`LinearRegression` という `class` を見つけることができます（図⑤）。ライブラリを用いる際には必ずこの source を確認するようにしましょう。

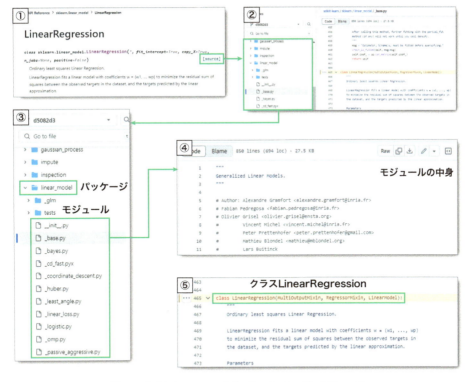

図 2.7 Scikit-learn のライブラリ，パッケージ，モジュール

本項では scikit-learn を例にライブラリについて説明しました．本書ではその他にもたくさんのライブラリを用いていきます．

2.4.2 ライブラリのインストールとインポート

　Python のライブラリをダウンロード（インストール）する際は，**Anaconda Prompt** を使用すると簡単です．**Anaconda** は，科学技術計算やデータ分析を行うための Python のディストリビューションで，多くのライブラリがあらかじめインストールされています．しかし，追加でライブラリをインストールする必要がある場合は，以下の手順を踏みます．

　まず，スタートメニューから Anaconda Prompt を検索して開きます．その後インストールしたいライブラリの名前を指定して，pip コマンドまたは conda コマンドを使用してインストールします．たとえば，科学技術計算やデータ分析を行う際には欠かせない NumPy のライブラリをインストールする場合は以下のように入力します．

```
conda install numpy
```

　もしくは

第 2 章　Python プログラミングの導入と基礎

```
pip install numpy
```

conda コマンドは Anaconda 独自のパッケージマネージャーで，依存関係の解決や仮想環境の管理が得意です。pip は Python の公式パッケージインストーラーで，PyPI（Python Package Index）から直接パッケージをインストールします。

特定の**バージョン**のライブラリをインストールする際には，以下のコマンドを使用します。

```
pip install numpy==1.18.5
```

バージョン番号を指定しないでインストールすると，通常は最新バージョンがインストールされます。しかし，最新バージョンが必ずしも他のライブラリやコードと互換性があるとは限らないため，必要に応じてバージョンを指定してインストールすることが重要です。

NumPy のインストールが完了したら，このライブラリをプログラムで使えるようにインポートする必要があります。Jupyter Notebook を起動してください。基本的なインポートの方法は大きく以下の 2 つです。1 つ目は次の方法です。

コード 2.21　ライブラリのインポート方法①

```
1   import numpy
```

この方法でインポートすると，ライブラリ内の関数やクラスを使用する際にはライブラリ名をプレフィックス（先頭に付与）として毎回記載する必要があります。たとえば，NumPy に含まれる関数である array 関数を使用する場合は，numpy.array() のように記述します。つづいて 2 つ目の方法です。

コード 2.22　ライブラリのインポート方法②

```
1   from numpy import array
```

この方法でインポートすると，指定した関数やクラスを直接，ライブラリ名を付けずに使用することができます。コード 2.22 の例では，array 関数を直接 array() として使用できます。どちらの方法を選択するかは，プログラムの内容や個人の好みによります。

さらに，コード 2.21 の方法で NumPy の関数を使用する際に，毎回 numpy と入力するのは面倒です。そこで，**as キーワード**を使用して numpy に np という別名を付けることが一般的です。

コード 2.23　ライブラリに別名を付ける方法

```
1   import numpy as np
2   a = np.array([1, 2, 3])
```

このように，as キーワードを使用することで，ライブラリを短い名前で参照できます。これは特によく使用されるライブラリに対して有効で，NumPy の他にも pandas を **pd** としてインポートし

たり，matplotlib.pyplot を `plt` としてインポートしたりといった慣例があります。

コード 2.24　as キーワードの慣例

```
1  import pandas as pd
2  import matplotlib.pyplot as plt
```

2.4.3　Python とライブラリのバージョンについて

　Python のライブラリのバージョンは，そのライブラリの特定のリリースを識別します。バージョン番号は通常，「メジャーバージョン . マイナーバージョン . パッチバージョン」の 3 つの部分で構成されています（例：バージョン 1.2.3）。メジャーバージョンが異なると，互換性のない変更が含まれる可能性があります。そのため筆者が GitHub で公開している ipynb ファイルもライブラリのバージョンによってはうまく動作しないことがあります。

　そこで，互換性を保証するためによく用いられるのが `requirements.txt` ファイルです。requirements.txt は，Python のプロジェクトで使用されるライブラリとそのバージョンをリストアップしたテキストファイルです。このファイルを使用することで，プロジェクトの依存関係を明確にし，他の開発者が同じ環境を簡単に再現できるようになります。まず，GitHub から requirements.txt ファイルをダウンロードしてください。次に Anaconda Prompt で，requirements.txt ファイルがあるディレクトリに移動してください。ここでは，例として requirements.txt ファイルが C:\Users\ ユーザー名 \chemometrics フォルダ内にあると仮定します。

　まず，Anaconda Prompt を開きます。Anaconda Prompt で，cd コマンドを使用することで，requirements.txt ファイルがあるディレクトリに移動することができます。以下のコマンドを Anaconda Prompt に入力して実行します。

```
cd C:\Users\ ユーザー名 \chemometrics
```

　つづいて，以下のコマンドを実行すると，ファイルにリストされているすべてのライブラリをインストールできます。

```
pip install -r requirements.txt
```

　これで，GitHub からダウンロードした requirements.txt をもとに，必要な Python ライブラリを一括でインストールすることができます。第 6 章以降で紹介するプログラムではすべて，最初のセルですべてのライブラリのインポートを行います。requirements.txt を利用することで，指定されたバージョンのライブラリを簡単にインストールできますが，使用する Python のバージョンにも注意が必要です。ライブラリの互換性は Python のバージョンに依存することが多く，適切なバージョンを選択しなければライブラリが正常に動作しないことがあります。2024 年 7 月段階で

第 2 章　Python プログラミングの導入と基礎

Anaconda をインストールした際の Python のバージョンは 3.12.4 です。本書では，GitHub で用意した各 ipynb ファイルは Python のバージョン 3.12.4，ライブラリのバージョンは requirements.txt で指定されているものを用いることで正常に実行できることを確認しています。しかし，Python自体も頻繁に更新されており，新しいバージョンの Python では古いバージョンのライブラリが動作しないことがあります。逆に，最新のライブラリは古いバージョンの Python と互換性がないこともあります。これは，Python の言語仕様や標準ライブラリが更新されるためです。

　この場合，依存関係解決ツールを使用することで解決できる場合があります。pip の他に，condaなどの依存関係解決ツールを使用することで，互換性の問題を自動的に解決することができます。Anaconda Prompt で以下をコマンドすることで実行できます。

```
conda create -n myenv python=3.12.4
```

```
conda activate myenv
```

```
conda install tensorflow keras
```

　このコマンドは Python の仮想環境を作成して，TensorFlow と Keras をインストールするためのものです。最初のコマンドは，conda を使用して名前が myenv の新しい仮想環境を作成し，Python3.12.4 をインストールします。次のコマンドで先ほど作成した myenv 仮想環境を有効にします。最後に TensorFlow と Keras の両方をインストールしています。これにより，特定の Python バージョンとライブラリバージョンの互換性を保ちながら，独立した環境で作業を進めることができます。もしも Python の更新などで，プログラムがうまく実行できない場合は上記のことを試してください。

2.4.4　ライブラリの利用方法

　ライブラリを使用する前に，Python で採用されている**オブジェクト指向**について説明します。オブジェクトとは，データとそれを操作するための一連の手続きを 1 つにまとめたものです。オブジェクトを用いることで，コードの再利用性，拡張性，保守性が向上します。オブジェクトは**アトリビュート**（属性）と**メソッド**という 2 つの主要な部分から構成されます。これらについて，数値計算ライブラリである **NumPy** を例に見てみましょう。

〔1〕メソッド

　メソッドはオブジェクトに属する関数です。NumPy の多次元配列（`ndarray` オブジェクト）を例に説明を行います。ndarray にはさまざまなメソッドが存在します。たとえば，配列の形状を変更する reshape メソッドがあります。

34

コード 2.25　メソッド

```
1  import numpy as np
2  array = np.array([1, 2, 3, 4, 5, 6]) # ① 1 次元配列を作成
3  print(array)
4  reshaped_array = array.reshape((2, 3)) # ② reshape メソッドを使用して配列の形状を変更
5  print(reshaped_array)
```

```
[1 2 3 4 5 6]
[[1 2 3]
 [4 5 6]]
```

変数 array は 1 次元配列ですが，4 行目で reshape メソッドを用いて形状を変更することで，変数 reshaped_array は 2 行 3 列になっています。このようにメソッドは**オブジェクト . メソッド**という形で使用します。

(2) パラメータ

パラメータはメソッドや関数が受け取る引数のことです。コード 2.24 の場合，reshape メソッドの引数 (2,3) がパラメータです。これにより，6 要素の 1 次元配列を 2 行 3 列の 2 次元配列に変形しています。

(3) アトリビュート

アトリビュートはオブジェクトに属する変数で，オブジェクトの状態やプロパティを表します。ndarray オブジェクトには，配列の形状を示す shape や，配列のデータ型を示す dtype といったアトリビュートがあります。

コード 2.26　アトリビュート

```
1  import numpy as np
2  array = np.array([1, 2, 3])
3  print(array.shape) # (3,) - 3 要素の 1 次元配列
4  print(array.dtype) # float64 - 各要素のデータ型は 64 ビット浮動小数点数
```

```
(3,)
int32
```

このように，ndarray オブジェクトはさまざまなメソッドをもち，これを通じて配列の操作や計算を行うことができます。また，配列の形状やデータ型といった情報はアトリビュートとして参照でき，メソッドの引数として渡すことができる値はパラメータとして扱われます。

第3章 Pythonで理解する基礎統計

　統計はデータを収集，分析，解釈，表示するための科学的な方法論です。本章では，NumPyとpandasを使用して統計の基礎について説明していきます。特に平均・分散・標準偏差，正規分布，母集団と標本，点推定，区間推定，t検定などについて学びます。これにより統計の基礎とPythonライブラリの中でも汎用性の高いNumPyとpandasの両方の理解を深めていきましょう。

3.1 平均，分散，標準偏差

　はじめに，統計の基本である平均，分散，標準偏差について説明します。これらについて考えるために，飲料水と排水でそれぞれ3試料の金属イオン濃度〔μg/L〕を測定することを例に考えてみます（図3.1）。

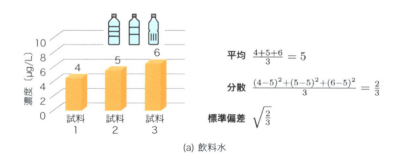

(a) 飲料水

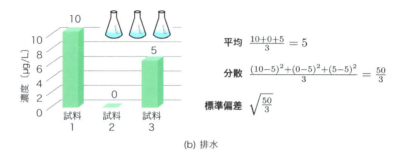

(b) 排水

図3.1　平均，分散，標準偏差

3種類の飲料水の金属イオンの濃度は 4，5，6 μg/L，3種類の排水の金属イオンの濃度は 10，0，5 μg/L でした。それぞれの平均は「すべて足して，試料数で割る」ことで計算できます。

$$\overline{X} = \frac{1}{n} \sum_{i=1}^{n} X_i \tag{3.1}$$

$\overline{X}$ は平均値，n は試料数，X_i は i 番目の試料の測定データです。このようにして計算した平均濃度はどちらも 5 μg/L です。

続いて，データのばらつき具合を示す指標である分散は，「各値から平均値を引き，二乗して，すべて足して，試料数で割る」ことで計算できます。その結果，金属イオン濃度の分散は，飲料水で $\frac{2}{3}$，排水で $\frac{50}{3}$ であることがわかります。

$$\sigma^2 = \frac{1}{n} \sum_{i=1}^{n} \left(\overline{X} - X_i \right)^2 \tag{3.2}$$

分散 σ^2 を計算する過程で二乗を用いているため，分散の単位は〔(μg/L)^2〕になっています。そのため，分散の平方根をとれば，単位は〔μg/L〕に戻ります。これを標準偏差 σ と呼びます。通常，分散は σ^2 のようにシグマの二乗で表します。これは「標準偏差の二乗が分散」であるためです。標準偏差をとることで「平均からおおよそどれくらいばらつくか」を知ることができます。

それでは，飲料水と排水の金属イオン濃度の平均，分散，標準偏差を Python で計算してみましょう。せっかくなので「関数」もつくってみます。ここではライブラリとして NumPy を用います。

コード 3.1　平均，分散，標準偏差の計算

```python
import numpy as np

# ①飲料水 (Sample A) の金属イオン濃度 (マイクログラム /L)
mineral_water_A = [4, 5, 6]
# ②排水 (Sample B) の金属イオン濃度 (マイクログラム /L)
wastewater_B = [10,0,5]

# 平均、分散、標準偏差を計算する関数
def calculate_statistics(concentrations):
    mean = np.mean(concentrations)  # ③平均
    variance = np.var(concentrations)  # ④分散
    std_dev = np.std(concentrations)  # ⑤標準偏差
    return mean, variance, std_dev

# ⑥飲料水の金属イオン濃度の統計値を計算
mean_A, variance_A, std_dev_A = calculate_statistics(mineral_water_A)
print(f" 飲料水 A - 金属イオン濃度の平均： {mean_A:.2f}， 分散： {variance_A:.2f},"
      f" 標準偏差： {std_dev_A:.2f}")

# ⑦排水の金属イオン濃度の統計値を計算
mean_B, variance_B, std_dev_B = calculate_statistics(wastewater_B)
print(f" 排水 B - 金属イオン濃度の平均： {mean_B:.2f}， 分散： {variance_B:.2f},"
      f" 標準偏差： {std_dev_B:.2f}")
```

第 3 章　Python で理解する基礎統計

> 飲料水 A － 金属イオン濃度の平均：5.00，分散：0.67，標準偏差：0.82
> 排水 B － 金属イオン濃度の平均：5.00，分散：16.67，標準偏差：4.08

　このプログラムでは，9 〜 13 行目で関数を定義しています。関数名は calculate_statistics，引数は concentrations です。NumPy には平均，分散，標準偏差を計算するメソッドがあり，それぞれ③ mean（引数），④ var（引数），⑤ std（引数）です。13 行目の関数の最後で，計算された平均，分散，標準偏差を戻り値として指定しています。⑥では，4 行目で代入した変数 mineral_water_A の値を，関数 calculate_statistics に引数として与えています。そして，計算された各値を print で表示しています。⑦で，排水でも同様のことを行っています。なお，データはリストとして与えられています。今回の結果では飲料水と排水の金属イオン濃度の平均値は同じですが，分散と標準偏差の値から，ばらつきが異なることがわかります。また，ここでは f 文字列（フォーマット文字列）で，文字列中に {} を用いて変数や計算結果を埋め込んでいます。また，「:.2f」は，その中で「数値を小数点以下第 2 位まで表示する」フォーマット指定子です。

● 3.2
正規分布

　標準偏差は正規分布（ガウス分布）を用いて説明すると，より理解が深まります。正規分布は，平均値を中心に左右対称な形をした確率分布です。これは確率密度関数を用いて次式のように数学的に表現できます。

$$f(x) = \frac{1}{\sqrt{2\pi\sigma^2}} \exp\left(-\frac{(x-\mu)^2}{2\sigma^2}\right) \tag{3.3}$$

ここで，x は変数，μ は平均値，σ は標準偏差を表します。

　これを図示すると図 3.2(a) のようになります。図 (a) ①は平均が 30，標準偏差が 5 の正規分布です。データが正規分布に従っている場合，大多数のデータは平均値の近くに集まり，極端に大きい値や極端に小さい値をとるデータは少なくなります。正規分布において，標準偏差はデータの分布の広がりを表しています。図 (b) に示すように，具体的には以下のような特性があります。

- 平均値 ± 標準偏差の範囲には，全データの約 68.3% が含まれる
- 平均値 ± 2 標準偏差の範囲には，全データの約 95.5% が含まれる
- 平均値 ± 3 標準偏差の範囲には，全データの約 99.7% が含まれる

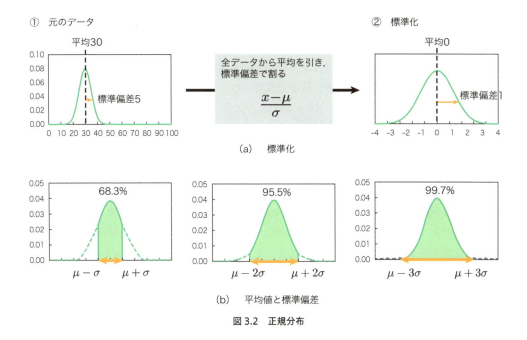

図 3.2 正規分布

正規分布ではよく**標準化**が行われます．正規分布の標準化とは，元のデータを変換して，平均値が 0，標準偏差（および分散）が 1 の分布にすることを指します．これにより，異なる種類のデータや異なる単位をもつデータを比較しやすくなります．標準化は，各データから平均値を引いた後，標準偏差で割ることで行われます．

$$Z スコア = \frac{各データ - 平均値}{標準偏差} \tag{3.4}$$

これにより図 (a) ②のように平均が 0，標準偏差が 1 の分布になります．このように標準化された値のことを **Z スコア**（**標準スコア**）とも呼びます．標準化を行うと，元のデータの平均値と標準偏差にかかわらず，以下のことが言えるため便利です．

- Z スコアが -1 から 1 の範囲に，全データの約 68.3% が含まれる
- Z スコアが -2 から 2 の範囲に，全データの約 95.5% が含まれる
- Z スコアが -3 から 3 の範囲に，全データの約 99.7% が含まれる

第 3 章　Python で理解する基礎統計

3.3
データフレームの取り扱い

　データ解析を行う際に非常に便利なライブラリが **pandas** です。特に，**データフレーム**という機能を利用することで，データの操作や分析が格段に容易になります。データフレームは，2 次元の表形式のデータ構造です。Excel のスプレッドシートのように行と列からなります。各列には異なる型のデータ（数値，文字列，日付など）を格納することができます。これにより，データの検索や抽出，整形，加工，視覚化などが非常に簡単に行えます。

3.3.1　データフレームの作成

　はじめに，pandas を用いて Excel ファイルを読み込み，データフレームを作成してみます。GitHub からダウンロードしたフォルダ dataChapter03 が，ipynb ファイルの保存されているフォルダと同じフォルダにあることを確認してください。また，フォルダ dataChapter03 の中に，3_pandas.xlsx という Excel ファイルが保存されていることを確認してください。この Excel ファイルには**図 3.3** に示す 3 つのシート（それぞれ p1，p2，p3）があり，リンゴの糖度と酸度のデータが保存されています。

	A	B	C
1		糖度	酸度
2	リンゴ1	10	0.5
3	リンゴ2	12	0.6
4	リンゴ3	8	1
5	リンゴ4	9	0.8
6	リンゴ5	10	0.7
7	リンゴ6	15	1

‹ › p1 p2 p3 +

(a) シート名：p1
行名 (index) あり
列名 (columns) あり

	A	B
1	糖度	酸度
2	10	0.5
3	12	0.6
4	8	1
5	9	0.8
6	10	0.7
7	15	1

‹ › p1 p2 p3 +

(b) シート名：p2
行名 (index) なし
列名 (columns) あり

	A	B
1	10	0.5
2	12	0.6
3	8	1
4	9	0.8
5	10	0.7
6	15	1

‹ › p1 p2 p3 +

(c) シート名：p3
行名 (index) なし
列名 (columns) なし

図 3.3　3_pandas.xlsx の 3 つのシートの内容

　この Excel が保存されているフォルダで，ipynb ファイルを新たに作成して，以下を入力して実行してみましょう。

コード 3.2　データフレームの作成

```python
import pandas as pd
excel_path="dataChapter03/3_pandas.xlsx" # ①ファイルパスの指定
# ②read_excel 関数を用いて，p1 シートを，最初の行をインデックスとして読み込む
df_p1 = pd.read_excel(excel_path, sheet_name="p1",index_col=0)
df_p1
```

40

	糖度	酸度
リンゴ1	10	0.5
リンゴ2	12	0.6
リンゴ3	8	1.0
リンゴ4	9	0.8
リンゴ5	10	0.7
リンゴ6	15	1.0

①でファイルパス（保存先とファイル名）を指定しています。②で `read_excel` 関数を用いて Excel データを読み込み，sheet_name で読み込むシート名を指定（ここでは，図 (a) のシート名 p1 を指定），index_col で**インデックス**（行を識別するラベル）に用いる行番号を指定します。行番号は 0 から開始します（Excel の 1 行目はインデックス 0)。**カラム名**（列を識別するラベル）は，指定しなければ最初の列が自動で選ばれます。

データフレームでは，インデックスやカラム名の属性を用いてデータを認識することも多いです。属性は以下のように確認できます。

コード 3.3　インデックスとカラム名の属性

```
1  print(df_p1.columns) # カラム名
2  print(df_p1.index) # インデックス
```

```
Index(['糖度', '酸度'], dtype='object')
Index(['リンゴ1', 'リンゴ2', 'リンゴ3', 'リンゴ4', 'リンゴ5', 'リンゴ6'],
dtype='object')
```

インデックスやカラム名を用いてデータの抽出もできます。たとえば，リンゴの糖度は以下のように抽出できます。

コード 3.4　カラム名を用いたデータ抽出

```
1  df_p1["糖度"]
```

```
リンゴ1 10
リンゴ2 12
リンゴ3 8
リンゴ4 9
リンゴ5 10
リンゴ6 15
Name: 糖度, dtype: int64
```

3.3.2　インデックスがないデータ

つづいて，read_excel 関数を使用したときのインデックスとカラム名について，3_pandas. xlsx のシート p2, p3 を用いて詳しく見てみましょう。図 3.3(b)(c) のようにシート p2 はインデックスがないデータ，シート p3 はインデックスもカラム名もないデータです。以下のように p2 を読み込んで実行してください。

第 3 章　Python で理解する基礎統計

コード 3.5　インデックスがないデータ

```
1  df_p2 = pd.read_excel(excel_path, sheet_name="p2")
2  df_p2
```

	糖度	酸度
0	10	0.5
1	12	0.6
2	8	1.0
3	9	0.8
4	10	0.7
5	15	1.0

　インデックスには自動で行番号が格納されています。さらに，以下のようにすると，df_p2 のインデックスを指定できます。ここでは df_p1 のインデックスを使用しています。

コード 3.6　インデックスの指定

```
1  df_p2.index=df_p1.index
2  df_p2
```

	糖度	酸度
リンゴ 1	10	0.5
リンゴ 2	12	0.6
リンゴ 3	8	1.0
リンゴ 4	9	0.8
リンゴ 5	10	0.7
リンゴ 6	15	1.0

3.3.3　インデックスもカラム名もないデータ

つぎに，インデックスもカラム名もない，シート p3 のデータを読み込んで実行してみましょう。

コード 3.7　インデックスもカラム名もないデータ

```
1  df_p3 = pd.read_excel(excel_path, sheet_name="p3")
2  df_p3
```

	10	0.5
0	12	0.6
1	8	1.0
2	9	0.8
3	10	0.7
4	15	1.0

3.3 データフレームの取り扱い

　この場合，最初の行が自動でカラム名として指定されてしまいます（前述のとおりインデックスには行番号が自動で挿入）。そのため，カラム名をもたない Excel ファイルの場合は，以下のように header を None と指定する必要があります。**header** は，データのカラム名を指定するオプションです。こうすることで，最初の行がカラム名になることはなく，インデックスと同様に列番号が振られます。

コード 3.8　header の指定

```
1  df_p3 = pd.read_excel(excel_path, sheet_name="p3",header=None)
2  print(df_p3)
```

```
    0    1
0  10  0.5
1  12  0.6
2   8  1.0
3   9  0.8
4  10  0.7
5  15  1.0
```

　さらに，インデックスとカラム名の指定は以下のように行います。ここでも df_p1 のインデックスを使用しています。

コード 3.9　インデックスとカラム名の指定

```
1  df_p3.index=df_p1.index
2  df_p3.columns=df_p1.columns
3  df_p3
```

	糖度	酸度
リンゴ 1	10	0.5
リンゴ 2	12	0.6
リンゴ 3	8	1.0
リンゴ 4	9	0.8
リンゴ 5	10	0.7
リンゴ 6	15	1.0

3.3.4　データフレームの操作

　もう少しだけデータフレームに触れておきましょう。データフレームではデータの検索や抽出，整形，加工，視覚化などが非常に簡単に行えます。たとえば以下です。

コード 3.10　カラム名と条件式で検索したデータに対する bool 値の出力

```
1  bool10 = (df_p1["糖度"] > 10)
2  bool10
```

43

第 3 章　Python で理解する基礎統計

```
リンゴ 1 False
リンゴ 2 True
リンゴ 3 False
リンゴ 4 False
リンゴ 5 False
リンゴ 6 True
Name: 糖度 , dtype: bool
```

　ここでは，df_p1 の中でカラム名が "糖度" のデータに対して，値が 10 より大きいことを条件にしたときの bool 値を出力しています。10 より大きい場合 True が出力されています。

　この bool 値を使って，以下のように df_p1 から糖度が 10 より大きいリンゴだけを抽出できます。

コード 3.11　bool 値を使ったデータの抽出

```
1  over10 = df_p1[bool10]
2  over10
```

	糖度	酸度
リンゴ 2	12	0.6
リンゴ 6	15	1.0

　次に 2 つのメソッドを使って，糖度が 10 より大きいリンゴのみで，点数の分布を見てみます。まず **groupby** メソッドでデータフレームのカラム名 " 糖度 " を基準に " 糖度 " データをグループ化します (" 糖度 " の分布をもとに " 酸度 " を分ける場合には，.groupby(["糖度"])["酸度"] とする)。次にこの点数を **count** メソッドで数えます。これにより，10 より大きい糖度でその分布を知ることができます。ここでは，糖度 12 のリンゴが 1 点，糖度 15 のリンゴが 1 点という結果が出力されています。

コード 3.12　データの分布の確認

```
1  cnt_under10 = over10.groupby([" 糖度 "])[" 糖度 "].count()
2  cnt_under10
```

```
糖度
12 1
15 1
Name: 糖度 , dtype: int64
```

　データフレームは機械学習でもよく使うため，使い方に慣れてください。また，以下のように %whos と入力すると現在のオブジェクトの一覧を確認することができます。

コード 3.13　オブジェクトの一覧を確認

```
1  %whos
```

```
Variable Type Data/Info
----------------------------------------------
array ndarray 3: 3 elems, type `int32`, 12 bytes
bool10 Series リンゴ1 False\nリンゴ2 T<...>ue\nName: 糖度 , dtype: bool
calculate_statistics function <function calculate_stati<...>cs at
0x000001729E1DC860>
cnt_under10 Series 糖度 \n12 1\n15 1\nName: 糖度 , dtype: int64
〜〜以下省略〜〜
```

3.4

pandas で正規分布を理解する

　データフレームを用いて，リンゴの糖度による正規分布を解析することを通して，正規分布に関する理解をさらに深めていきましょう。GitHub からダウンロードしたフォルダ dataChapter03 に 3_normal_distribution.xlsx という Excel ファイルが保存されていること，さらにフォルダ dataChapter03 が ipynb ファイルと同じフォルダに保存されていることを確認してください。3_ normal_distribution.xlsx には，**図 3.4** に示すように A 列にはリンゴの糖度，B 列にはその糖度が測定されたリンゴの個数が格納されています。

	A	B			
1	糖度	個数	10	12	25
2	8	2	11	12.5	15
3	8.5	5	12	13	13
4	9	9	13	13.5	12
5	9.5	12	14	14	8
6	10	18	15	14.5	7
7	10.5	19	16	15	6
8	11	21	17	15.5	6
9	11.5	24	18	16	2

図 3.4　リンゴの糖度の測定結果（3_distribution.xlsx）

　以下でファイルを読み込み，データを確認してみましょう。**df.head()** とすることでデータフレームの最初の要素を表示することができます。head メソッドでは，引数を指定しない場合は先頭から 5 行を表示します。

コード 3.14　データフレームの最初の要素の表示

```python
import pandas as pd
excel_path="dataChapter03/3_normal_distribution.xlsx"
df = pd.read_excel(excel_path)
df.head()
```

45

第 3 章　Python で理解する基礎統計

	糖度	個数
0	8.0	2
1	8.5	5
2	9.0	9
3	9.5	12
4	10	18

　前節ではデータフレームからカラム名を使ってデータを抽出しました。しかし，行番号や列番号からデータを抽出したい場合もあります。そのときには，ilocインターフェースを用います。ilocプロパティは位置を指定して特定の行や列を選択するためのインターフェースです。インデックスやカラム名をもとにデータを選択する際に使用します。では，ilocプロパティを用いてデータを抽出してみましょう。ここでもインデックスとカラム名の番号は0から始まることに注意してください。また，コロン（:）はスライス操作（要素を指定して一部を抜き出す）を意味します。以下のプログラムと出力を見比べて，ilocの扱いに慣れてください。

コード 3.15　iloc による抽出

```
1  print(df.iloc[1,:]) # 2行目, すべての列
2  print("_____")
3  print(df.iloc[3:5,:]) # 4〜5行目, すべての列
4  print("_____")
5  print(df.iloc[8:15,:]) # 9〜15行目, すべての列
6  print("_____")
7  print(df.iloc[:,1]) # すべての行, 2列目
```

```
糖度 8.5
個数 5.0
Name: 1, dtype: float64
_____
糖度 個数
3 9.5 12
4 10.0 18
_____
糖度 個数
8 12.0 25
9 12.5 15
10 13.0 13
11 13.5 12
12 14.0 8
13 14.5 7
14 15.0 6
_____
0 2
1 5
2 9
3 12
4 18
```

46

```
5  19
6  21
7  24
8  25
9  15
10 13
11 12
12 8
13 7
14 6
15 6
16 2
Name: 個数 , dtype: int64
```

iloc では，以下の 3 点に注意してください。

① インデックスが 0 から始まること

② 終了インデックスは含まれないこと（たとえば df.iloc[3:5,:] では，インデックス 3，4（つまり行番号では 4，5）の要素が選択される）

③ 開始インデックスを省略すると最初から，終了インデックスを省略すると最後まで選択されること

3.4.1 平均値と標準偏差の計算

それでは，次のプログラムで df から平均値と標準偏差を計算してみましょう。

コード 3.16　データフレームの平均値と標準偏差の計算

```
1  total_apples = df.iloc[:, 1].sum() # ①
2  average_score = (df.iloc[:, 0] * df.iloc[:, 1]).sum() / total_apples # ②
3  variance = ((df.iloc[:, 0] - average_score)**2 * df.iloc[:, 1]).sum() \
4            / total_apples # ③
5  standard_deviation = variance**0.5 # ④
6  print(f" 平均点 : {average_score:.2f}, 標準偏差 : {standard_deviation:.2f}")
```

```
平均点 :11.70, 標準偏差 :1.79
```

①の変数 total_apples には，sum メソッドで B 列のリンゴの個数を合計した「リンゴの総数」を代入しています。②の変数 average_score には，A 列の糖度と B 列のリンゴの個数を掛けてから，sum メソッドで合計を計算し，その後に total_apples で割ることで得られる「糖度の平均値」を代入しています。③の変数 variance には，A 列の糖度と平均値の差を二乗して，これに B 列のリンゴの個数を掛けたものの合計を sum メソッドで計算し，これを total_apples で割って得られる「糖度の分散」を代入しています。さらに，分散を $\frac{1}{2}$ 乗（つまり平方根）することで計算した「糖度の標準偏差」が，④の変数 standard_deviation です。

3.4.2 ヒストグラムと正規分布のグラフの作成

つづいて，計算した平均値と標準偏差からヒストグラムと正規分布のグラフを作成して表示します。

コード 3.17　ヒストグラムと正規分布の作成

```
import numpy as np
import matplotlib.pyplot as plt
import scipy.stats as stats
# グラフの作成
plt.figure(figsize=(10, 6))
# ①糖度と個数のバーグラフ
plt.bar(df.iloc[:, 0], df.iloc[:, 1], label="Sugar Content Distribution",
        color="pink")
# ②正規分布のプロット
x = np.linspace(average_score - 4*standard_deviation,
                average_score + 4*standard_deviation, 100)
plt.plot(x, stats.norm.pdf(x, average_score, standard_deviation)
         * total_apples * -1, label="Normal Distribution")
# ③平均と標準偏差の線
plt.axvline(x=average_score, color="red", linestyle="--", label="Average")
plt.axvline(x=average_score + standard_deviation, color="green",
            linestyle="--", label="Standard Deviation")
plt.axvline(x=average_score - standard_deviation, color="green",
            linestyle="--")
# ④グラフのタイトルとラベル
plt.title("Sugar Distribution and Normal Distribution")
plt.xlabel("Sugar content")
plt.ylabel("Number of apples")
# ⑤凡例の表示
plt.legend()
# ⑥グラフの表示
plt.grid(True)
plt.show()
```

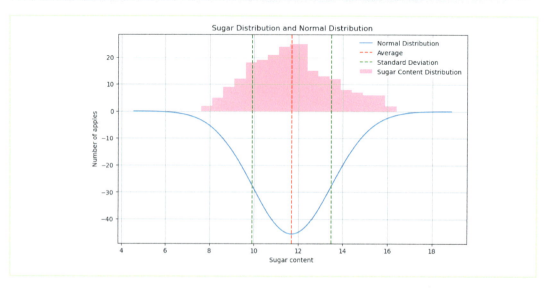

まず，①では matplotlib.pyplot の **bar** 関数を使用して，各糖度に対するリンゴの個数を表すバーグラフを作成しています。df.iloc[:, 0] で糖度を，df.iloc[:, 1] で各糖度に対するリンゴの個数を取得しています。このグラフは**ヒストグラム**と呼ばれます。ヒストグラムでは，横軸にはデータの値を一定の区間（ビン）に分割したものが表示されます。縦軸には各ビンに含まれるデータの個数（度数）が表示されます。

次に，②では正規分布の計算と図の表示を行っています。横軸となる変数 x には **linspace** 関数を使用して数列を格納しています。これは指定された区間を等間隔で分割した数値を生成する関数です。ちょうどよい範囲で正規分布を作成するため，コード 3.16 で計算した平均値 average_score から標準偏差 standard_deviation の 4 倍の範囲で 100 点のデータを生成しています。正規分布の確率密度関数の計算は **stats.norm.pdf** 関数が使えます。この関数に x と平均値，標準偏差を引数として渡すことで確率密度関数を計算できます。

しかし，このまま図を表示すると，①のヒストグラムのスケールと大きく変わってしまうため，total_apples を掛けることで，スケールをそろえています。さらに，－1 を掛けて下向きに表示させることで見やすくしています。③では，平均値と標準偏差の位置をわかりやすくしています。④〜⑥はグラフに表示するその他の要素に関するものです。コード 3.17 で表示された図では，ヒストグラムの形状と正規分布の形状が似ていることがわかります。

3.4.3　Zスコアを用いた統計的指標の計算

ここで，Z スコアを用いて，ある糖度のリンゴが上位から何番目の順位の糖度をもっているかを計算で確かめてみましょう。

コード 3.18　*Zスコアを用いた統計的指標の計算*

```
 1  def calculate_statistics(score, df, average_score, standard_deviation,
 2                           total_apples):
 3      """
 4      パラメータ :
 5      score (int or float): 計算する糖度スコア。
 6      df (pandas DataFrame): 糖度スコアとその出現回数を含むデータフレーム。
 7      average_score (float): 糖度スコアの平均値。
 8      standard_deviation (float): 糖度スコアの標準偏差。
 9      total_apples (int): リンゴの総数。
10      戻り値 :
11      なし (結果は出力される)。
12      """
13      # ①Zスコアの計算
14      z_score = (score - average_score) / standard_deviation
15      # ②おおまかな順位の計算 (Zスコアから推察)
16      approximate_rank = total_apples * (1 - stats.norm.cdf(z_score)) + 1
17      # ③上位からのパーセンテージ
18      percentage_from_top = (approximate_rank / total_apples) * 100
19      # ④点数が score+1 以上のリンゴ数の累積和
20      cumulative_apples_above = df[df.iloc[:, 0] > score].iloc[:, 1].sum()
21      # ⑤その糖度を取得したリンゴ数
```

第 3 章　Python で理解する基礎統計

```
22    apples_with_score = df[df.iloc[:, 0] == score].iloc[:, 1].sum() \
23                        if score in df.iloc[:, 0].values else 0
24    # ⑥実際の順位の範囲の計算
25    rank_range_lower = cumulative_apples_above + 1
26    rank_range_upper = rank_range_lower + apples_with_score - 1
27    print(f"この糖度の Z スコアは {z_score:.2f} です。")
28    print(f"Z スコアから推測される順位は {approximate_rank:.0f} です。")
29    print(f"上位からのパーセンテージは {percentage_from_top:.2f}% です。")
30    print(f"実際の順位は {rank_range_lower} から {rank_range_upper} の間です。")
31
32    # テストスコアを指定して関数を実行（例：14）
33    test_score = 14
34    calculate_statistics(test_score, df, average_score, standard_deviation,
35                         total_apples)
```

```
この糖度の Z スコアは 1.29 です。
Z スコアから推測される順位は 21 です。
上位からのパーセンテージは 10.41% です。
実際の順位は 22 から 29 の間です。
```

　このプログラムでは，糖度が 14 のリンゴが上位から何 % に位置するかを計算しています。まず，①では Z スコアを計算しています。3.2 節で説明したとおり，各データ（糖度）から平均値を引いた後に標準偏差で割っています。②では Z スコアから推察されるおおまかな順位を計算します。この順位は，正規分布の累積分布関数（cumulative distribution function：CDF）を使用して推定されます。`stats.norm.cdf(z_score)` は，Z スコアが与えられたときに，その値以下のスコアの割合を返します。これを用いて，スコアが上位何 % に位置するかを計算し，リンゴの総数に乗じて順位を推定します。③では，このおおまかな順位を用いて，スコアが上位からどの程度のパーセンテージに位置するかを計算します。この値は，順位をリンゴの総数で割ることで得られます。④では，指定されたスコアよりも高いスコアをもつリンゴの個数を計算します。これは，実際の順位を求めるための基礎となります。⑤では，指定されたスコアをもつリンゴの個数を計算します。これにより，同じスコアをもつリンゴが複数ある場合に，順位の範囲を求めることができます。⑥でその計算を行っています。このようにデータが正規分布状に分布している場合，Z スコアからおおよその順位を知ることができます。

3.5
母集団と標本，偶然誤差と系統誤差

　実験や測定における母集団と標本について考えてみましょう。例として，木材のブロックの長さをノギスで測定するときのことを考えます。このとき，長さの真の値を把握するためには，ノギスの測定を無限回（母集団）繰り返す必要があります。母集団とは，理論的に考えられるすべての可能な測定結果の集合を意味します。つまり，ノギスを使って無限回測定したときに得られるすべての測定値が母集団を構成します。

50

母集団は，測定機器の誤差や測定条件の変動など，あらゆる要因による変動を含むため，真の値を正確に反映する統計的な性質をもっています。しかし，無限回の測定は現実的には不可能であるため，実際には標本という小さな部分集合を取り出して，その標本をもとに母集団を推定することになります。今回の場合，標本は3回以上の複数回数の測定とします（母集団の推定には少なくとも3回の測定が必要）。この複数回の測定結果の平均値は，真の値に近似することがわかっています。

　さらに，ここで注意しなければならないのは，測定には必ず誤差が含まれるという点です。誤差には大きく分けて，**偶然誤差**と**系統誤差**の2種類があります。偶然誤差は**図 3.5**(a) に示すように測定ごとにランダムに生じる誤差であり，多くの測定を繰り返すことでその影響を抑えることができます。つまり，正規分布のような形状になります。

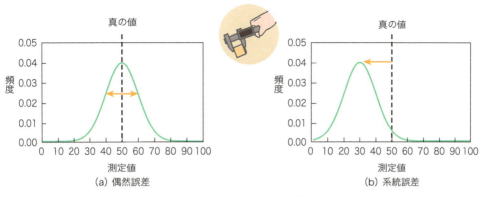

図 3.5　偶然誤差と系統誤差

　一方で，系統誤差は図 (b) に示すように測定方法や装置のバイアスによってつねに一定の方向に生じる誤差です。これは測定回数を増やしても消えることはなく，統計学的な手法では対処できません。たとえば，そもそもノギスの測定方法を間違えている場合，ノギスが温度によって変形してしまっている場合などは系統誤差にあたります。系統誤差が存在する場合，それを正確に把握し，補正する必要があります。標本を用いた統計学的な手法は非常に強力ですが，その前提として測定における誤差を適切に理解することが重要です。

3.6 点推定

　ある地域におけるリンゴの糖度の平均値を厳密に計算するためには，その地域のすべてのリンゴ（母集団）の糖度を測定する必要があります。しかし，それは非常にコストがかかります。そこで，実際には，いくつかのリンゴ（標本）を用いて，これらの統計値からすべてのリンゴの平均を推定します。ここでは標本データから母集団の特性（平均や分散など）を推定する方法について説明します。標本から母集団の特性を推定する際，おもに平均，分散，標準偏差といった統計量に注目します。これら

第 3 章　Python で理解する基礎統計

の統計量を用いて母集団の特性を推定する方法には，点推定と区間推定があります。

　点推定では，標本の平均値を計算し，それをそのまま母集団の平均とします。これは最も基本的な推定方法で，計算が簡単です。また，点推定によって母集団の分散を推定する際には，不偏分散を用います。不偏分散は，標本分散では標本数で割るところを，標本数から 1 を引いた値で割ることで計算します。これにより，標本から得られる分散の期待値が母集団の分散と一致するように調整されます。

　母集団にはデータが大量にありますが，標本数はたいてい少ないです。これらの標本データは平均値に近くなる傾向があることから，標本から計算される分散は母集団の分散よりも小さくなってしまいます。そこで，最後に標本数 n で割るのではなく，$n-1$ で割ることで分散が少し大きくなりそうです。このようにして計算した分散が不偏分散 s^2 です。

$$s^2 = \frac{1}{n-1} \sum_{i=1}^{n} (x_i - \overline{x})^2 \tag{3.5}$$

n は標本数，x_i は i 番目の標本データ，$\overline{x}$ は標本平均です。この $n-1$ のことを自由度と呼びます。

● 3.7
区間推定

　標本平均をもとにして，母平均が含まれるであろう範囲を推定することを区間推定といいます。また，その範囲を信頼区間と呼び，信頼区間を求めるために中心極限定理が用いられます。中心極限定理は，統計学において非常に重要な定理の 1 つで，確率論の基礎をなすものです。この定理は，互いに独立で同じ確率分布に従うランダムな変数の和（または平均値）が，標本数が大きくなるにつれて，正規分布に近づくというものです。中心極限定理では以下のことが示されています。

- 標本平均の分布は，標本数が増えるにつれて正規分布に近づく
- 「標本平均」の「平均」は「母集団の平均」となる
- 「標本平均」の「分散」は「母集団の分散の $1/n$ 倍」となる
- 「標本平均」の「標準偏差」は「母集団の標準偏差の $1/\sqrt{n}$ 倍」となる

3.7.1　母集団の分散が既知の場合の信頼区間の求め方

　引き続き，リンゴの糖度を例に説明していきます。すべてのリンゴの糖度を測定したときの平均を μ，分散を σ^2 とします。ここでは，「すべてのリンゴ（母集団）の糖度の分散がわかっている」とします。母集団の分散が既知の場合の信頼区間の求め方の流れを図 3.6 に示します。この母集団から標本（標本数 n）を一度だけ取り出します（今回の例では標本平均を 10.2 とする）。すると，この標本平均 10.2 は平均 μ，分散 σ^2/n の正規分布に従うはずです。

　このままではデータがわかりにくいため，このデータに対して標準化を行いましょう。標準化は，

52

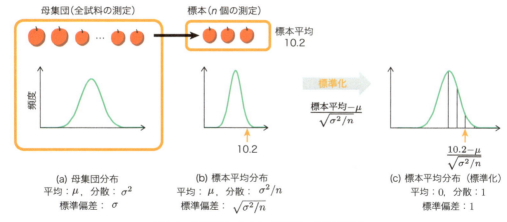

図 3.6　信頼区間の求め方（母集団の分散が既知）

すべてのデータから平均値を引いて，それを標準偏差で割ることで行います（3.2節）。標準化を行うと，データの分散にかかわらず以下のことが言えます。

- Z スコアが -1 から 1 の範囲に，全データの約 68.3% が含まれる
- Z スコアが -2 から 2 の範囲に，全データの約 95.5% が含まれる
- Z スコアが -3 から 3 の範囲に，全データの約 99.7% が含まれる

これは，Z スコアを切りの良い数字で表したものです。逆に確率を切りの良い数字としたときの Z スコアは以下のようになります。

- Z スコアが -1.96 から 1.96 の範囲に，全データの約 95% が含まれる
- Z スコアが -2.32 から 2.32 の範囲に，全データの約 99% が含まれる
- Z スコアが -3.09 から 3.09 の範囲に，全データの約 99.9% が含まれる

ここで，図 3.6 右下に示すように，今回測定した標本平均が 10.2 であることから，これを標準化したものは次式で表されます。

$$\frac{\text{糖度データ} - (\text{「標本平均」の「平均」})}{(\text{「標本平均」の「標準偏差」})} : \frac{10.2 - \mu}{\sqrt{\sigma^2/n}} \tag{3.6}$$

中心極限定理によると，「標本平均」の「平均」は「母集団の平均 μ」となり，「標本平均」の「標準偏差」は「母集団の標準偏差の $1/\sqrt{n}$ 倍」となります（$\sqrt{\sigma^2/n}$）。ここで，正規分布に従うと全データの 95% が Z スコア -1.96 から 1.96 の間に収まるはずです。式で書くと以下のようになります。

$$-1.96 \leq \frac{10.2 - \mu}{\sqrt{\sigma^2/n}} \leq 1.96 \tag{3.7}$$

第 3 章　Python で理解する基礎統計

ここでは母集団の分散 σ^2 がわかっているものとします。この場合，式を変形して母集団平均 μ について解くと，以下のようになります。

$$10.2 - 1.96\frac{\sigma}{\sqrt{n}} \leq \mu \leq 10.2 + 1.96\frac{\sigma}{\sqrt{n}} \tag{3.8}$$

これで母集団の平均が含まれるであろう区間を求めることができました。これを信頼区間と呼びます。今回は標本の平均として 10.2 を用いましたが，より一般化して標本平均を $\overline{x}$ とすると，式 (3.8) は次式で表されます。

$$\overline{x} - 1.96\frac{\sigma}{\sqrt{n}} \leq \mu \leq \overline{x} + 1.96\frac{\sigma}{\sqrt{n}} \tag{3.9}$$

ここまで，Z スコアが標準正規分布の 95% の面積（確率）の範囲にある条件を考えてきました。この 0.95（95%）のことを信頼係数と呼びます。また，「1−信頼係数」のことを有意水準と呼びます。さらに，信頼係数 0.95 における信頼区間のことを 95% 信頼区間と呼びます。たとえば，95% 信頼区間は 95% の確率で母平均が含まれる区間を示します。科学データの場合は通常 95%，99%，99.9% の信頼水準で設定されます。信頼区間と有意水準の関係は以下のようになります。

- 信頼係数 0.95 ⇔ 有意水準 0.05
- 信頼係数 0.99 ⇔ 有意水準 0.01
- 信頼係数 0.999 ⇔ 有意水準 0.001

99% 信頼区間と 99.9% 信頼区間を以下に示します。

$$\overline{x} - 2.32\frac{\sigma}{\sqrt{n}} \leq \mu \leq \overline{x} + 2.32\frac{\sigma}{\sqrt{n}} \tag{3.10}$$

$$\overline{x} - 3.09\frac{\sigma}{\sqrt{n}} \leq \mu \leq \overline{x} + 3.09\frac{\sigma}{\sqrt{n}} \tag{3.11}$$

3.7.2　母集団の分散が未知の場合の信頼区間の求め方

前項では母集団の分散が既知の場合の信頼区間を求めました。しかし，母集団の平均がわかっていないのに，分散がわかっていることなどあるのでしょうか。なかなかなさそうです。そこで，母集団の分散が未知の場合の信頼区間の求め方の流れを図 3.7 に示します。

3.7 区間推定

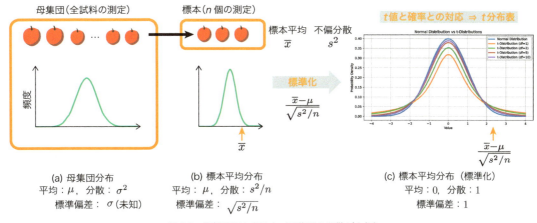

図 3.7　信頼区間の求め方（母集団の分散が未知）

ここで，点推定を思い出しましょう．点推定によると標本から母集団の分散を推定するときには不偏分散 s^2 を用いました．不偏分散は次式で計算されます．

$$s^2 = \frac{1}{n-1} \sum_{i=1}^{n} (x_i - \overline{x})^2 \tag{3.12}$$

この不偏分散を使えば，標準化が行えそうです．しかし，このようにして標準化を行った場合，標本平均分布として正規分布ではなく（スチューデントの）t 分布と呼ばれる分布を用いた方法を採用する必要があります．t 分布は正規分布と似た形をしていますが，自由度によってその形状が変化します．t 分布がどのような形状をしているかを以下のプログラムで確認してみましょう．

コード 3.19　自由度を変化させたときの t 分布の形状

```python
import numpy as np
import scipy.stats as stats
import matplotlib.pyplot as plt

# パラメータ設定
mu = 0
sigma = 1
df_values = [1, 2, 5, 10]  # t 分布の自由度のリスト

# ①x軸の値を生成
x = np.linspace(mu - 4*sigma, mu + 4*sigma, 1000)

# ②正規分布の確率密度関数
normal_pdf = stats.norm.pdf(x, mu, sigma)

# ③図示
plt.figure(figsize=(10, 5))
plt.plot(x, normal_pdf, label="Normal Distribution", linewidth=2)

```

```
20  # ④自由度ごとに t 分布をプロット
21  for df in df_values:
22      t_pdf = stats.t.pdf((x - mu) / sigma, df) / sigma
23      plt.plot(x, t_pdf, label=f"t-Distribution (df={df})", linewidth=2)
24
25  plt.title("Normal Distribution vs t-Distributions")
26  plt.xlabel("Value")
27  plt.ylabel("Probability Density")
28  plt.legend()
29  plt.grid(True)
30  plt.show()
```

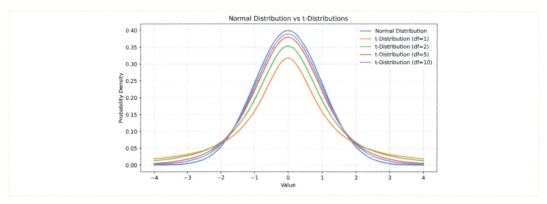

まず，①で x 軸を設定し，②で `stats.norm.pdf` 関数を用いて正規分布を作成し，③で図を表示させます。④で自由度 1，2，5，10 でのそれぞれの t 分布を `stats.t.pdf` 関数で作成し，図を表示しています。

t 分布は自由度によってその形状が変化し，自由度が大きくなるほど，正規分布に近づくことがわかります。また，自由度が小さい場合は，裾野が大きくなっていることがわかります。これは，極端な値が標準正規分布よりも頻繁に発生することを意味します。t 分布は，標本平均の信頼区間を計算したり，2 つの標本平均の差の有意性を検定したりする際によく使用されます。特に，母集団の分散が未知で標本数が小さい場合に有用です。さて，母集団の分散が既知の場合には Z スコアと確率の関係から以下のように展開して信頼区間を導きました。

- Z スコアが $-1.96 \sim 1.96$ の範囲に，全データの約 95% が含まれる

$$-1.96 \leq \frac{\bar{x} - \mu}{\sqrt{\sigma^2/n}} \leq 1.96 \tag{3.13}$$

$$\bar{x} - 1.96 \frac{\sigma}{\sqrt{n}} \leq \mu \leq \bar{x} + 1.96 \frac{\sigma}{\sqrt{n}} \tag{3.14}$$

正規分布の Z スコアに対応するのが，t 分布表の *t* 値です。ここから信頼区間を求めます。

- 自由度が3のとき，t値が$-3.182 \sim 3.182$ の範囲に，全データの約95%が含まれる

$$-3.182 \leq \frac{\overline{x} - \mu}{\sqrt{s^2/n}} \leq 3.182 \tag{3.15}$$

$$\overline{x} - 3.182 \frac{s}{\sqrt{n}} \leq \mu \leq \overline{x} + 3.182 \frac{s}{\sqrt{n}} \tag{3.16}$$

前述したように，t値は信頼係数だけではなく自由度によっても変化します。自由度と信頼係数を変化させたときのt値を以下のプログラムで表示してみましょう。

コード 3.20　自由度と信頼係数を変化させたときのt値

```python
import pandas as pd
import scipy.stats as stats

# 自由度と信頼係数のリスト
degrees_of_freedom = [1, 2, 3, 4, 5, 10, 20, 30, 100]
confidence_levels = [0.95, 0.99, 0.999]

# t 分布表の作成
t_distribution_table = pd.DataFrame(index=degrees_of_freedom,
                                    columns=confidence_levels)

# t 値の計算と格納
for df in degrees_of_freedom:
    for cl in confidence_levels:
        # t 値の計算 (片側確率なので 2 を掛けて両側確率に変換)
        t_value = stats.t.ppf((1 + cl) / 2, df)
        t_distribution_table.at[df, cl] = round(t_value, 2)

t_distribution_table.columns = [f"{int(cl * 100)}% "
                                for cl in confidence_levels]
t_distribution_table.index.name = "Degrees of Freedom"
t_distribution_table.columns.name = "Confidence Level"
t_distribution_table
```

自由度 / 信頼係数	95%	99%	99.90%
1	12.71	63.66	636.62
2	4.3	9.92	31.6
3	3.18	5.84	12.92
4	2.78	4.6	8.61
5	2.57	4.03	6.87
10	2.23	3.17	4.59
20	2.09	2.85	3.85
30	2.04	2.75	3.65
100	1.98	2.63	3.39

プログラム内で，for 文を 2 回使い，各自由度と信頼係数に対して，t 値を計算しています。この表で，自由度 3 で信頼係数 95% の t 値は 3.18 です。これは t 値が –3.18 ～ 3.18 の間にデータの 95% が含まれるということを意味します。「t 値が –3.18 ～ 3.18 の間にデータの 95% が含まれる」ということは，「t 値が 3.18 以上にデータの 2.5% が含まれる」ということです（図 3.8）。

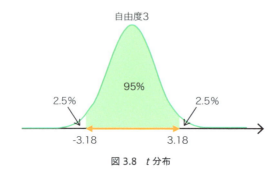

図 3.8　t 分布

以上が母集団の分散が未知のときの信頼区間の求め方です。信頼区間は次式で求められます。

$$\overline{x} - t\frac{s}{\sqrt{n}} \leq \mu \leq \overline{x} + t\frac{s}{\sqrt{n}} \tag{3.17}$$

$$s = \sqrt{s^2} \tag{3.18}$$

ここで，$\overline{x}$ は標本平均，t は t 分布のパーセンタイル，s は不偏標準偏差，n は標本数です。

不偏標準偏差 s は不偏分散の平方根です。パーセンタイルは，データを小さい順に並べたときに，全体の中でどの位置にあるかを示す指標です。たとえば，あるデータが 90 パーセンタイルに位置する場合，それはそのデータが全体の上位 10% に入っていることを意味します。具体的には，すべてのデータを 100 等分したときの 90 番目の位置にあるということです。また，$\frac{s}{\sqrt{n}}$ の部分を **標本標準誤差** と呼びます。通常，t 値は t 分布表から読み取りますが，プログラムを用いる場合は関数を用いて t 値を出力します。

3.7.3　母集団の信頼区間の推定

それでは，プログラムを用いて母集団の信頼区間を推定してみましょう。図 3.9 に示すような解析を実装していきます。ここではまず平均が 30，標準偏差が 10 である母集団を準備します。この母集団の確率密度が正規分布に従うとして，この確率密度をもとに標本を 10 個作成します。この標本から母集団の平均と分散を推定し，実際の値（平均 30，標準偏差 10）と比較してみます。

3.7 区間推定

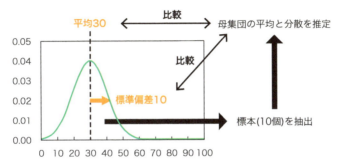

図 3.9 標本から母集団の平均と分散を推定する

コード 3.21　母集団の信頼区間の推定

```python
import numpy as np
import scipy.stats as stats

# パラメータ設定
mu = 30 # 母集団の平均
sigma = 10 # 母集団の標準偏差
sample_size = 10 # 標本のサイズ

# ①標本データ生成
sample_data = np.random.normal(mu, sigma, sample_size)

# ②標本から母集団の平均と分散を推定
estimated_mean = np.mean(sample_data)
estimated_variance = np.var(sample_data, ddof=1) # 不偏分散
estimated_std=np.sqrt(estimated_variance)
estimeted_hyojungosa=estimated_std/np.sqrt(sample_size)
# ③t値を計算
tvalue95= stats.t.ppf(1-0.05/2,sample_size-1)
tvalue99= stats.t.ppf(1-0.01/2,sample_size-1)
tvalue999= stats.t.ppf(1-0.001/2,sample_size-1)
# ④平均の信頼区間を計算（自分で）
confidence_interval_95_own = [estimated_mean-estimeted_hyojungosa*tvalue95,
                              estimated_mean+estimeted_hyojungosa*tvalue95]
confidence_interval_99_own = [estimated_mean-estimeted_hyojungosa*tvalue99,
                              estimated_mean+estimeted_hyojungosa*tvalue99]
confidence_interval_999_own = [estimated_mean-estimeted_hyojungosa*tvalue999,
                               estimated_mean+estimeted_hyojungosa*tvalue999]

# ⑤平均の信頼区間を計算（関数で）
confidence_interval_95 = stats.t.interval(
    0.95,df=sample_size-1, loc=estimated_mean, scale=stats.sem(sample_data))
confidence_interval_99 = stats.t.interval(
    0.99,df=sample_size-1, loc=estimated_mean, scale=stats.sem(sample_data))
confidence_interval_999 = stats.t.interval(
    0.999,df=sample_size-1, loc=estimated_mean, scale=stats.sem(sample_data))

```

第 3 章　Python で理解する基礎統計

```python
37  # ⑥結果の表示
38  print(f" 点推定による平均値は {estimated_mean:.2f} です。"
39        f" 標準偏差は {estimated_std:.2f} です。")
40  print(f" 区間推定による平均値は ")
41  print(f" 信頼係数 95% (関数) で {confidence_interval_95[0]:.2f} から "
42        f"{confidence_interval_95[1]:.2f}")
43  print(f" 信頼係数 95% (自分) で {confidence_interval_95_own[0]:.2f} から "
44        f"{confidence_interval_95_own[1]:.2f}")
45  print(f" 信頼係数 99% (関数) で {confidence_interval_99[0]:.2f} から "
46        f"{confidence_interval_99[1]:.2f}")
47  print(f" 信頼係数 99% (自分) で {confidence_interval_99_own[0]:.2f} から "
48        f"{confidence_interval_99_own[1]:.2f}")
49  print(f" 信頼係数 99.9% (関数) で {confidence_interval_999[0]:.2f} から "
50        f"{confidence_interval_999[1]:.2f}")
51  print(f" 信頼係数 99.9% (自分) で {confidence_interval_999_own[0]:.2f} から "
52        f"{confidence_interval_999_own[1]:.2f}")
```

```
点推定による平均値は 31.91 です。標準偏差は 9.31 です。
区間推定による平均値は
信頼係数 95% (関数) で 25.25 から 38.57
信頼係数 95% (自分) で 25.25 から 38.57
信頼係数 99% (関数) で 22.34 から 41.48
信頼係数 99% (自分) で 22.34 から 41.48
信頼係数 99.9% (関数) で 17.84 から 45.99
信頼係数 99.9% (自分) で 17.84 から 45.99
```

①で標本データを作成しています。`np.random.normal` 関数は正規分布に従う乱数を生成するための関数です。引数として (母集団の平均, 母集団の標準偏差, 標本数) を指定しています。②で標本から母集団の平均, 分散 (不偏分散), 標準偏差を推定しています。ここで, 分散の計算のパラメータに `ddof` というものがあります。これは delta degree of freedom の略で, 自由度の差分を意味し, 試料数から `ddof` を引いた数が自由度ということです。そのため, `ddof=1` とすれば, 不偏分散を計算できます。続いて標本標準誤差を計算しています。

次に, ③で t 値を信頼係数 95%, 99%, 99.9% でそれぞれ計算しています。`stats.t.ppf` は, t 分布に従うパーセンタイル (t 値) を計算するための関数です。引数として (確率, 自由度) を指定しています。確率は片側確率です。たとえば, 95% の信頼区間を求めたい場合は, 下側 2.5% と上側 2.5% で対称な点を見つけたいので, 上側の確率は $1 - 0.025 = 0.975$ を引数として使います。

60

次に，④では信頼区間を定義式に合わせて計算しています。つまり，「標本平均値 ± t 値 × 標本標準誤差」です。ライブラリ stats では信頼区間を直接計算する関数も準備されており，関数名は stats.t.interval です（⑤）。引数として（信頼係数，自由度，平均値，標本標準誤差）を指定しています。③では標本標準誤差も定義式から計算しましたが，⑤では標本標準誤差の計算にも関数を用いています（stats.sem）。最後に⑥で，定義式から計算した信頼区間（④）と，関数を用いて計算した信頼区間（⑤）を表示します。

乱数を用いているため，結果は毎回変わりますが，今回の場合では点推定の平均値 31.91 は実際の値 30 から少し外れています。また，区間推定を見ると以下のことに気が付きます。

- どの信頼係数でも母集団平均 30 を含んでいる
- 信頼係数が大きくなると信頼区間の幅も広くなる
- 信頼係数が 95% であっても，信頼区間にはかなりの幅がある（25.25 〜 38.57）

これらは試料数が 10 と小さいことが原因です。コード 3.21 の 7 行目では標本数を 10 としていましたが，この数をかなり大きくしてみましょう。sample_size = 300 としてもう一度プログラムを実行してください。筆者の場合は以下のように出力されました。

```
点推定による平均値は 30.55 です。標準偏差は 9.81 です。
区間推定による平均値は
信頼係数 95% （関数）で 29.43 から 31.66
信頼係数 95% （自分）で 29.43 から 31.66
信頼係数 99% （関数）で 29.08 から 32.02
信頼係数 99% （自分）で 29.08 から 32.02
信頼係数 99.9% （関数）で 28.67 から 32.43
信頼係数 99.9% （自分）で 28.67 から 32.43
```

ここから，標本数が 10 のときと比べて以下のことに気が付きます。

- 点推定の平均と標準偏差ともに実際の値（平均 30，標準偏差 10）と比較的近くなっている
- 各信頼係数における信頼区間の幅が狭くなっている

このように，信頼区間の推定には標本数と信頼係数が重要な要素となります。

3.8 対応のある t 検定

信頼区間を差に適用していきます。図 3.10 に示す，フォルダ dataChapter03 の 3_tkentei.xlsx のデータを使用します。シート case1 は，ある 6 個のリンゴの糖度と酸度をまとめたデータです。このデータから糖度と酸度で平均に差があるかどうかを考えてみます。

(a) 6 個のリンゴの糖度と酸度（シート case1）
　　対応のある検定

(b) 異なるリンゴの糖度と酸度（シート case2）
　　対応のない検定

(c) 2 つの試料を各 5 回測定（シート case3）
　　対応のない検定

(d) 2 つの圃場の 5 つの試料を 1 回測定（シート case4）
　　対応のない検定

図 3.10　対応のあるデータと対応のないデータ（3_tkentei.xlsx）

図 (a) のシート case1 では，糖度と酸度を同じリンゴから測定しているため，リンゴごとに「糖度と酸度の差」を計算できます（D 列）。このような場合を「対応のある検定」と呼びます。一方，図 (b) のシート case2 のデータでは，異なるリンゴを用いて糖度と酸度を測定しているため，「糖度と酸度の差」を計算することができません。このような場合を「対応のない検定」と呼びます。まずは，シート case1 の「対応のあるデータ」に対して，差の信頼区間を求めてみましょう。これは平均値の区間推定と同じように計算できます。

$$信頼区間 = \bar{x} \pm t \frac{s}{\sqrt{n}} \tag{3.19}$$

ここで，$\bar{x}$ は標本平均，t は t 分布のパーセンタイル，s は不偏標準偏差，n は標本数です。不偏標準偏差 s は不偏分散の平方根です。

「差」に対して信頼区間を求めているので自由度 ($n-1$) は 6（個）-1 の 5 です。

3.8 対応のある t 検定

それでは，差の信頼区間を下記のプログラムで求めてみましょう。

コード 3.22　差の信頼区間

```python
import pandas as pd
import numpy as np
import scipy.stats as stats
# ① Excel ファイルを読み込む
excel_path = "dataChapter03/3_tkentei.xlsx"
df = pd.read_excel(excel_path, sheet_name="case1")

# ②データを抽出
diff_data = df["差"]
sugar_scores = df["糖度"]
acid_scores = df["酸度"]

# ③差の信頼区間を計算
mean_diff = np.mean(diff_data)
std_err_diff = stats.sem(diff_data)
df_diff = len(diff_data) - 1

# 95% 信頼区間
ci_95 = stats.t.interval(0.95, df_diff, loc=mean_diff, scale=std_err_diff)
# 99% 信頼区間
ci_99 = stats.t.interval(0.99, df_diff, loc=mean_diff, scale=std_err_diff)
# 99.9% 信頼区間
ci_999 = stats.t.interval(0.999, df_diff, loc=mean_diff, scale=std_err_diff)

# ④t 検定
t_statistic, p_value = stats.ttest_rel(sugar_scores, acid_scores)

print(f"差の 95% 信頼区間は {ci_95[0]:.2f} から {ci_95[1]:.2f} です。")
print(f"差の 99% 信頼区間は {ci_99[0]:.2f} から {ci_99[1]:.2f} です。")
print(f"差の 99.9% 信頼区間は {ci_999[0]:.2f} から {ci_999[1]:.2f} です。")
print(f"t 検定による t 値は {t_statistic:.2f} です。")
print(f"t 検定による p 値は {p_value:.5f} です。")
```

```
差の 95% 信頼区間は 6.02 から 10.31 です。
差の 99% 信頼区間は 4.81 から 11.53 です。
差の 99.9% 信頼区間は 2.44 から 13.89 です。
t 検定による t 値は 9.80 です。
t 検定による p 値は 0.00019 です。
```

まず，①で Excel のデータを読み込みます。②で差，糖度，酸度を抽出します。③で np.mean を用いて差の平均値，stats.sem を用いて差の標本標準誤差を計算し，stats.t.interval を用いて信頼区間を計算します。引数は（信頼水準，自由度，平均，標本標準誤差）です。④は後ほど説明します。

差の 95% 信頼区間は 6.02 〜 10.31 となりました。ここで，差が 0 ということは「A と B で有意差なし」ということを意味します。**有意差**は，統計的検定を行った結果「観測されたデータどうしが偶然だけでは説明できない程度に異なると判断される差異」のことを指します。今回，差の 95% 信頼区間に 0 が含まれていないことから，95% 信頼区間では「A と B に有意差がある」と判断できるわけです。

63

99.9%信頼区間も 2.44 〜 13.89 と 0 が含まれていないため，99.9%信頼区間においても「A と B には有意差がある」という判断になります。

有意差についてもう少しかみ砕いて表現すると，「95%信頼係数で有意差がある」ということは，「100回実験を繰り返した場合，95回は実際の差異を正しく判断できるが，5回は（実際には差がないにもかかわらず）偶然によって差があると誤って判断してしまう」ということになります。

ここで，「信頼区間に 0 が含まれていなければ有意差あり」について，式 (3.19) の左辺を 0 として t について解くと次式のようになります。

$$t = \overline{x}\frac{\sqrt{n}}{s} \tag{3.20}$$

$\overline{x}$ は標本平均，s は不偏標準偏差，n は標本数です。まずは標本データからそのデータにおける t 値を計算します。計算の結果，t 値が 2.84 だったとします。そこから t 分布表と比較していきます。

図 3.11 に示す自由度 5 の t 分布表を見ると，2.84 は信頼係数 96% と 97% の間の値です。そのため，今回は「信頼係数 96% で有意差あり」と判定できます。さらに t 分布表を詳しく見ていくと今回の t 値 2.84 は信頼係数 96.4%（有意水準 3.6%）に対応することまでわかります。このようにして計算された有意水準のことを *p 値* と呼びます。コード 3.22 の ④ では，関数 `stats.ttest_rel` を用いて t 値と p 値を計算しています。この関数を用いると「対応のある t 検定」を行うことができ，戻り値として t 値と p 値を設定できます。引数には（データ 1，データ 2）を設定します。結果，t 値は 9.80，p 値は 0.00019（0.019%）が得られたことがわかります。

信頼係数	t値	信頼係数	t値	信頼係数	t値	信頼係数	t値	信頼係数	t値
50%	0.73	60%	0.92	70%	1.16	80%	1.48	90%	2.02
51%	0.74	61%	0.94	71%	1.18	81%	1.52	91%	2.10
52%	0.76	62%	0.96	72%	1.21	82%	1.56	92%	2.19
53%	0.78	63%	0.98	73%	1.24	83%	1.60	93%	2.30
54%	0.80	64%	1.01	74%	1.27	84%	1.65	94%	2.42
55%	0.82	65%	1.03	75%	1.30	85%	1.70	95%	2.57
56%	0.84	66%	1.05	76%	1.33	86%	1.75	96%	2.76
57%	0.86	67%	1.08	77%	1.37	87%	1.81	97%	3.00
58%	0.88	68%	1.10	78%	1.40	88%	1.87	98%	3.36
59%	0.90	69%	1.13	79%	1.44	89%	1.94	99%	4.03

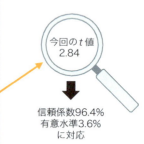

図 3.11　自由度 5 の t 分布表

最後に 帰無仮説 について説明します。帰無仮説は，統計学において検証の対象となる一般的な仮説のことです。つまり，帰無仮説は「何も変わらない」「差がない」「効果はない」という状態を想定し

ます。そして，その仮説が棄却された場合，「有意差あり」と判定します。なぜ最初に帰無仮説を用いるかというと，「差がない」という状態は検証が容易だからです。一方で「差がある」という状態は無数に存在し，どのような差があるか，その差の大きさや方向性も異なるため，一概には定義できません。この設定により有意差を検討します。

3.9
対応のない t 検定

前節では同一のリンゴから測定した，「対応のある」ときの糖度と酸度の差に対して信頼区間を求めました。ここでは，異なる品種のリンゴの糖度と酸度を比較することを考えてみましょう。品種Aのリンゴから糖度を測定し，品種Bのリンゴから酸度を測定します（3_tkentei.xlsx のシートcase2）。ここで，品種Aの平均糖度と品種Bの平均酸度に有意差があるかどうかを知りたいとします。この場合，糖度と酸度は別々のリンゴから測定しているため，対応のない2群間の差の検定（独立二標本 t 検定）を行います。実験データの場合はほとんどこちらに対応します。

また，図3.10(c) のシート case3 のように2つの試料をそれぞれ5回測定して平均値を検定する場合，あるいは図 (d) のシート case4 のように2つの圃場から試料をそれぞれ5個採取して平均値を検定する場合なども考えられます。この場合，試料1と試料2の差，および圃場1と圃場2の差を計算することはできません。このような「対応のない」ときでも，信頼区間の求め方は基本的に同じであり，次式のようになります。

$$信頼区間 = （標本平均 A - 標本平均 B）\pm t \times 差の標本標準誤差 \tag{3.21}$$

「対応のある」場合は，標本標準誤差は $\frac{s}{\sqrt{n}}$ で計算できましたが，「対応のない」場合の差の標本標準誤差は次式で計算されます。

$$標本標準誤差 = \sqrt{推定母分散 \times \left(\frac{1}{標本数 A} + \frac{1}{標本数 B} \right)} \tag{3.22}$$

ここでは標本Aと標本Bの母集団の分散が等しいと仮定しています。この場合，推定母分散は次式のようになります。

$$推定母分散 = \frac{標本平均 A からの残差平方和 + 標本平均 B からの残差平方和}{（標本数 A - 1）+（標本数 B - 1）} \tag{3.23}$$

平均からの残差平方和はそれぞれの分散（不偏分散ではないため ddof=0）に試料数を掛けることで計算できます。以上から，「対応のある」場合と「対応のない」場合の t 検定は**図3.12**のようにまとめることができます。

第 3 章　Python で理解する基礎統計

$$信頼区間 = (標本平均A - 標本平均B) \pm t \times (差の標本標準誤差)$$

t検定	差の標本標準誤差	推定母分散	自由度
対応あり	$\sqrt{\dfrac{差の不偏分散}{差の標本数}}$	−	(差の標本数) -1
対応なし	$\sqrt{推定母分散 \times \left(\dfrac{1}{標本数_A} + \dfrac{1}{標本数_B}\right)}$	$\dfrac{標本平均\ A\ からの残差平方和+標本平均\ B\ からの残差平方和}{(標本数\ A-1)+(標本数\ B-1)}$	(標本数 $A-1$) $+$ (標本数 $B-1$)

標本A，標本Bそれぞれの母分散は等しいとする
標本Aの試料数5，標本Bの試料数5の場合：差の標本数＝5，標本数A=5，標本数B=5

図 3.12　対応のある t 検定と対応のない（母分散が等しい）t 検定

　対応のある場合と比較してかなり複雑です。これを用いてシート case2 について t 検定を行ってみましょう。

コード 3.23　対応がない場合の差の信頼区間

```python
import pandas as pd
from scipy import stats
# ファイルの読み込み
file_path = "dataChapter03/3_tkentei.xlsx"
df_case2 = pd.read_excel(file_path, sheet_name="case2")

# 糖度と酸度のデータを取得
sugar_scores = df_case2["糖度"]
acid_scores = df_case2["酸度"]

# ①stats.ttest_ind 関数を使用して対応のないt検定を行う（糖度，酸度で母集団の分散が等しいと仮定）
t_stat,p_value = stats.ttest_ind(sugar_scores,acid_scores)

# ②手動でt値を計算
mean_difference = sugar_scores.mean() - acid_scores.mean()  # 差の平均を計算
nsugar = len(sugar_scores) # 標本サイズを取得
nacid = len(acid_scores) # 標本サイズを取得
# 推定母分散を計算
heihowa = (sugar_scores).var(ddof=0)*nsugar+(acid_scores).var(ddof=0)*nacid
heihowa=heihowa/(nsugar+nacid-2) # 推定母分散を計算
# 差の標本標準誤差を計算
std_error_difference = (heihowa *((1/nsugar)+(1/nacid)))**0.5
t_value_manual = mean_difference / std_error_difference # t値を計算
# 結果の出力
t_stat, t_value_manual, std_error_difference
print(f"関数使用によるt値は {t_stat:.2f} です。")
print(f"手動計算によるt値は {t_value_manual:.2f} です。")
print(f"関数使用によるp値は {p_value:.8f} です。")
```

```
関数使用によるt値は 12.49 です。
手動計算によるt値は 12.49 です。
関数使用によるp値は 0.00000020 です。
```

Excel データを読み込み，糖度 sugar_scores と酸度 acid_scores を抽出した後に，①で stats.ttest_ind 関数を用いて t 値と p 値を出力します。stats.ttest_ind は対応のない t 検定を行う関数です（前節での対応のある t 検定では stats.ttest_rel を用いた）。②で関数を使わずに t 値を計算します。差の平均，それぞれの標本数を計算した後，推定母分散を計算します。その後，推定母分散から差の標本標準誤差を計算し，t 値を計算します。最後にそれぞれの t 値と関数で求めた p 値を出力します。出力を見ると関数を使用した場合と関数を使用しなかった場合の t 値が一致しています。また，p 値が 0.00000020 であることから，高い信頼係数で有意差ありと判断できます。

今回の解析では，母集団の分散が等しいものとして検定を行いました。しかし，母集団の分散が等しいケースはそれほど多くありません。今回の例でも，糖度と酸度の平均だけが異なり，分散が同じ場合はあまり考えられません。その場合には「対応のない検定」かつ「等分散を仮定しない検定」を行う必要があります。ここではその詳細については述べませんが，先ほど用いた stats.ttest_ind のパラメータを変更することで検定を行うことができます。パラメータの equal_val を設定することで，等分散を仮定しない検定（**Welch の方法**）を用いることができます。

コード 3.24　Welch の方法

```
1  # 等分散を仮定
2  t_stat,p_value = stats.ttest_ind(sugar_scores,acid_scores,equal_var=True)
3  # 等分散を仮定しない⇒ Welch の方法
4  t_stat,p_value = stats.ttest_ind(sugar_scores, acid_scores,equal_var=False)
```

最後にシート case3 と case4 のデータについても見ていきましょう。シート case3 では，図 3.13(a) のように 2 つの試料をそれぞれ 5 回測定し，その平均値を検定しています。この場合，5 回の測定のばらつき（分散）は「その実験系がもつ不確かさ」と考えられます。その実験系がもつ不確かさには，①測定機器読み取りの不確かさと正確度，②実験によって生じる不確かさ，があわさっていると思われます。

また，シート case4 では，図 (b) のように 2 つの圃場から試料をそれぞれ 5 個採取して平均値を検定する場合，5 個の試料の分散は場所や個体差によるものと考えられます。本来は 5 個の試料それぞれで複数回測定を行うべきですが，場所や個体差による分散が「その実験系がもつ不確かさ」よりも十分大きいと仮定できる場合には，そのまま t 検定を行ってもよいでしょう。

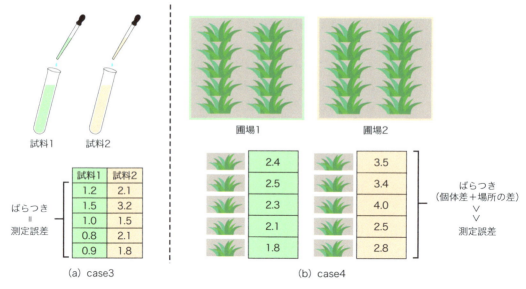

図 3.13　測定誤差と個体差

3.10
相関係数と p 値

2つの変数間の線形関係の強さと方向を示す統計的指標に相関係数があります。ピアソンの相関係数が最もよく用いられ，通常 r で表されます。ピアソンの相関係数は $+1$ から -1 の範囲の値をとり，$+1$ は完全な正の線形関係，0 はまったく線形関係がないこと，そして -1 は完全な負の線形関係を示します。

例として，図 3.14 に $y = 2x$, $y = -2x - 2$, $y = x^2$ の関数上のプロットに対する相関係数を示します。図 (a) は $r = 1$，図 (b) は $r = -1$，図 (c) は $r = 0.98$ となっています。相関係数は線形関係の強さを示すものであるため，y が x の二次関数で表される場合，その相関係数は小さくなります。相関係数は次式で計算できます。

$$r = \frac{\sum (x_i - \overline{x})(y_i - \overline{y})}{\sqrt{\sum (x_i - \overline{x})^2 + \sum (y_i - \overline{y})^2}} \tag{3.24}$$

x_i と y_i は各データ，$\overline{x}$ と $\overline{y}$ はそれぞれの平均値です。分子は変数 x と y の共分散を表します。

$(x_i - \overline{x})$ と $(y_i - \overline{y})$ は各データと平均値の差を示します。これらの積の合計（すなわち共分散）は，変数間の共変動を表します。積が正の値となる場合，2つの変数は一緒に増加する傾向があり，負の値となる場合は1つの変数が増加するときにもう1つは減少する傾向があります。図 3.14 下段に x と y それぞれで平均値を引いた後の散布図を示しています。この中のピンク色で示した部分（第1象限と第3象限）では，$(x_i - \overline{x})(y_i - \overline{y})$ は正になります。一方，灰色で示した部分（第2象限と第4象限）では，$(x_i - \overline{x})(y_i - \overline{y})$ が負になります。これを各試料で足していったものが共分散です。

3.10 相関係数と p 値

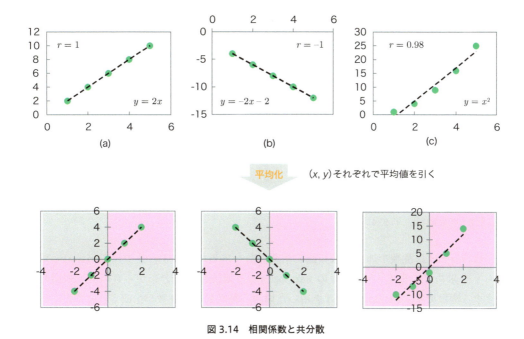

図 3.14 相関係数と共分散

ただし，この計算では x と y の絶対値が大きいほど共分散の値が大きくなってしまいます．これでは x と y の関係性を評価できなくなるため，それぞれの標準偏差で割っています（**標準化**）．ちなみに，本来は共分散も標準偏差も最後に試料数で割る必要がありますが，分子と分母ともに試料数で割るため，それらが打ち消し合って試料数はこの式には現れてきません．以下のプログラムで相関係数の計算を行ってみましょう．

コード 3.25　相関係数の計算

```python
import numpy as np
from scipy.stats import pearsonr
import matplotlib.pyplot as plt
# ①乱数のシードを設定して再現性を確保（必要に応じて）
np.random.seed(0)
# xのデータを生成（0から10の間で20個のデータポイント）
x = np.linspace(0, 10, 20)
# ②yのデータを生成（y = 2x + ランダムなノイズ）
y = 2 * x + np.random.rand(20)*5
# ③方法1：共分散/標準偏差を用いて相関係数を計算
# 共分散行列を計算（cov_matrix[0, 1]がxとyの共分散）
cov_matrix = np.cov(x, y)
# xとyの標準偏差を計算
std_x = np.std(x, ddof=1)
std_y = np.std(y, ddof=1)
# 相関係数を計算
correlation = cov_matrix[0, 1] / (std_x * std_y)
print(cov_matrix )
```

第 3 章　Python で理解する基礎統計

```
19    print(f"共分散 / 標準偏差から計算した相関係数 :{correlation:.4f}")
20    # ④方法 2: scipy の関数を用いて相関係数を計算
21    corr, _ = pearsonr(x, y)
22    print(f"関数から計算した相関係数:{corr:.4f}")
23    plt.scatter(x, y)
24    plt.title("Scatter Plot of x vs y")
25    plt.xlabel("x")
26    plt.ylabel("y")
27    plt.grid(True)
28    plt.show()
```

```
[[ 9.69529086 19.10154608]
 [19.10154608 39.62842111]]
共分散 / 標準偏差から計算した相関係数 :0.9745
関数から計算した相関係数:0.9745
```

　ここでは，$y = 2x$ に乱数を加えた散布図の相関係数を求めています。②では linspace で作成した x から y を求めています。NumPy の `random.rand` は連続一様分布から 0 以上 1 未満の乱数配列を生成する関数です。random.rand を用いた場合，毎回異なる乱数が生成されますが，同じ乱数に対して何度か処理を行いたい場合，①のようにシード（乱数をつくるための基のデータ）を設定することで，同じ乱数を何度も用いることができます。③では **cov** 関数を用いて共分散を計算し，さらに np.std を用いてそれぞれの標準偏差を計算しています。その後，これらを基に相関係数を計算しています。cov 関数を用いると次式のような行列が得られるので，共分散を取得するために cov_matrix[0, 1] としています。また，相関係数を直接計算する関数として，scipy.stats の `pearsonr` 関数が用意されています。

$$\begin{bmatrix} x\,\text{の分散} & \text{共分散} \\ \text{共分散} & y\,\text{の分散} \end{bmatrix} \tag{3.25}$$

　相関係数を用いることで 2 つの変数の線形関係の強さを評価できます。さらに，相関係数についても t 検定における p 値を計算でき，これによりその相関が偶然によるものであるかどうかを評価できます。

$$t = \frac{r\sqrt{n-2}}{1-r^2} \tag{3.26}$$

ここで，r はピアソンの相関係数，n は試料数です。

　この計算方法は，相関係数 r が母集団相関係数 ρ に等しいという帰無仮説のもと，t 分布に従うという事実に基づいています。では，p 値をプログラムで計算してみましょう。pearsonr 関数にはもともと戻り値として p 値が設定されているため，以下のプログラムを実行すれば p 値が求まります。

コード 3.26 相関係数の t 検定における p 値

```
1  corr, p_value = pearsonr(x, y)
2  print("p値:", p_value)
```

```
p値: 3.9386468106542637e-13
```

　本節では Python でのプログラミングを用いながら統計の基礎について学んできました。機械学習に必要と思われる基礎に絞って説明してきましたが，ここでは網羅しきれなかった内容として，分散分析などがあります。これらもすべて「標本から母集団の平均と分散を推定」することに変わりはありません。統計は機械学習を用いるうえで必須の知識ですので，ぜひ復習してください。

第4章 Pythonで理解する線形代数

線形代数はベクトル，ベクトル空間，線形変換や行列など広範なトピックがありますが，本章ではケモメトリクスや機械学習を扱ううえで重要な行列と線形方程式に焦点を絞って解説します。行列は数や記号を並べたもので，これにより複数の線形方程式を効率的に扱うことができます。線形方程式と行列は互いに密接に関連しています。NumPyを用いて行列と連立方程式を復習していきましょう。

4.1 行列の基本演算

4.1.1 行列の和，差，積

数字や関数などを2次元に配列したものが行列です。行列は一般に大文字のアルファベットで表され，たとえば A, B, C のように表記します。行列の一つひとつの要素は，小文字と添え字を用いて a_{ij} のように表します。ここで i は行の位置，j は列の位置を表しています。

行列の演算には和，差，積，商（逆行列）があり，これらは特定の規則に従います。行列の和と差は，同じ位置にある要素どうしの加算と減算によって行われ，普段用いているスカラー（単一の値）の和と差とほぼ同じです（図 4.1(a)）。

一方，行列の積は少し複雑で，1つの行列の行ともう1つの行列の列の対応する要素を「乗算してその結果を加算する」ことで新しい行列の要素を計算します。「乗算してその結果を加算する」ことを内積と呼びます。

たとえば，行列の積 $A \cdot B$ の1行1列目は，行列 A の1行目と行列 B の1列目との内積になります（図 (b) の緑色）。2行3列目は，行列 A の2行目と行列 B の3列目との内積になります（図 (b) のオレンジ色）。そのため，$A \cdot B$ と $B \cdot A$ では異なる結果になります。また，行列の積 $A \cdot B$ が計算可能であるための条件は，行列 A の列の数が行列 B の行の数と等しくなければなりません。すなわち，行列 A が $m \times n$ のサイズで，行列 B が $n \times p$ のサイズの場合にのみ，それらの積を計算することができます。また，積 $A \cdot B$ は $m \times p$ の新しい行列を生成します。

3列

$$
\begin{array}{c}
\quad\text{1列目}\ \ \text{2列目}\ \ \text{3列目}
\end{array}
$$

$$
\begin{array}{c}\text{1行目}\\ \text{2行目}\\ \text{3行目}\end{array}
\begin{bmatrix} a_{11} & a_{12} & a_{13} \\ a_{21} & a_{22} & a_{23} \\ a_{31} & a_{32} & a_{33} \end{bmatrix}
+
\begin{bmatrix} b_{11} & b_{12} & b_{13} \\ b_{21} & b_{22} & b_{23} \\ b_{31} & b_{32} & b_{33} \end{bmatrix}
=
\begin{bmatrix} a_{11}+b_{11} & a_{12}+b_{12} & a_{13}+b_{13} \\ a_{21}+b_{21} & a_{22}+b_{22} & a_{23}+b_{23} \\ a_{31}+b_{31} & a_{32}+b_{32} & a_{33}+b_{33} \end{bmatrix}
$$

$$
例\quad
\begin{bmatrix} 3 & 2 & 1 \\ 4 & 5 & 6 \\ 3 & 2 & 2 \end{bmatrix}
+
\begin{bmatrix} 1 & 2 & 1 \\ 1 & 2 & 3 \\ 3 & 1 & 4 \end{bmatrix}
=
\begin{bmatrix} 4 & 4 & 2 \\ 5 & 7 & 9 \\ 6 & 3 & 6 \end{bmatrix}
$$

(a) 加算（各要素で和を計算）

$$
\begin{bmatrix} a_{11} & a_{12} & a_{13} \\ a_{21} & a_{22} & a_{23} \\ a_{31} & a_{32} & a_{33} \end{bmatrix}
\cdot
\begin{bmatrix} b_{11} & b_{12} & b_{13} \\ b_{21} & b_{22} & b_{23} \\ b_{31} & b_{32} & b_{33} \end{bmatrix}
$$

$$
=
\begin{bmatrix}
a_{11}\cdot b_{11}+a_{12}\cdot b_{21}+a_{13}\cdot b_{31} & a_{11}\cdot b_{12}+a_{12}\cdot b_{22}+a_{13}\cdot b_{32} & a_{11}\cdot b_{13}+a_{12}\cdot b_{23}+a_{13}\cdot b_{33} \\
a_{21}\cdot b_{11}+a_{22}\cdot b_{21}+a_{23}\cdot b_{31} & a_{21}\cdot b_{12}+a_{22}\cdot b_{22}+a_{23}\cdot b_{32} & a_{21}\cdot b_{13}+a_{22}\cdot b_{23}+a_{23}\cdot b_{33} \\
a_{31}\cdot b_{11}+a_{32}\cdot b_{21}+a_{33}\cdot b_{31} & a_{31}\cdot b_{12}+a_{32}\cdot b_{22}+a_{33}\cdot b_{32} & a_{31}\cdot b_{13}+a_{32}\cdot b_{23}+a_{33}\cdot b_{33}
\end{bmatrix}
$$

$$
例\quad
\begin{bmatrix} 3 & 2 & 1 \\ 4 & 5 & 6 \\ 3 & 2 & 2 \end{bmatrix}
\cdot
\begin{bmatrix} 1 & 2 & 1 \\ 1 & 2 & 3 \\ 3 & 1 & 4 \end{bmatrix}
=
\begin{bmatrix}
3+2+3 & 6+4+1 & 3+6+4 \\
4+5+18 & 8+10+6 & 4+15+24 \\
3+2+6 & 6+4+2 & 3+6+8
\end{bmatrix}
=
\begin{bmatrix} 8 & 11 & 13 \\ 27 & 24 & 43 \\ 11 & 12 & 17 \end{bmatrix}
$$

(b) 乗算（行と列の内積）

図 4.1　行列の加算と乗算

4.1.2　単位行列と逆行列

　商と同じはたらきをする逆行列を説明する前に，単位行列について説明します。**単位行列**は，スカラーの掛け算で1に相当するものです（例：$3 \times 1 = 3$）。これは，ある数に掛けても元の数が変わらないことを意味します。行列でも同じように，ある行列 A に掛けても A 自身が変わらないような行列が単位行列で，この単位行列を E と呼びます。$A \cdot E = A$ となるためには，図 4.2(a) に示すように E の対角要素が 1 で，他のすべての要素が 0 である必要があります。

　つづいて，**逆行列**について説明します。スカラーでは，3 の逆数は $\frac{1}{3}$ です。3 に $\frac{1}{3}$ を掛けると 1 になります。逆行列も同様に「行列 A に逆行列 A^{-1} を掛けると単位行列 E になる行列」が逆行列の定義です（図 (b)）。逆行列を求めるためには，与えられた**正方行列**が「正則」でなければなりません。行の数と列の数が同じ，$n \times n$ の形をした行列を正方行列と呼びます。

第 4 章　Python で理解する線形代数

　正方行列は線形代数において非常に重要であり，行列式，固有値，逆行列などの概念が定義される
のは正方行列に限られます。さらに，逆行列をもつ正方行列のことを正則行列，または非特異行列と
呼びます。逆行列の計算は非常に複雑です。ここでは逆行列の演算方法そのものに着目するよりも，
これがどのように線形方程式に用いられるかを考えていきます。なお，図 (c) に**転置行列**を示しまし
た。行列の転置とは，行列の行と列を入れ替える操作のことを指します。

$$単位行列\ \boldsymbol{E} = \begin{bmatrix} 1 & 0 & \cdots & 0 \\ 0 & 1 & \cdots & 0 \\ \vdots & \vdots & \ddots & \vdots \\ 0 & 0 & \cdots & 1 \end{bmatrix}$$

$$\boldsymbol{AE} = \boldsymbol{A} \implies \begin{bmatrix} a_{11} & a_{12} & a_{13} \\ a_{21} & a_{22} & a_{23} \\ a_{31} & a_{32} & a_{33} \end{bmatrix} \cdot \begin{bmatrix} 1 & 0 & 0 \\ 0 & 1 & 0 \\ 0 & 0 & 1 \end{bmatrix} = \begin{bmatrix} a_{11}+0+0 & 0+a_{12}+0 & 0+0+a_{13} \\ a_{21}+0+0 & 0+a_{22}+0 & 0+0+a_{23} \\ a_{31}+0+0 & 0+a_{32}+0 & 0+0+a_{33} \end{bmatrix}$$

(a) 単位行列

$$\boldsymbol{AA}^{-1} = \boldsymbol{E} \qquad\qquad \boldsymbol{A} = \begin{bmatrix} 1 & 4 \\ 2 & 5 \\ 3 & 6 \end{bmatrix} \implies \boldsymbol{A}^{\top} = \begin{bmatrix} 1 & 2 & 3 \\ 4 & 5 & 6 \end{bmatrix}$$

(b) 逆行列　　　　　　　　　　　　　(c) 転置行列

図 4.2　単位行列，逆行列

4.1.3　Python を用いた行列の基本演算

実際に Python で行列の基本演算を行ってみましょう。

コード 4.1　行列の基本演算

```python
import numpy as np

# ①3 行 3 列の行列 A と B
A = np.array([[1, 2, 3], [4, 2, 3], [12, 3, 1]])
B = np.array([[1, 2, 1], [2, 3, 1], [5, 4, 1]])
print(" 行列 A は \n",A,"\n")
print(" 行列 B は \n",B,"\n")

# ②行列の転置
transA1=A.T
transA2=np.transpose(A)
print("A の転置は \n",transA1,"\n および \n", transA2,"\n")

```

74

```python
14  # ③行列の加算
15  sum_of_matrices = A + B
16  print("A+B は \n",sum_of_matrices,"\n")
17
18  # ④行列の積
19  product_of_matrices = np.dot(A, B)
20  print("A・B は \n",product_of_matrices,"\n")
21
22  # ⑤単位行列 I
23  identity_matrix = np.eye(3)
24  print(" 単位行列は \n",identity_matrix ,"\n")
25
26  # ⑥行列 A の逆行列
27  inverse_of_A = np.linalg.inv(A)
28  print("A の逆行列は \n",inverse_of_A   ,"\n")
29
30  # ⑦行列 A とその逆行列の積
31  product_of_A_and_inverse = np.dot(A, inverse_of_A)
32  print("A・inv(A) は \n",np.around(product_of_A_and_inverse, decimals=0) ,"\n")
```

```
行列 A は
[[ 1  2  3]
 [ 4  2  3]
 [12  3  1]]

行列 B は
[[1 2 1]
 [2 3 1]
 [5 4 1]]

A の転置は
[[ 1  4 12]
 [ 2  2  3]
 [ 3  3  1]]
および [[ 1  4 12]
 [ 2  2  3]
 [ 3  3  1]]

A+B は
[[ 2  4  4]
 [ 6  5  4]
 [17  7  2]]

A・B は
[[20 20  6]
 [23 26  9]
 [23 37 16]]

単位行列は
[[1. 0. 0.]
 [0. 1. 0.]
 [0. 0. 1.]]
```

```
Aの逆行列は
[[-3.33333333e-01  3.33333333e-01  9.25185854e-18]
 [ 1.52380952e+00 -1.66666667e+00  4.28571429e-01]
 [-5.71428571e-01  1.00000000e+00 -2.85714286e-01]]

A・inv(A) は
[[ 1.  0. -0.]
 [ 0.  1. -0.]
 [-0.  0.  1.]]
```

①でNumPyの`array`関数を用いて3行3列の行列を定義します。②で行列Aに転置を行います。`.T`はAの属性を使用した転置、`transpose`はNumPyの関数を用いた転置で、結果はどちらも同じです。④でNumPyの`dot`関数を用いて行列の積を計算します。⑤では単位行列を表示しています。⑥の逆行列の計算には`linalg.inv`関数を用いています。最後に⑦でAとA^{-1}($\text{inv}(A)$とも表記)の積を計算したところ、出力が単位行列になっていることがわかります。

4.2 逆行列で連立方程式を解く

4.2.1 逆行列を用いた連立方程式の解き方

逆行列を用いることで連立方程式を解くことができます。図4.3に示すような、x, y, zの3つの変数をもつ連立方程式を考えます。

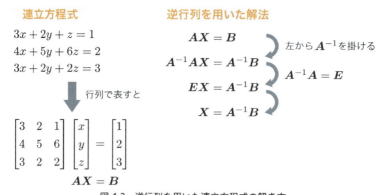

図4.3 逆行列を用いた連立方程式の解き方

この連立方程式は、行列の積を用いるとよりシンプルに書くことができます。この形式では連立方程式を$AX = B$の形で記述できます。Aはx, y, zそれぞれの係数です。x, y, zを求めるには、両辺に左からAの逆行列を掛けます。そうすると左辺の$A^{-1}A$は単位行列Eになり、Xについて解けます。

4.2.2 Pythonによる行列を用いた連立方程式の解き方

実際にプログラムで計算して確かめてみましょう。

コード 4.2　逆行列を用いた連立方程式の解き方

```python
import numpy as np
A = np.array([[3, 2, 1], [4, 5, 6], [3, 2, 2]])
B =np.array([[1], [2], [3]])
inverse_of_A = np.linalg.inv(A)
print(" 解は \n",np.dot(inverse_of_A,B),"\nです ")
```

```
解は
[[ 2.14285714]
 [-3.71428571]
 [ 2.        ]]
です
```

連立方程式を解く際に逆行列を利用する方法は，計算が容易な場合には非常に有効ですが，行列のサイズが大きくなると計算コストが高くなるため，他の方法（ガウスの消去法など）が用いられることもあります。また，数値的に安定していることから，コンピュータを用いた数値計算では LU 分解などの行列分解を利用することが一般的です。

4.2.3　逆行列が求まらない連立方程式

次に，図 4.4 の連立方程式について考えてみましょう。結論からいうと，この連立方程式は解けません。というのも，1 番目と 2 番目の式が同じ意味だからです。これについて逆行列を求めようとすると，以下のようなエラーが出ます。これは「逆行列が計算できません」というエラーです。

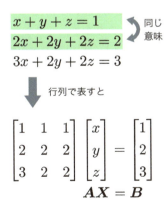
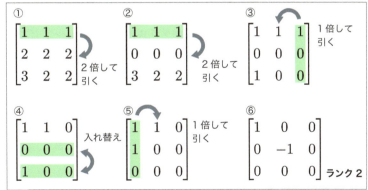

図 4.4　逆行列が求まらない連立方程式

第 4 章　Python で理解する線形代数

コード 4.3　逆行列が求まらない連立方程式

```python
import numpy as np
A = np.array([[1, 1, 1], [2, 2, 2], [3, 2, 2]])
B =np.array([[1], [2], [3]])
print("rank:",np.linalg.matrix_rank(A))
inverse_of_A = np.linalg.inv(A)
```

```
rank: 2
LinAlgError: Singular matrix
```

　実際に今回の行列 A を階段化 (図 4.4 右側) するとランクは 2 と求まります。また, 行列のランクは, `linalg.matrix_rank` 関数を利用することで計算できます。この逆行列については, ケモメトリクス (第 6 章, 第 7 章) を理解するうえで非常に重要になってきます。

4.2.4　単回帰分析 (最小二乗法)

　ここでは回帰分析を例に, さらに逆行列の重要性について考えていきます。ここでは, **図 4.5** に示すように, 5 個のトマトの糖度と酸度を測定した結果をもとに考えていきます。図 (a) に示すとおり, 糖度と酸度に一定の相関関係があります。ここで, 糖度から酸度を予測するような回帰線を作成します。説明変数 (糖度) が 1 つの場合, 単回帰分析と呼ばれます。この関係から「酸度 = 糖度 × a + b」のような回帰線を作成することを考えます。

　係数 a と b を選ぶ方法はいくつかありますが, ここでは最小二乗法を使います。最小二乗法は, 「y の予測値」と「y」の誤差の二乗和が最小となるように係数 a と b を決定する手法です。線形回帰分析は, 変数間の線形関係をモデル化する統計手法であり, 目的変数と 1 つ以上の説明変数の関係を直線的に表します。通常, この回帰線は最小二乗法で求められますが, 線形回帰分析と最小二乗法は同じ意味ではありません。線形回帰分析においても, 「どのように係数 a と b を決定するか」により, その手法の名称 (リッジ回帰やラッソ回帰など) は異なります。

　ここで, i 番目のトマトの酸度の予測値 $\widehat{y_i}$ は, $y_i = ax_i + b$ で表されます。図 (a) の散布図からもわかるように, 誤差 ($y_i - ax_i - b$) はプラスになる場合もマイナスになる場合もあります。そのため, これらを二乗してからすべて足した値 (二乗和) は, 回帰線からのずれの指標として用いることができます。次に, 二乗和が最小になるような係数 a と b をどのように設定するかを考えます。ここでは, 偏微分方程式と逆行列を用いる方法を見ていきます。

4.2 逆行列で連立方程式を解く

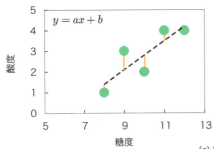

最小二乗法

誤差の二乗和が小さくなるように係数 a と b を決める

酸度予測値 $= a \times$ 糖度 $+ b$ ⟷ $y_i = ax_i + b$

誤差の二乗和 $= \sum (y_i - \widehat{y_i})^2 = \sum (y_i - ax_i - b)^2$

① $\sum (y_i - ax_i - b)^2$ が最小となる係数 a と b をみつける

　↓ 展開

② $\sum \{x_i^2 a^2 + 2x_i(b-y_i)a + (b-y_i)^2\}$

　↓ 未定乗数法（a と b で偏微分）

③ a で偏微分　$\sum \{2ax_i^2 + 2x_i(b-y_i)\} = 0$
　b で偏微分　$\sum \{2b - 2y_i + 2x_i a\} = 0$

　↓ 展開

④ 連立方程式
　a で偏微分　$2a\sum x_i^2 + 2b\sum x_i - 2\sum x_i y_i = 0$
　b で偏微分　$2a\sum x_i - 2bn - 2\sum y_i = 0$

$$a = \frac{2n\sum x_i y_i - \sum x_i \sum y_i}{n\sum x_i^2 - (\sum x_i)^2} \qquad b = \frac{\sum y_i - a\sum x_i}{n}$$

$\frac{1}{n}\sum x_i$　x 平均　　$\frac{1}{n}\sum y_i$　y 平均

① $Y = aX + b$

　↓ 行列表示

② $\begin{bmatrix} y_1 \\ y_2 \\ y_3 \\ y_4 \\ y_5 \end{bmatrix} = \begin{bmatrix} x_1 & 1 \\ x_2 & 1 \\ x_3 & 1 \\ x_4 & 1 \\ x_5 & 1 \end{bmatrix} \begin{bmatrix} a \\ b \end{bmatrix}$

　↓ を X、 を A として表記

③ $Y = XA$

　↓ $X^\top$ を両辺の左から掛ける

④ $X^\top Y = (X^\top X) A$

　↓ $(X^\top X)$ の逆行列を両辺の左から掛ける

⑤ $(X^\top X)^{-1} X^\top Y = (X^\top X)^{-1} (X^\top X) A$

　↓ 右辺は EA になる

⑥ $(X^\top X)^{-1} X^\top Y = EA$

　↓

$(X^\top X)^{-1} X^\top Y = A$

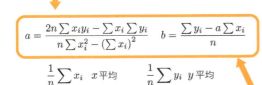

2行5列　　5行2列　　2行2列

(b) 偏微分方程式を用いる場合　　(c) 逆行列を用いる場合

図 4.5　単回帰分析（最小二乗法）の解法

第4章 Pythonで理解する線形代数

〔1〕偏微分方程式を用いる方法

図(b)の偏微分方程式を用いる方法では，誤差の二乗和はシグマを用いると，①のように表すことができます。これを展開すると，②になります。ここから，②が最小となる係数 a と b を見つけるために偏微分を用います。偏微分は，ある変数以外はすべて係数として微分を行う処理です。たとえば，「変数 a で偏微分する」ということは，変数 a 以外の変数をすべて係数として微分処理を行うということです。②が最小・最大となるときには，各変数で偏微分したものが0になるはずです。a と b でそれぞれ偏微分を行うと，③のようになります。これらを展開して，連立方程式を解くことで係数 a と b を決定することができます。

〔2〕逆行列を用いる方法

図(c)の逆行列を用いる方法では，Y を酸度の行列（5行1列），X を糖度の行列（5行1列）とすると，回帰線は $Y = aX + b$ と表すことができます。これを行列で表記すると，②のようになります。ここで，緑色の部分を X，水色の部分を A と置いてしまえば，③のように回帰線を $Y = XA$ と表せます。目的は A を求めることなので，③の式の両辺に左から X の逆行列（X^{-1}）を掛ければ，A が求まりそうです。しかし，X は5行2列の行列で正方行列ではないため，この計算はできません。

逆行列を計算するためには「行列が正方行列かつ正則」である必要があります。そこで，逆行列を計算する前に，両辺に X の転置行列 $X^\top$ を左から掛けます。X は5行2列，$X^\top$ は2行5列なので，$X^\top X$ は2行2列の正方行列になります。これで逆行列が計算できるようになるので，両辺の左から $X^\top X$ の逆行列 $(X^\top X)^{-1}$ を掛ければ，A が求まります。この「いったん転置行列を掛けてから逆行列を計算する過程」は最小二乗法と同じことをしています。

4.2.5 Pythonによる単回帰分析（最小二乗法）

最小二乗法をプログラムで計算して確認してみましょう。

コード4.4 最小二乗法の計算

```python
import numpy as np
import matplotlib.pyplot as plt
from sklearn.linear_model import LinearRegression

# データの設定
X = np.array([5, 6, 7, 8, 9]).reshape(-1, 1) # 糖度
y = np.array([1.2, 1, 1.5, 1.5, 2]).reshape(-1, 1) # 酸度

# ①-1. 関数を用いる方法 (scikit-learn の LinearRegression)
model = LinearRegression()
model.fit(X, y)
intercept_sklearn = model.intercept_
slope_sklearn = model.coef_[0]

```

```python
# ①-2. 偏微分方程式から導出される定義式から計算する方法
X_mean = np.mean(X)
y_mean = np.mean(y)
slope_manual = np.sum((X - X_mean) * (y - y_mean)) / np.sum((X - X_mean)**2)
intercept_manual = y_mean - slope_manual * X_mean

# ①-3. 逆行列から計算する方法
X_b = np.c_[X,np.ones((X.shape[0], 1))]  # X にバイアス項を追加
theta_best = np.linalg.inv(X_b.T.dot(X_b)).dot(X_b.T).dot(y)
intercept_inverse = theta_best[1]
slope_inverse = theta_best[0]

# ②回帰線の表示
print(f"回帰線傾き：① {slope_sklearn[0]:.2f}, ② {slope_manual:.2f}, "
      f"③ {slope_inverse[0]:.2f}")
print(f"回帰線切片：① {intercept_sklearn[0]:.2f}, ② {intercept_manual:.2f}, "
      f"③ {intercept_inverse[0]:.2f}")
# ③回帰線の計算
X_new = np.array([[X.min()], [X.max()]])
y_predict_sklearn = model.predict(X_new)
y_predict_manual = intercept_manual + slope_manual * X_new
y_predict_inverse = intercept_inverse + slope_inverse * X_new

# ④散布図と回帰線，回帰線からの誤差を示す図を作成
plt.scatter(X, y, color="black", label="Data")
plt.plot(X_new, y_predict_sklearn, label="Regression line (scikit-learn)",
         linestyle="--")
plt.plot(X_new, y_predict_manual, label="Regression line (manual)",
         linestyle="-.")
plt.plot(X_new, y_predict_inverse, label="Regression line (inverse)",
         linestyle=":")

# ⑤各データ点についての誤差をプロット
for x, actual, predicted in zip(X, y, model.predict(X)):
    plt.plot([x, x], [actual, predicted], color="red", linestyle="-",
             linewidth=1)

plt.xlabel("Sugar (X)")
plt.ylabel("Acid (y)")
plt.title("Sugar vs. Acid and Regression Lines")
plt.legend()
plt.show()
```

回帰線傾き：① 0.21, ② 0.21, ③ 0.21
回帰線切片：① -0.03, ② -0.03, ③ -0.03

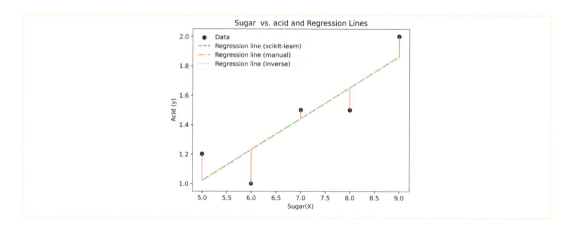

　使用するデータを設定した後，①-1 で scikit-learn の `LinearRegression` クラスを用いて回帰分析を行います。ここで，LinearRegression を使用する前に model という名前のインスタンス（クラスから生成された具体的なオブジェクト）を作成しています。Python のようなオブジェクト指向プログラミングでは，**クラス**という概念があります。クラスは，特定の種類のオブジェクトを作るための設計図や型のようなものです。

　今回は LinearRegression というクラスから，model というインスタンスを作成しました。また，LinearRegression() の括弧の中身に何も指定していないので，**パラメータ**を設定していないことがわかります。scikit-learn のウェブサイトにて，LinearRegression のリファレンス（https://scikit-learn.org/stable/modules/generated/sklearn.linear_model.LinearRegression.html）を確認すると，LinearRegression には**表 4.1** に示す 4 つのパラメータがあることがわかります。これらのパラメータは本来しっかりと設定するべきですが，インスタンスの作成時に指定しない場合は，あらかじめ設定された**デフォルト値**（`default`）が設定されることになります。

表 4.1　LinearRegression のパラメータ

パラメータ	型とデフォルト値	概要
`fit_intercept`	bool, default=True	モデルの切片を計算するかどうか。False に設定すると，計算に切片は使用されない。
`copy_X`	bool, default=True	True の場合，X がコピーされる。それ以外の場合，上書きされる可能性がある。
`n_jobs`	int, default=None	計算に使用するジョブの数。
`positive`	bool, default=False	True に設定すると，係数が強制的に正になる。

　model というインスタンスを作成した後，`fit` メソッドを用いて回帰線を作成します。その後，回帰線の傾きと切片に対応するアトリビュート（それぞれ intercept_, model.coef_）を抽出します。①-2 では偏微分方程式（図 4.5(b)）から導出された式をもとに係数を決定します。sum 関数を用いて定義式どおりに計算します。①-3 では行列を用いて計算します。まず，NumPy の `c_` というオブジェクト（配列を横に結合する）を用いて，「糖度」と「値がすべて 1 の 5 行 1 列ベクトル」

を結合しています（縦に結合する場合は np.r_ を用いる）。その後，逆行列 linalg.inv と転置 .T，および積 .dot を用いて，$(\boldsymbol{X}^\top \boldsymbol{X})^{-1} \boldsymbol{X}^\top \boldsymbol{Y}$ を計算します。その後，グラフを表示するために，③で X_new を定義し，これに対応する予測値を計算します。model インスタンスの場合は **predict** メソッドを使用しています。回帰線の傾きと切片が 3 つの手法で一致していることがわかります。

　本節では特に逆行列について説明しました。逆行列は，さまざまな回帰アルゴリズムでよく使用されます。また，スペクトルを行列としてみると，考え方と見え方が明確になります。ここではスペクトルを扱ううえで最低限の内容であるベクトルの積と逆行列について説明しました。

4.3
DataFrame（pandas）と ndarray（NumPy）の関係

　ここまで，**DataFrame** と **ndarray** の両方を使ってきました。pandas と NumPy は，Python でデータ分析を行う際に広く使われているライブラリです。両者はデータの操作と分析のための強力な機能を有していますが，それぞれに特化した機能があります。

　pandas は構造化データ（特に表形式のデータ）を扱うために設計されており，DataFrame という 2 次元のラベル付きデータ構造を提供します。DataFrame は，異なるデータ型の列をもつことができ，欠損データの処理，データの結合と再形成，ラベルによるスライス，時間序列データの操作など，複雑なデータ操作を行うことができます。一方，NumPy は数値計算に特化しており，高性能な多次元配列（ndarray）を提供します。

　DataFrame は 2 次元のラベル付きデータ構造で，列ごとに異なるデータ型をもつことが可能です。一方，ndarray は任意の次元数をもつ配列ですが，すべての要素が同じデータ型でなければなりません。また，DataFrame は，列や行にラベル（名前）をつけることができ，ラベルを使ったデータに対する操作が直感的に行えます。たとえば，カラム名やインデックスを指定してデータにアクセスすることができます。ndarray は数値計算に特化しており，ベクトル化操作により高速な演算が可能です。

　それでは，以下のプログラムを通して DataFrame と ndarray の処理の仕方をみてみましょう。まずは，モジュールと Excel ファイルを DataFrame（df_p1）として読み込みます。

コード 4.5　DataFrame と ndarray の処理の仕方

```python
import pandas as pd
import numpy as np
import matplotlib.pyplot as plt
excel_path="dataChapter04/4_pandas.xlsx"
df_p1 = pd.read_excel(excel_path, sheet_name="p1",index_col=0)
```

つづいて，確認する DataFrame の内容は，次のプログラムのとおりです。

第 4 章　Python で理解する線形代数

コード 4.6　確認する内容

```python
1  print(" 行列数：\n",df_p1.shape,"\n")
2  print(" サイズ：\n",df_p1.size,"\n")
3  print(" インデックス：\n",df_p1.index,"\n")
4  print(" カラム名：\n",df_p1.columns,"\n")
5  print(" 値：\n",df_p1.values,"\n")
6  print(" 絶対座標指定：\n",df_p1.iloc[0,1],"\n")
7  print(" 絶対座標指定：\n",df_p1.iloc[0:3,[0]],"\n")
8  print(" ラベル指定：\n",df_p1.loc[:," 糖度 "],"\n")
9  print(" ラベル指定：\n",df_p1.loc[" リンゴ 1",:],"\n")
```

```
行列数：
(6, 2)

サイズ：
12

インデックス：
Index([' リンゴ 1', ' リンゴ 2', ' リンゴ 3', ' リンゴ 4', ' リンゴ 5', ' リンゴ 6'],
dtype='object')

カラム名：
Index([' 糖度 ', ' 酸度 '], dtype='object')

値：
[[10.  0.5]
 [12.  0.6]
 [ 8.  1. ]
 [ 9.  0.8]
 [10.  0.7]
 [15.  1. ]]

絶対座標指定：
0.5

絶対座標指定：
糖度
リンゴ 1 10
リンゴ 2 12
リンゴ 3 8

ラベル指定：
リンゴ 1 10
リンゴ 2 12
リンゴ 3 8
リンゴ 4 9
リンゴ 5 10
リンゴ 6 15
Name: 糖度 , dtype: int64

ラベル指定：
糖度 10.0
```

84

```
酸度  0.5
Name: リンゴ1, dtype: float64
```

このプログラムで，インデックスやカラム名を確認できます。また，数値を抽出する際には絶対座標指定 iloc とラベル指定 loc の両方を用いることができます。次に，DataFrame を ndarray に変換，およびその逆の操作をしてみましょう。

コード 4.7　DataFrame を ndarray に変換

```
1  array_p1=np.array(df_p1)
2  dfkyoka=df_p1.index
3  dfname=df_p1.columns
4  print("インデックス \n",dfkyoka,"\n")
5  print("カラム \n",dfname,"\n")
6  print("値 \n",array_p1,"\n")
```

まず，NumPy の array メソッドを用いて，df_p1 を引数として ndarray を作成します。ndarray では，インデックスとカラム名を保持できないので，これらを変数 dfkyoka, dfname として別に保存しておきます。次に，この array_p1 からもう一度 DataFrame を作成します。

コード 4.8　ndarray を DataFrame に変換

```
1  df_p2=pd.DataFrame(array_p1)
2  df_p2.index=dfkyoka
3  df_p2.columns=dfname
4  print(df_p2)
```

今度は，pandas の DataFrame メソッドを用いて，引数として array_p1 を指定します。index, columns それぞれに，先ほど保存した dfkyoka と dfname を指定することで DataFrame をもう一度作成できます。これらのサイズや長さ，座標指定について，DataFrame と ndarray で比較しながら見ていきます。

コード 4.9　DataFrame と ndarray の比較

```
1  print("DataFrame サイズ：",df_p1.size)
2  print("array サイズ：",array_p1.size,"\n")
3  print("DataFrame シェイプ",df_p1.shape)
4  print("array シェイプ：",array_p1.shape,"\n")
5  print("DataFrame 長さ",len(df_p1))
6  print("array 長さ：",len(array_p1),"\n")
7  print("DataFrame 座標指定：",df_p1.iloc[3,1])
8  print("array 座標指定：",array_p1[3,1])
```

サイズや長さの抽出は，DataFrame と ndarray で同じですが，座標指定によるデータ抽出は少し異なります。DataFrame では iloc を用いるのに対して，ndarray ではそのまま座標を指定します。
　次に行列を DataFrame と ndarray で指定して，各種演算を比較していきましょう。まず，行列

第 4 章　Python で理解する線形代数

を作成します。DataFrame ではカラム名も同時に指定しています。以下のように同じ行列が得られることが確認できます。

コード 4.10　DataFrame と ndarray の演算の比較

```
1  # 行列の定義
2  df_x=pd.DataFrame({"c1":[1,4,7],"c2":[2,5,8],"c3":[3,6,9]})
3  array_x=np.array([[1,2,3],[4,5,6],[7,8,9]])
4  print("DataFrame 行列 \n",df_x,"\n")
5  print("array 行列 \n",array_x,"\n")
```

```
DataFrame 行列
c1 c2 c3
0  1  2  3
1  4  5  6
2  7  8  9

array 行列
[[1 2 3]
 [4 5 6]
 [7 8 9]]
```

つづいて，DataFrame に対して最大値や行列の積などを計算してみましょう。DataFrame では基本的にメソッドを利用して計算します。つまり，df_x. メソッド名として実行します。

コード 4.11　DataFrame の最大値や積などの計算

```
1   print(" 最大値（行ごと）は \n", df_x.max(axis=1), "\n")
2   print(" 最大値（列ごと）は \n", df_x.max(axis=0), "\n")
3   print(" 最大値のインデックス（列ごと）:\n", df_x.idxmax(axis=0), "\n")
4   print(" 最小値（行ごと）は \n", df_x.min(axis=1), "\n")
5   print(" 平均値（行ごと）は \n", df_x.mean(axis=1), "\n")
6   print(" 分散（行ごと）は \n", df_x.var(axis=1), "\n")
7   print(" 標準偏差（行ごと）は \n", df_x.std(axis=1), "\n")
8   print(" 要素ごとの平方根は \n", np.sqrt(df_x), "\n")
9   print(" 要素ごとのべき乗は \n", df_x ** 2, "\n")
10  print(" 要素ごとの積は \n", df_x * df_x, "\n")
11  print(" 要素ごとの商は \n", df_x / df_x, "\n")
12  print(" 要素ごとの和は \n", df_x + df_x, "\n")
13  print(" 行列の積は \n", df_x.dot(df_x.T), "\n")
```

次に，列ごと（axis=0）や行ごと（axis=1）の要素の計算方法，および行列の積について確認を行います。DataFrame で std メソッドや var メソッドを用いた場合，デフォルトで母集団推定を行うようになっている（つまり，ddof=1）ので注意してください。次に，ndarray で同じ処理を行います。ndarray では基本的に NumPy の関数を用いて計算を行います。つまり，np. 関数名（引数）として計算を行います。NumPy では，std 関数や var 関数を用いた場合，デフォルトでは標本値を計算するようになっている（つまり，ddof=0）ので注意してください。

86

コード 4.12　ndarray の最大値や積などの計算

```
 1  print("最大値（行ごと）は \n",np.max(array_x,axis=1),"\n")
 2  print("最大値（列ごと）は \n",np.max(array_x,axis=0),"\n")
 3  print("最大値のインデックス（列ごと）:\n", np.argmax(array_x,axis=0),"\n")
 4  print("最小値（行ごと）は \n",np.min(array_x,axis=1),"\n")
 5  print("平均値（行ごと）は \n",np.mean(array_x,axis=1),"\n")
 6  print("分散（行ごと）は \n",np.var(array_x,axis=1,ddof=1),"\n")
 7  print("標準偏差（行ごと）は \n",np.std(array_x,axis=1,ddof=1),"\n")
 8  print("要素ごとの平方根は \n",np.sqrt(array_x),"\n")
 9  print("要素ごとのべき乗は \n",array_x**2,"\n")
10  print("要素ごとのべき乗は \n",np.power(array_x,2),"\n")
11  print("要素ごとの積は \n",array_x*array_x,"\n")
12  print("要素ごとの商は \n",array_x/array_x,"\n")
13  print("要素ごとの和は \n",array_x+array_x,"\n")
14  print("行列の積は \n",array_x.dot(array_x.T),"\n")
```

　このように，DataFrame と ndarray には目的や計算方法で違いがありますが，scikit-learn では多くの場合，DataFrame と ndarray の両方を入力に設定することができます。なお，scikit-learn は pandas のデータ構造に依存していないため，内部的には pandas のオブジェクトを NumPy の配列に変換して処理を行っています。

第4章　Pythonで理解する線形代数

> **コラム　2：バタフライ効果（グーテンベルグ・リヒター則と偶然性）**

　カオス理論の中心的な概念で，非常に小さな初期条件の違いが，時間が経つにつれて大きな結果の違いを生じさせるという現象としてバタフライ効果があります。この理論は，アメリカの気象学者エドワード・ローレンツ（1917–2008）によって1960年代に発見されました。ローレンツは，気象モデルのシミュレーションを行っていた際，初期条件をわずかに変更しただけで，結果が大きく異なることに気が付きました。ローレンツは，この現象を「蝶がブラジルで羽ばたくと，テキサスで嵐が起こる」と表現し，これが「バタフライ効果」として知られるようになりました。

　バタフライ効果は，非線形動的システムにおいて顕著に現れます。これらのシステムは，初期条件に対して非常に敏感であり，微小な変化が予測不可能な結果を生じさせることがあります。バタフライ効果の特徴の1つは，初期値の微小な変化が結果に大きな違いをもたらすことですが，その微少な変化は一般的には計測できないほど小さいことが多いです。つまり，さまざまな要因を計測しても，その測定器がもっている計測誤差よりも小さい変化が，結果に大きく影響してしまうということです。たとえば，気象システムは非線形であり，バタフライ効果のために長期的な天気予報が非常に困難です。バタフライ効果は，気象学のほかにも，生態学，経済学，社会学など多様な分野で適用されています。たとえば，株価の予測や交通流のモデル化，疫病の拡散など，非線形的な要素を含む現象の理解に役立っています。

　地震の発生予測が非常に難しいのは，地下の断層やストレスの蓄積などのメカニズムが完全には理解できていないことが理由ではありますが，バタフライ効果も影響しているかもしれません。しかし，いつ地震が起こるかはわからなくても，その震度の発生頻度については定式化されています。ベノー・グーテンベルグ（1889–1960）とチャールズ・リヒター（1900–1985）による，グーテンベルグ・リヒター則は，地震学における重要な法則で，地震の発生頻度とマグニチュード（地震の大きさ）の関係を定式化しています。彼らは，地震のデータを分析し，小さな地震が多く発生し，大きな地震が少なく発生するという統計的な傾向があることを発見しました。グーテンベルグ・リヒター則は，以下の数式で表されます。

$$\log N = a - bM$$

　ここで，NはマグニチュードM以上の地震の発生回数，aとbは定数です。グーテンベルグ・リヒター則は，地震の予測や建築基準の策定において重要な役割を果たしています。

　バタフライ効果とグーテンベルグ・リヒター則は，相関と因果の観点から見ると，予測不可能性と統計的な相関の重要性を示すものであるといえます。ここで説明したのは，「たとえ因果が十分に理解できても，初期値鋭敏性の問題で説明変数から目的変数を予測できない場合が多分にある」ということ，また，予測が難しくても（グーテンベルグ・リヒター則のように）これらの統計的な傾向が把握できる場合もあるということです。偶然性，相関（統計），因果はデータ解析を行ううえでつねに意識する必要があります。

第5章

ChatGPTの効果的な使い方

　本章ではプログラムを扱ううえで今や必須のツールとなった **ChatGPT** について説明します。2022年11月30日にOpenAI社（https://openai.com/）から公開されたChatGPTは，たった1年間で世界中のさまざまな領域を指数関数的に変化させました。

　スペクトル解析を含むデータ解析においても，ChatGPTをはじめとした，大規模言語モデル（large language model, LLM）に基づく対話型生成AIを使わないという選択肢はあり得ません。ChatGPTの詳細やアルゴリズムについては，さまざまな書籍や技術ブログ（noteやQiitaなど）にまとめられているので，ここでは詳しく説明しません。本章では，はじめにChatGPTの概要について簡単に説明した後，「スペクトル解析のパートナーとしてのChatGPT」という観点でその機能や利用方法を説明します。もちろん，LLMはChatGPTに限ったものではあつまりません。読者の皆様はclaude，Grokなど，自身に合ったLLMを使用してください。

5.1

ChatGPTの概要

　はじめに，ChatGPTの概要をChatGPT自身に聞いてみましょう。これを行うためにまずは，ChatGPTのウェブサイトにアクセスして登録を行います（https://chatgpt.com/）。登録が完了すると，無料でChatGPTが利用できるようになります。それでは，早速ChatGPTに質問してみましょう。テキスト入力エリアに質問を入力し，矢印をクリックする（Enterキーを押す）ことでChatGPTに質問することができます。この質問を**プロンプト**と呼びます。下記のプロンプトを入力して実行すると，以下の回答が生成されました。

プロンプト 5.1　ChatGPTの説明

> ChatGPTをまったく知らない人に向けて，その概要を400文字程度で説明してください

ChatGPTは，OpenAIが開発した自然言語処理モデルです。大量のデータを使ってトレーニングされたこのAIは，文章を読み取り，理解し，それに応じて回答を生成することができます。ユーザーの質問や入力に基づいて，様々なトピックに関する情報を提供したり，意見を交換したりすることができます。ChatGPTは，オンラインのチャットボットや質問応答システムで使用され，多岐にわたるタスクに活用されています。

　ChatGPTにプロンプトを入力すると，そのプロンプトはOpenAI社のサーバーに送信されます。サーバー上で，構築済みのGPTモデルによって回答が生成され，サーバーから回答が送り返されます。このプロセスはインターネット経由でリアルタイムに行われ，ユーザーがプロンプトを入力する

89

第 5 章　ChatGPT の効果的な使い方

たびに，生成された回答が出力されるというわけです。

　ChatGPT では，まったく同じ質問をしても回答は毎回変わります。第 6 章と第 7 章ではプログラムの生成を ChatGPT にも手伝ってもらいます。本書に記載のプロンプトとまったく同じ入力を行っても，本書で示した出力とは異なる回答が返ってくることもあるため，その点は留意する必要があります。なお，2024 年 12 月時点で無料で使用できる（ChatGPT のバージョンである）GPT–4o は，インターネット上で入手可能なテキストデータをもとに訓練されています。

　旧モデルの GPT–3.5 の訓練データは 2021 年 9 月まで，前モデルの GPT–4 が 2023 年 4 月まで，GPT–4o は 2023 年 10 月までのインターネット上のテキストを含んでいます。そのため，それ以降の出来事や情報の知識はもっていませんが，いずれも高いレベルの文章生成能力をもち，多くの質問に対して正確に答えてくれます。

　しかし，複雑な質問や特定の専門分野に関する質問には回答が不十分な場合があります。有料版の OpenAI o1 はより膨大なテキストデータをもとに訓練されたモデルで，より複雑な質問や特定の専門知識を要する質問に対する理解と回答の質が向上しています。有料版では，最新のバージョンで質問できる回数が多いほか，画像生成や動画生成なども少ない制限で使用できます。本書を読み進めていくうえでは無料版のみでも対応できますが，その他の機能も非常に便利であるため有料版のサブスクリプションもお勧めします。

5.2
ChatGPT の機能

　ChatGPT には，チャット機能のほか以下のようなさまざまな機能が展開されています。

5.2.1　プラグイン

　ChatGPT を既存のソフトウェアやシステムに連携できる拡張機能として，プラグインがあります。プラグインを利用するときには，API というものを介します。API（application programming interface）は，異なるソフトウェア間でデータを交換し，互いに機能を利用するためのインターフェースです。API を介することで，Python などのプログラミング言語から ChatGPT の機能にアクセスすることができ，これによりさまざまなアプリケーションやシステムと統合することができます。これまでさまざまなプラグインが一気に公開されてきています。

　ChatGPT の API では，さまざまなモデルを利用することができ，モデルごとに性能と利用料金が異なります。また，モデルの利用には入力時と出力時に，それぞれトークンあたりの API 利用料金がかかります。トークンとは，テキストの量を計測する単位で，英語では基本的に 1 単語あたり 1 トークンとカウントされます。日本語の場合は 1 文字あたり 1 〜 3 トークンと，英語に比べてトークン数が多くなることが特徴です。

　モデルとしては，GPT–4o や o1 のほか，ファインチューニング（fine-tuning models）やエンベッディング（embedding models）用のモデルも利用可能です。筆者も 2023 年 6 月に Python から API を介して GPT を利用することで，英語の科学論文を要約し，図と日本語要約からなるパワー

ポイントを自動作成するプログラムを作成しました。このプログラムの作成方法はUdemyで公開しています（図5.1）。

図 5.1　UDEMY コース

5.2.2　ウェブブラウジング

ChatGPTにはウェブブラウジング機能が搭載されています。この機能により，ChatGPTはインターネットからリアルタイムに情報を収集できるようになりました。つまり，訓練データとして用いた情報以降の情報も自由に入手できます。これにより，最新のニュース，研究論文，その他のウェブベースの情報源からのデータを取り込むことが可能になりました。

5.2.3　Advanced data analysis

ChatGPTはプログラミングが得意です。本書でもプログラムの理解と生成，デバックなどでChatGPTに助けてもらいます。本書ではPythonプログラムを用いて解析を行いますが，ChatGPTもPythonが得意です。5.3節で説明するように，ChatGPTに上手にプロンプトすることで，目的のプログラムを生成してくれます。また，有料版ではユーザーから送信されたデータやプロンプトを受け取り，サーバー上で（Pythonで）解析や実行を行うAdvanced data analysisと呼ばれる機能が利用できます（2024年12月時点では無料版でも利用可能ですが，利用回数に制限があります）。これによりサーバー上で特定のPythonコードをテスト，計算，データ分析を実行してくれます。

ためしに，天然物化学に関するマススペクトルのデータベースGNPS（Global Natural Products Social Molecular Networking, https://gnps-external.ucsd.edu/gnpslibrary）から，`GNPS-LIBRARY.mgf`というファイルをダウンロードして，Advanced data analysisに解析してもらいましょう。プロンプト用のセル内の左側のボタンから，`GNPS-LIBRARY.mgf`をChatGPTにアップロードして，以下のようにプロンプトすると，下記の出力が得られます。

第 5 章　ChatGPT の効果的な使い方

プロンプト 5.2　アップロードしたファイルの説明

このファイルの概要を教えてください

ファイル「GNPS-LIBRARY.mgf」は，マススペクトルを含むファイルのようです。MGF ファイル（Mascot Generic Format）は，タンデム質量分析データを保存するための一般的なフォーマットで，ペプチドやタンパク質の同定に使用されます。このファイルには，各スペクトルのピークリストと，それに関連するメタデータ（例えば，スペクトルのタイトル，荷電状態，分子量など）が含まれている可能性があります。
BEGIN IONS：スペクトルの開始を示します。
PEPMASS=981.54：ペプチドの質量（m/z 値）です。
CHARGE=0：荷電状態です。
MSLEVEL=2：質量分析のレベル（MS/MS スペクトルを示す）です。
SOURCE_INSTRUMENT=LC-ESI-qTof：データを取得した機器です。
FILENAME=130618_Ger_Jenia_WT-3-Des-MCLR_MH981.4-qb.1.1..mgf：ファイル名です。
SEQ=*..*：ペプチドの配列です。
IONMODE=Positive：イオン化モード（ここではポジティブ）です。
ORGANISM=GNPS-LIBRARY：生物種またはライブラリ名です。
NAME=3-Des-Microcystein_LR M+H：化合物名です。
PI=Gerwick：主任研究員の名前です。
DATACOLLECTOR=Jenia：データ収集者の名前です。
SMILES=CC(C)CC1NC(=O)C...：化合物の SMILES 表記です。
INCHI=N/A：化合物の InChI 表記です（ここでは利用不可）。
INCHIAUX=N/A：InChI 補助情報です（ここでは利用不可）。
PUBMED=N/A：関連する PubMed ID です（ここでは利用不可）。
SUBMITUSER=mwang87：データを提出したユーザーの名前です。
LIBRARYQUALITY=1：ライブラリの品質スコアです。
SPECTRUMID=CCMSLIB00000001547：スペクトルの ID です。
SCANS=1：スキャン番号です。
この情報は，スペクトルの特性や，それがどのように取得されたかに関する詳細を提供します。

　さらに，このスペクトルの図を表示するプロンプトとその出力結果は以下のとおりです。スペクトルの図を表示してくれます。また，回答の下に現れる矢印で示したリンクから，生成されたプログラムを確認（コピー）することができます。

プロンプト 5.3　Advanced data analysis による図の出力

データを見ると，SCANS=1 の後にスペクトルが格納されています。
SCANS=1 の以降をスペクトルデータとして読み込んでください。
1 列目が m/z　2 列目がカウント数です。1 列目と 2 列目の間は tab キーです。
最初の 5 つのスペクトルを読み込み，図示してください。
なおスペクトルの名前はエントリの NAME としてください。
さらにスペクトルの色は試料間の違いがわかるようにしてください。

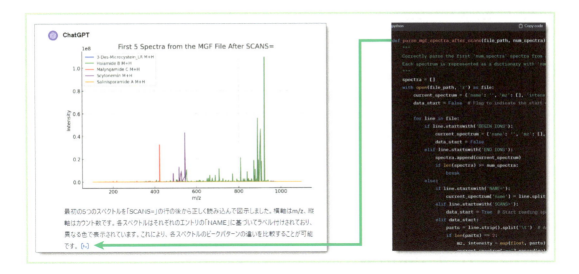

5.2.4 DALL–E 画像生成

有料版では，テキストから画像を生成する DALL–E を利用できます。DALL–E はテキストから画像を生成する AI ツールです。画像の生成方法はプロンプト時に「画像を生成してください」と伝えるだけです。たとえば以下のようにプロンプトを与えると，画像を生成してくれます（ここでは省略します）。

プロンプト 5.4　DALL–E による画像生成

スペクトル解析実践ガイドという本を書いています。この表紙に用いる画像を作成してください。
サイズは A5 です。この本が魅力的に見えるような表紙にしてください。

5.2.5 MyGPTs

有料版の機能として，**MyGPTs** も非常に有用です。プロンプトで指定するだけで自分専用の GPT を作成できます。詳細を設定することで，GPT に記憶させたファイルをアップロードできたり，ウェブブラウジング，DALL–E，Advanced data analysis の機能を設定できたりします。さらに，API を介して外部機能を追加することができます。作成した MyGPTs の公開の範囲は自分のみから ChatGPT の利用者まで自由に設定できます。

5.3 プロンプトエンジニアリング

ChatGPT の回答が間違えている，あるいは希望の回答が得られない場合，その原因は ChatGPT ではなく，プロンプトにある場合が多いです。つまり，適正なプロンプトを与えることは，適切な回答や情報を生成するために非常に重要といえます。プロンプトを工夫し，より正確かつ有用な応答を得ることを目指すことを**プロンプトエンジニアリング**といいます。プロンプトエンジニアリングでは，

第 5 章　ChatGPT の効果的な使い方

以下のような技術が挙げられます。

① **チェーンオブソート（Chain of Thought）**：問題解決のステップを明示的に示すことで，モデルが複雑な質問や計算問題を解くのに役立つ。

② **フューショット（Few-shot）学習**：モデルに少数の例を示すことで，特定のタスクの実行方法を学ばせる。

③ **プロンプトテンプレートの使用**：さまざまなタスクに応じたプロンプトの形式を事前に設計し，同様のタイプの問題に応用。

　プログラムの支援に ChatGPT を利用する際には，比較的シンプルなプロンプトでも事足ります。以下で筆者が利用している例を紹介します。

5.3.1　プログラムの理解

　自作したプログラムは自身で内容を理解しているはずですが，他人が作ったプログラムを理解するのはなかなか難しいものです。ChatGPT はプログラムの理解も助けてくれます。たとえば，第 7 章で学ぶ SpeAna07_1_PCA.ipynb 内の主成分分析を行う以下のプログラムについて，ChatGPT に内容を解説してもらいましょう。なお，主成分分析の意味や用語などについては第 7 章で学ぶので，ここでは ChatGPT の使い方のみに着目してください。

コード 5.1　SpeAna07_1_PCA.ipynb から一部抜粋

```
1   import numpy as np
2   import pandas as pd
3   import matplotlib.pyplot as plt
4   from sklearn.decomposition import PCA
5   from scipy.stats import norm
6
7   data = {"リコピン量 (mg/100g)": [7, 8, 9, 10, 11],
8           "糖度 (%)": [6, 6, 7, 9, 9]}
9   df = pd.DataFrame(data)
10
11  df_mean = df.mean()
12  df_var = df.var()
13
14  ～～以下省略～～
```

　このプログラムを説明してもらうために，次のように ChatGPT のプロンプトを入力すると，コメントを追加したプログラムを出力してくれます。さらに，概要についても説明してくれます。

プロンプト 5.5　プログラムの説明

> 以下のプログラムの解説を行ってください。
> まず各行の内容をコメントアウトで加えてください。
> またこのプログラムを複数のパートに分け，各パートの概要もコメントアウトで記入してください。
> 各パートには番号を割り当ててください。
> （＊以降にプログラムを貼り付け）

各パートの概要
パート 1: ライブラリのインポート
必要なライブラリ（pandas, sklearn の PCA, NumPy）をインポートします。
パート 2: データの準備と基本統計
身長と体重のデータを DataFrame に格納し，基本統計（平均，不偏分散）を計算します。
パート 3: データの中心化と PCA
データを中心化し，主成分分析（PCA）を適用して，各データポイントの PCA スコアを計算します。
パート 4: PCA のローディングと寄与率の計算
PCA のローディング（各主成分の方向性を示す）と寄与率（各主成分が元のデータの分散にどれだけ寄与しているか）を計算します。
パート 5: 結果の表示
元のデータ，中心化されたデータ，PCA のスコア，ローディング，寄与率を出力します。

　このように，ChatGPT にプログラムの各行の意味や概要を教えてもらうことで，プログラムの理解が非常に早くなります。

5.3.2　プログラムのデバッグ

　ChatGPT はプログラムのデバッグにも非常に強力に利用できます。**デバッグ**は，プログラムのエラーや不具合，問題を特定し，修正することです。たとえば，前項で使用したプログラムの

```
explained_variance_ratio = pca.explained_variance_ratio_
```

の行の中で，最後のアンダースコア (_) を削除して，以下のように変更します。

```
explained_variance_ratio = pca.explained_variance_ratio
```

このプログラムを Jupyter Notebook 上で実行すると以下のエラーが生じます。

```
AttributeError: 'PCA' object has no attribute 'explained_variance_ratio'
```

第 5 章　ChatGPT の効果的な使い方

これを解決するためのプロンプトと出力は以下のとおりです。

プロンプト 5.6　プログラムのデバッグ

以下のプログラムを実行すると, AttributeError: 'PCA' object has no attribute 'explained_variance_ratio' というエラーが現れました。原因と解決策を教えてください。
(＊以降にエラーが生じたプログラムを貼り付け)

エラーメッセージ AttributeError: 'PCA' object has no attribute 'explained_variance_ratio' は, PCA オブジェクトが explained_variance_ratio という属性を持っていないことを示しています。このエラーの原因は, 実際には explained_variance_ratio_ (末尾にアンダースコア _ が付く) という属性名であることです。scikit-learn の慣例では, 学習後に設定される属性は末尾にアンダースコア _ を付けます。

解決策
explained_variance_ratio を explained_variance_ratio_ に変更してください。
修正後の関連部分は以下のようになります：

〜〜以下省略〜〜

このように, ChatGPT はエラー箇所の発見と説明, 修正案まで提案してくれます。デバッグは非常に煩雑な作業ですが, ChatGPT を使えば, 一瞬で行うことができます。

5.3.3　プログラムの更新

ChatGPT はプログラムの更新にも利用できます。5.3.1 項で用いたプログラムは, データに中心化処理をほどこして主成分分析を行うものですが, 中心化に加えて, データに標準化を行って主成分分析を行いたくなったとします。このプログラムを加えるためのプロンプトと出力は以下のとおりです。これをコピーして Jupyter Notebook 上で実行すれば目的が達成できます。このようにプログラムの更新も一瞬で行ってくれます。

プロンプト 5.7　プログラムの更新

以下のプログラムはデータに中心化処理をほどこして主成分分析を行うものです。中心化に加え, 標準化データについても主成分分析を行い同様の解析・表示を行うプログラムを教えてください。
(＊以降にプログラムを貼り付け)

```python
# 標準化
scaler = StandardScaler()
df_standardized = scaler.fit_transform(df)
df_standardized = pd.DataFrame(df_standardized, columns=["身長", "体重"])
df_standardized.index = ["A", "B", "C", "D", "E"]

# 標準化データに対する PCA の実行
pca_standardized = PCA(n_components=2)
df_pca_standardized = pd.DataFrame(pca_standardized.fit_transform(df_standardized), columns=["第 1 主成分", "第 2 主成分"])
```

5.3.4 プログラムの生成

ここまでは元のプログラムがあり，これを説明，デバッグ，更新する方法を説明しましたが，プログラムを一から生成することもできます。ここでは行方向に試料，列方向に波長が並んだ Excel ファイル（data.xlsx）を読み込み，これに中心化処理をほどこし，主成分分析を行った後，第一主成分と第二主成分の散布図を表示するプログラムを作ってもらいましょう（主成分分析の詳細は 7.1 節で説明）。プロンプトと出力は以下のとおりです。

プロンプト 5.8 プログラムの生成

以下を実行するような Python プログラムを生成してください。
Excel ファイルの読み込み：

pandas ライブラリを使用して data.xlsx ファイルを読み込む。
データは行が試料，列が波長を表していると仮定する。
データの中心化処理：

読み込んだスペクトルデータに中心化処理を行う。
これは，各波長における平均値を算出し，すべてのデータポイントからその平均を引くことで実行される。
主成分分析（PCA）の適用：

sklearn ライブラリの PCA 機能を使用して中心化されたデータに PCA を適用する。
第一主成分（PC1）と第二主成分（PC2）を計算する。
散布図の作成と表示：

PCA の結果に基づいて，PC1 と PC2 のスコアで散布図を作成する。
matplotlib または seaborn ライブラリを使用して散布図を表示する。
散布図には軸ラベルを付け，各点は試料を表す。

```python
import pandas as pd
from sklearn.decomposition import PCA
import matplotlib.pyplot as plt

# Excel ファイルの読み込み
df = pd.read_excel("data.xlsx")

# データの中心化処理
df_centered = df - df.mean()

# 主成分分析（PCA）の適用
pca = PCA(n_components=2)
pca_result = pca.fit_transform(df_centered)

# 散布図の作成と表示
plt.figure(figsize=(8, 6))
plt.scatter(pca_result[:, 0], pca_result[:, 1])
plt.xlabel("PC1")
plt.ylabel("PC2")
plt.title("PCA Scatter Plot")
plt.show()
```

第 5 章　ChatGPT の効果的な使い方

　出力されたこのプログラムを実行すれば，スペクトルデータをもとに主成分分析を行い，その散布図を表示できます。エラーが出力された場合や，目的と異なる出力がされた場合は，そのエラーメッセージや出力を再度 ChatGPT に聞くことでプログラムを修正できます。

　また，プロンプト自体を ChatGPT に生成してもらうこともできます。たとえば以下のようにプロンプトします。

プロンプト 5.9　プロンプトの生成

以下を実行するような Python プログラムをうまく生成してくれるようなプロンプトを生成してください。
Excel データ data.xlsx を読み込み（行方向試料，列方向は波長），スペクトルに中心化処理を行い PCA，その後
PC1 と PC2 スコアの散布図を表示

　最初は目的をおおまかに指定し，これをもとに生成されたプロンプトを微調整して再度 ChatGPT に聞くことで精度高くプログラムを生成できます。本章で学んだように ChatGPT はプログラムの説明，デバッグ，更新，生成，すべてにおいて良き相談相手となってくれるため，プログラムに要する時間は圧倒的に短くなります。しかし，ChatGPT に効率的にプログラムの生成や修正を行ってもらうためには，われわれ人間側がアルゴリズムや試料，測定装置，そして研究目的について深く理解している必要があります。さらに，これらを具現化するためのプロンプト技術をもっている必要があります。プログラムそのものは誰でも手軽に扱えるようになったため，プログラム技術そのものの重要性は下がってきています。その反面，研究目的，試料，測定装置，アルゴリズム，プロンプト技術の重要性がさらに増していきます。

　なお，現状では ChatGPT は以下のことはできません。それは，①研究目的の設定と，②データの取得（試料の前処理と測定）です。研究目的を設定してデータを取得できれば，その後は ChatGPT に任せることができます。近い将来，AGI（artificial general intelligence）が出現するでしょう。AGI は，①の研究目的の設定も行えるかもしれません。しかし，②のデータの取得には，しばらくの間は人間が必要です。ソフト（アルゴリズム）面では AGI が人間を圧倒していますが，ハード（試料や測定機器）の取り扱いは，まだ人間のほうが優位に立てるということです。筆者はしばらくの間，人間の役割はソフト（AGI）とハード（試料や測定機器）の仲介（メディエーター）を行うことにあると思っています。

98

コラム 3：社会学（相関と蓋然性）

　社会学において，相関関係と蓋然性は社会現象を理解し分析するうえで重要な概念です。社会学者たちは，さまざまな社会的要因がどのように相互に関連しているかを調査し，その結果として生じる現象やトレンドを解明しようとします。前述のように相関関係が存在するからといって，それが因果関係を示すわけではありません。そして，社会学では，因果関係を明らかにすることがしばしば非常に困難です。というのも，社会は複雑なシステムであり，多くの要因が相互に作用しているからです。さらに，社会現象の再実験はほとんど不可能であり，再現性を確認することが難しいです。そのため，社会学者たちは，歴史や哲学，宗教学など，深い知識と洞察力から蓋然性を推定します。

　まず，統計的手法を用いてデータを分析し，変数間の相関関係を特定します。さらに，理論的枠組みを利用して，相関関係の背後にある可能性のある因果メカニズムを探求します。たとえば，教育水準と収入の間には相関関係がありますが，この関係は教育が収入の違いを直接的に引き起こすわけではなく，他の要因（たとえば，社会経済的地位や就業機会）が介在している可能性があります。

　筆者は，見田宗介（1937–2022）の著書『まなざしの地獄』で鮮やかに展開される，相関から見出す因果メカニズムに非常に感銘を受けました。『まなざしの地獄』では「学卒就職者の転職理由」，「年少労働者の転職の理由」，「休日制別離職率の分布」，「東京で就職して不満足な点」，「東京への就職転入者の初職」という，誰にでも入手できるデータから，「統計的事実の実存的意味（同著より引用）」を発見しています。社会学における相関関係と蓋然性の探求は，社会現象の背後にある複雑なメカニズムを理解するための重要なステップです。ここに「試料数」や「再現性」といった用語はなじみません。というのも，学問における目的がまったく異なるからです。しかし，統計から実存的意味を発見するためには，見田宗介のような深い人間性や英知が必要となるのです。

ケモメトリクスの基礎知識

第 6 章から第 7 章にかけて，スペクトル定量分析に頻繁に用いられる部分的最小二乗回帰（PLS 回帰）を理解して，実践できるようになることを目指します。スペクトル解析の多くの教科書では，PLS 回帰の目的として「説明変数（スペクトルデータ）スコアと目的変数（化学成分など）スコアの共分散を最大化する」と説明されています。この「スコアの共分散の最大化」も含めて PLS 回帰の本質を理解することは容易ではありません。

しかし，ランベルト・ベール則→古典的最小二乗（CLS）法→逆最小二乗（ILS）法→主成分分析（PCA）→ PLS 回帰という順でそれぞれの特徴を理解していけば，PLS 回帰の内容をしっかりと理解することができます。本章では分光法の基礎となるランベルト・ベール則から始め，それぞれの欠点・長所を確認しながら ILS 法までを説明していきます。なお，本章と次の第 7 章では，ChatGPT の利用方法を確認するために ChatGPT へのプロンプトと生成されたプログラムをあわせて示します。

6.1 ランベルト・ベール則

ランベルト・ベール則は，分光法の基礎となる法則で，物質の濃度と吸光度が比例関係にあることを示すものです。分光スペクトルから定量分析を行う際には，説明変数として分光スペクトル，目的変数として濃度などを扱います。目的変数（従属変数，または応答変数ともいう）は，予測または分析の対象となる変数をいいます。また，説明変数（独立変数，または予測変数ともいう）は，目的変数の値に影響を与えると考えられる変数です。説明変数の値に基づいて，目的変数の値が予測されます。

分光スペクトルの定量分析の基礎はランベルト・ベール則にあります。ランベルト・ベール則は以下のように定義されます。

$$A = \varepsilon c l \tag{6.1}$$

ここで，A は吸光度，ε はモル吸光係数〔$\mathrm{L\,mol^{-1}\,m^{-1}}$〕，$c$ は溶液の濃度〔mol/L〕，l は光路長〔m〕です。また，吸光度 A は次式でも表されます。

$$A = -\log_{10}\left(\frac{I}{I_0}\right) = \varepsilon c l \tag{6.2}$$

ここで，I は透過光強度，I_0 は入射光強度です。

吸光度について，植物の葉などに含まれる緑色の色素であるクロロフィルを例に具体的に考えてみます。クロロフィルが緑色に見える理由は，クロロフィルが 450 nm 付近の青色光と，680 nm 付近の赤色光を吸収し，500〜600 nm の緑色や黄色の光を吸収せずに反射するためです。クロロフィルの濃度が高いほど，より強く光を吸収するため，緑色は濃くなります。この光の吸収度合いを示すのが吸光度です（図 6.1）。

吸光度を計算するときは，透過光強度 I と入射光強度 I_0 の比率を対数にしてマイナスを掛けた値で表されます。$\frac{I}{I_0} = 1$ のとき，つまり，光がまったく吸収されずに透過したときの吸光度は，$-\log_{10}(1) = 0$ となります。また，光が 10% 透過したときは $\frac{I}{I_0} = \frac{1}{10}$ で吸光度は，$-\log_{10}\left(\frac{1}{10}\right) = 1$ となります。

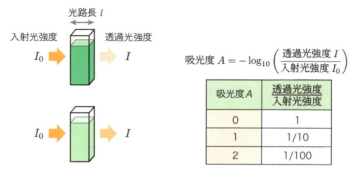

図 6.1　吸光度の定義

ランベルト・ベール則が対数をとっている理由は，「吸光度と濃度が比例関係」を示すためです。クロロフィルを例とした定量の手順は以下です。

1. クロロフィル標準試薬を用いて濃度既知の標準試料を複数準備し，これらの 680 nm における吸光度を測定する。
2. 標準試料の吸光度と濃度の検量線を作成する（図 6.2）。
3. 濃度未知の試料の 680 nm における吸光度を測定して，検量線をもとに濃度を計算（定量）する。

濃度は，このように標準試薬を用いるほかに，スペクトル測定後に公定法などによって目的とする成分の濃度を測定する場合があります。

図 6.2 で重要な点は「縦軸が吸光度」で「横軸が濃度」であるということです。Excel などで濃度と吸光度の検量線を作成する場合，「縦軸が濃度」で「横軸が吸光度」としてしまうことがあります。「横軸と縦軸を入れ替える」だけの些細な違いのように思えますが，実は大きな違いが 2 つあります。

ランベルト・ベール則

$$A = -\log_{10}\left(\frac{I}{I_0}\right) = \varepsilon c l$$

A：吸光度
ε：モル吸光係数〔$\mathrm{L\,mol^{-1}m^{-1}}$〕
c：溶液の濃度〔$\mathrm{mol/L}$〕
l：光路長〔m〕

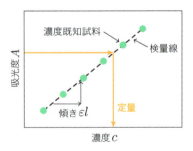

図 6.2　ランベルト・ベール則

　1つ目の違いは検量線がランベルト・ベール則に沿っているかどうかです。「吸光度 $= a \times$ 濃度 $+ b$」という検量線の形は，ランベルト・ベール則そのものです。この検量線の傾きの係数aは，εlとなります。つまり，検量線の傾きに化学的な意味（モル吸光係数 $\times$ 光路長 $=$ 純スペクトル）があることになります。純スペクトルはモル吸光係数と光路長を掛け合わせた値で，これは濃度に依存せず物質の吸収特性を示すものです。一方，横軸と縦軸を入れ替えて「濃度 $= a \times$ 吸光度 $+ b$」として検量線を作成した場合，係数aは単なる相関関係を示す係数となります。

　2つ目の違いはノイズにあります。4.2.4項で説明したように，最小二乗法ではy軸側の二乗誤差の和が最小となるように係数aとbを決定します。つまり，「濃度と吸光度ともに測定誤差があるはずだが，誤差をすべて片方（縦軸）に押し付ける」ということを行っているわけです。

　ここで，「標準試薬から作成した標準試料の濃度」と「吸光度」のどちらの誤差が相対的に大きいでしょうか。これを理解するためには誤差の伝搬法則を理解する必要がありますが，一般的に，濃度と吸光度では，吸光度のほうがその誤差は大きいと考えられます（濃度の誤差は，メスフラスコなどによる容量の誤差や電子天秤などによる質量の誤差などから誤差伝搬法則により見積もることができますが，この誤差は一般的にスペクトル測定で生じる誤差よりもかなり小さい）。そのため，ノイズという観点でも縦軸に吸光度を採用するほうが合理的なわけです。

6.2 古典的最小二乗（CLS）法

　本節では古典的最小二乗（clasical least squares, CLS）法を説明します。これはランベルト・ベール則を多波長・多成分に拡張したものといえます。ランベルト・ベール則の拡張版がCLS法ではあるものの，CLS法は，（ランベルト・ベール則を基礎としない）分光スペクトル以外のスペクトル解析にも非常に有用な解析方法です。

6.2.1　ランベルト・ベール則を拡張する

　前節では1つの化学成分濃度と1つの波長における吸光度のみを考えましたが，ランベルト・ベール則は化学成分種と測定波長点数が複数ある場合でも，まったく同様に成り立ちます。ここでは，青

紫色のアントシアニンと緑色のクロロフィルを混合した試料の可視分光スペクトルを，透過方式で測定した場合を例に考えます。

図 6.3 に示すようにアントシアニンは 530 nm，クロロフィルは 680 nm に吸収ピークをもちます。これらの色素はある特定の波長のみに吸収があるわけではなく，波長方向にある程度の幅をもっています。

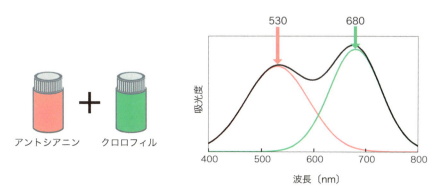

図 6.3 アントシアニンとクロロフィルの混合試料の可視分光スペクトル

ここで，アントシアニンとクロロフィルの混合試料の 680 nm の吸光度を考える場合，クロロフィルはもちろんのこと，アントシアニンによる吸収も考える必要があります。同様のことが 530 nm における吸光度でもいえます。各波長においてランベルト・ベール則が成り立つため，530 nm と 680 nm における吸光度は以下の式で表されます。

$$A_{530\mathrm{nm}} = l\left(\varepsilon_{\mathrm{antho},530\mathrm{nm}} c_{\mathrm{antho}} + \varepsilon_{\mathrm{chlo},530\mathrm{nm}} c_{\mathrm{chlo}}\right) \tag{6.3}$$

$$A_{680\mathrm{nm}} = l\left(\varepsilon_{\mathrm{antho},680\mathrm{nm}} c_{\mathrm{antho}} + \varepsilon_{\mathrm{chlo},680\mathrm{nm}} c_{\mathrm{chlo}}\right) \tag{6.4}$$

ここで，$A_{530\mathrm{nm}}$ は 530 nm における吸光度，l は光路長，$\varepsilon_{\mathrm{antho},530\mathrm{nm}}$ と $\varepsilon_{\mathrm{chlo},530\mathrm{nm}}$ はそれぞれアントシアニンとクロロフィルの 530 nm におけるモル吸光係数（680 nm も同様），c_{antho} と c_{chlo} はそれぞれアントシアニンとクロロフィルの濃度を示します。式 (6.3) と式 (6.4) はどちらも共通の濃度項（$c_{\mathrm{antho}}, c_{\mathrm{chlo}}$）をもっています。そのため，行列の積を使って次式のようにシンプルに表すことができます。

$$\begin{bmatrix} A_{530\mathrm{nm}} & A_{680\mathrm{nm}} \end{bmatrix} = \begin{bmatrix} c_{\mathrm{antho}} & c_{\mathrm{chlo}} \end{bmatrix} \begin{bmatrix} \varepsilon_{\mathrm{antho},530\mathrm{nm}} & \varepsilon_{\mathrm{antho},680\mathrm{nm}} \\ \varepsilon_{\mathrm{chlo},530\mathrm{nm}} & \varepsilon_{\mathrm{chlo},680\mathrm{nm}} \end{bmatrix} l \tag{6.5}$$

さらに，式 (6.5) は多波長に拡張できます。530 nm と 680 nm だけでなく，400 〜 800 nm におけるすべての吸光度を考えると次式のように表せます。

第6章　ケモメトリクスの基礎知識

$$
\begin{bmatrix} A_{400\text{nm}} & \cdots & A_{800\text{nm}} \end{bmatrix} = \begin{bmatrix} c_{\text{antho}} & c_{\text{chlo}} \end{bmatrix} \begin{bmatrix} \varepsilon_{\text{antho},400\text{nm}} & \cdots & \varepsilon_{\text{antho},800\text{nm}} \\ \varepsilon_{\text{chlo},400\text{nm}} & \cdots & \varepsilon_{\text{chlo},800\text{nm}} \end{bmatrix} l \tag{6.6}
$$

　濃度項はそのままで，吸光度の行列とモル吸光係数の行列が列方向に伸びているのがわかります。式 (6.6) をさらに多試料に拡張していきましょう。アントシアニンとクロロフィルの濃度を変化させた n 個の試料を準備し，そのスペクトルを測定したとします。この場合，ランベルト・ベール則は次式のようになります。

$$
\begin{bmatrix} A_{1,\,400\text{nm}} & \cdots & A_{1,\,800\text{nm}} \\ A_{2,\,400\text{nm}} & \cdots & A_{2,\,800\text{nm}} \\ \vdots & \ddots & \vdots \\ A_{n,\,400\text{nm}} & \cdots & A_{n,\,800\text{nm}} \end{bmatrix} = \begin{bmatrix} c_{1,\,\text{antho}} & c_{1,\,\text{chlo}} \\ c_{2,\,\text{antho}} & c_{2,\,\text{chlo}} \\ \vdots & \vdots \\ c_{n,\,\text{antho}} & c_{n,\,\text{chlo}} \end{bmatrix} \begin{bmatrix} \varepsilon_{\text{antho},400\text{nm}} & \cdots & \varepsilon_{\text{antho},800\text{nm}} \\ \varepsilon_{\text{chlo},400\text{nm}} & \cdots & \varepsilon_{\text{chlo},800\text{nm}} \end{bmatrix} l \tag{6.7}
$$

　モル吸光係数の行列はそのままで，吸光度の行列と濃度の行列が行方向に伸びているのがわかります。このようにすると，各試料の吸光度を縦に並べたものは**スペクトル行列**，各試料の色素の濃度比率を縦に並べたものが**濃度行列**といえます。また，モル吸光係数の行列と光路長 l をまとめて考えると，アントシアニンとクロロフィルの吸収ピークを縦に並べたものが，**純スペクトル行列**といえます。これより式 (6.7) は次式で表せます。

$$
\begin{bmatrix} 試料1のスペクトル \\ 試料2のスペクトル \\ \vdots \\ 試料nのスペクトル \end{bmatrix} = \begin{bmatrix} 試料1の濃度比 \\ 試料2の濃度比 \\ \vdots \\ 試料nの濃度比 \end{bmatrix} \begin{bmatrix} アントシアニンの純スペクトル \\ クロロフィルの純スペクトル \end{bmatrix} \tag{6.8}
$$

　式 (6.8) を，それぞれスペクトル行列 $\boldsymbol{A}$，濃度行列 $\boldsymbol{C}$，純スペクトル行列 $\boldsymbol{K}$ で表現すると，次式のようになります。

$$
\boldsymbol{A} = \boldsymbol{CK} \tag{6.9}
$$

　式 (6.9) は，式 (6.1) のランベルト・ベール則とまったく同じ形をしています。つまり，式 (6.9) はランベルト・ベール則を行列によって多波長，多試料，多化学成分種に拡張したものといえます。なお，分光スペクトルは，吸収ピークを中心とした正規分布，ローレンツ分布，またはそれらの畳み込みであるフォークト関数分布を示します。このため，アントシアニンやクロロフィルのような色素は，それぞれの吸収ピーク波長（530 nm と 680 nm）の周辺にわたり，吸収が広がっています。これにより，各波長における吸光度の測定には，その幅広い吸収特性を考慮する必要があります。

6.2.2　純スペクトル行列を解く（CLS 法）

　本章から第 7 章にかけての最終目標は定量分析にあります。つまり，濃度がわからない試料の分光スペクトルから，濃度を予測するということです。式 (6.9) のうち，標準試料の測定で得たスペクトル行列 $\boldsymbol{A}$ と濃度行列 $\boldsymbol{C}$ から $\boldsymbol{K}$ を求めるのが「検量線を作成する」ということになります。

$A = CK$ から K を求めるためには，両辺に C の逆行列を左から掛ければよさそうですが，式 (6.7) からわかるように通常，濃度行列 C は正方行列ではないため，逆行列を計算できません．そこで，4.2 節で説明したとおり，式 (6.10) のようにいったん行列 C の転置行列 $C^\top$ を左から掛けた後，式 (6.11) のように $C^\top C$ の逆行列 $(C^\top C)^{-1}$ を左から掛けることで，式 (6.12) のように純スペクトル行列 K を求めることができます．

$$C^\top A = (C^\top C) K \tag{6.10}$$

$$(C^\top C)^{-1} C^\top A = (C^\top C)^{-1} (C^\top C) K \tag{6.11}$$

$$(C^\top C)^{-1} C^\top A = K \tag{6.12}$$

いったん K が計算できれば，濃度がわからない試料のスペクトルから，その濃度の予測が可能になります．この状態では，式 (6.9) のうち，A と K がわかっているので，以下に示す計算を経て，濃度 C が推定できるというわけです．

$$AK^\top = CKK^\top \tag{6.13}$$

$$AK^\top (KK^\top)^{-1} = C (KK^\top) (KK^\top)^{-1} \tag{6.14}$$

$$AK^\top (KK^\top)^{-1} = C \tag{6.15}$$

以上のように，式 (6.9) で示されるランベルト・ベール則をもとに，純スペクトル行列 K を求め，これをもとに濃度未知試料の濃度 C を推定する流れを CLS 法と呼びます．

図 6.4 に示すように，CLS 法の計算過程で出てくる $C^\top C$ と $KK^\top$ の行列のサイズを確認しておきましょう．どちらも転置行列を掛けることで，もとの行列よりも小さい正方行列が得られています．「もとの行列よりも小さい」というのが肝です．これにより，情報を圧縮しているため，得られる正方行列は正則（つまり，逆行列が計算できる行列）になります．

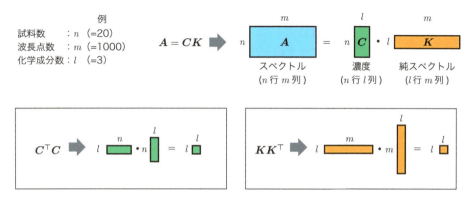

図 6.4　CLS 法の計算過程における行列のサイズ

第6章　ケモメトリクスの基礎知識

さて，6.1 節では，横軸に濃度，縦軸に吸光度をとることで，この傾きが εl になると説明しました。図 6.4 に示す計算では，これを全波長で一気に計算していることになります。すなわち，この計算によって，試料中の化学成分の純スペクトルが得られることになります（検量線がそのまま純スペクトル K に対応）。さらに，この方法は波形分離（カーブフィッティング）にも応用可能です。波形分離は，重ね合わさった複数の波形をそれぞれの成分に対応した個別の波形に分ける解析手法を指します。純スペクトルが得られるということは，異なる化学成分に由来する吸収波形を分離して解析できる可能性を示しています。

6.2.3　CLS 法の問題点

ここまでで，CLS 法はランベルト・ベール則を行列に拡張したものであることがわかりました。CLS 法はノイズという観点から合理的な回帰であり，さらに，検量線の作成段階で純スペクトルが計算できるという利点があります。しかし，CLS 法はスペクトル解析にはあまり用いられていません。それは，この手法にとても大きな問題点があるからです。その問題点とは「スペクトル中の吸収と濃度をすべて把握していないと，安定した回帰分析が行えない」ということです。イチゴに含まれるアントシアニンとクロロフィルの定量を例に，この問題点について考えてみましょう。

本来，イチゴには吸収ピークの異なる複数の種類のアントシアニンが含まれています。例えば，**図6.5**(a) に示すように 530 nm と 550 nm にそれぞれ吸収ピークをもつ 2 種類のアントシアニンと，680 nm に吸収ピークをもつクロロフィルを含む試料に対して，「530 nm に吸収ピークをもつ 1 種類のアントシアニンとクロロフィルだけが存在する」と誤って仮定して定量を行ったとします。

この場合，実際には 550 nm に吸収ピークをもつアントシアニンも含まれているため，530 nm に吸収をもつアントシアニンとクロロフィルの濃度の予測は，非常に不安定になってしまいます。図 (a) 左の黒色のスペクトルは，530 nm，550 nm，680 nm に吸収ピークをもつ 3 つの吸光度を足し合わせたスペクトルです。通常，この黒色のスペクトルが測定で得られるスペクトルであり，このスペクトルから 530 nm と 550 nm の 2 つの吸収が存在することを判断することは難しいです。

ここで，すべての吸収を把握している場合と，把握していない場合で，CLS 法を用いた濃度予測（回帰）の結果を比較してみます。まず，530 nm，550 nm，680 nm の 3 つの吸光度を 5 種類の濃度比で足し合わせたスペクトルをスペクトル A とします。なお，ここでは実際の測定結果に近い形にする目的で乱数を用いてスペクトル A にノイズが加えてあります。

スペクトル A と，3 種類の濃度データ C を用いて，CLS 法を用いた回帰の結果が図 6.5(b) 〜 (d) です。図 (b) は回帰に 530 nm，550 nm，680 nm のすべての濃度 C を用いた場合，図 (c) は回帰に 530 nm と 680 nm の濃度を用いた場合，図 (d) は回帰に 530 nm の濃度のみを用いた場合です。

106

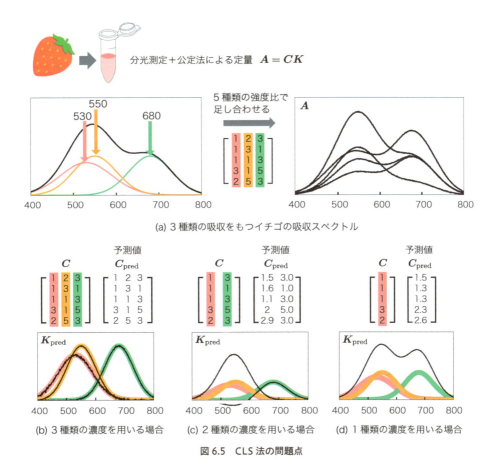

図 6.5 CLS 法の問題点

　図 (b) の予測濃度 C_{pred} を見ると，3 つの吸収すべてで完璧に濃度予測できていることがわかります．また，予測純スペクトル K_{pred}（黒色のスペクトル）を見ても，しっかりと予測できています．一方，図 (c) では 530 nm の濃度予測の正確性が非常に悪くなっています．また，K_{pred} は 530 nm と 550 nm の吸光度を足したような純スペクトルになっています．また，図 (d) では予測濃度の正確性が大変低く，K_{pred} は 3 つの吸光度を足したような純スペクトルになっています．同じスペクトル A を用いているにもかかわらず，濃度 C として適正なものを用いないと，濃度と純スペクトルの予測はともに正確性が低くなってしまいます．

　ではなぜ濃度情報をすべて反映しないと予測精度が低くなるのでしょうか．これを考えるためにスペクトルをベクトルという観点から眺めてみると，その理由が見えてきます．

図 6.6(a) に示したスペクトルは，400～800 nm まで 1 nm ごとの各波長の吸光度をプロットしたものです（1 つの吸収が含まれる）。これらの吸光度はどの波長においてもランベルト・ベール則が成り立ちます。このとき，濃度を 2 倍にすると，各波長において吸光度が 2 倍になります。

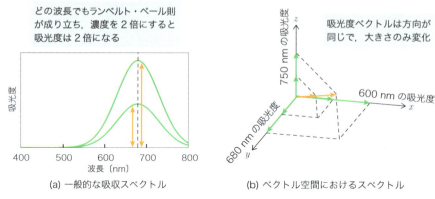

(a) 一般的な吸収スペクトル　　(b) ベクトル空間におけるスペクトル

図 6.6　ベクトル空間における 1 つの吸収をもつスペクトル

次にこのスペクトルを図 (b) に示すようにベクトル空間で考えてみましょう。たとえば，600 nm の吸光度を x 軸，680 nm の吸光度を y 軸，750 nm の吸光度を z 軸とします。各軸で濃度が 2 倍になるとその値が 2 倍になります。そのため，これら 3 成分（x, y, z）からなるベクトルも，濃度が 2 倍になるとその絶対値が 2 倍になります。また，濃度が変化してもベクトルの方向は変化しません。ここでは，3 つの波長のみを考えましたが，x 軸に 400 nm，y 軸に 401 nm，z 軸に 402 nm，x 軸と y 軸と z 軸すべてに直交する軸に 403 nm，これらに直交する新たな軸に 404 nm，……というように，波長の数だけ軸を増やすとします（これらの軸はすべてお互いに直交しているとする）。われわれは 3 次元空間に生きているため，想像するのが難しいですが，400～800 nm の各波長に各軸を対応させれば，1 つのスペクトルは 1 つのベクトルで表されることになります。

次に，図 6.7 に示すような，スペクトル中に 2 つあるいは 3 つの吸収が含まれる場合を考えましょう。図 (a) のように，2 つの吸収（a と b）が含まれる場合，スペクトルは a（ピンク色）と b（緑色）の和になります。これをベクトル空間で考えると，観測されるベクトル（黒色）は，ベクトル a（ピンク色）とベクトル b（緑色）が作る平面上に現れることになります。ベクトル空間から眺めてみると，「CLS 法の検量線の作成」は，測定したスペクトルと成分 a と b の吸収の濃度比率から，それぞれの純スペクトルを推定する作業ということになります。また，「CLS 法による濃度の予測」は，測定したスペクトルと純スペクトルの情報から，各純スペクトルがどれくらいの濃度比率で合成された結果，測定したスペクトルになるかを予測するものです。

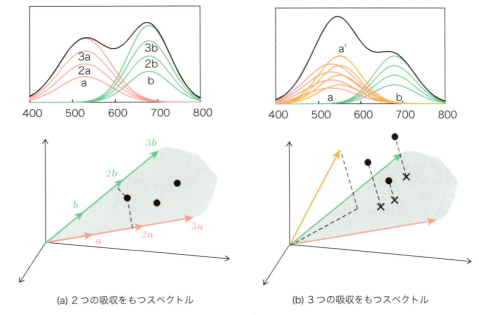

(a) 2つの吸収をもつスペクトル　　(b) 3つの吸収をもつスペクトル

図 6.7　ベクトル空間における複数の吸収をもつスペクトル

　ここで，ベクトル空間という観点から，CLS 法の問題点である，「スペクトル中の吸収とその濃度をすべて把握していないと，安定した回帰分析が行えないこと」についてあらためて考えてみましょう。本来は 3 つの吸収（図 6.5 では 530 nm, 550 nm, 680nm）があるにもかかわらず，2 つの成分（530 nm，680nm）の濃度しか把握していない場合をベクトル空間で考えます。本来，測定されるスペクトルは 3 つのベクトルがつくる 3 次元の空間内に現れるはずのところ，2 つのベクトルの平面上だけで説明することになってしまいます。こうなると，考慮に入れていない成分（550 nm）だけでなく，把握している 2 つの成分（530 nm, 680nm）の濃度（および純スペクトル）の正確性も非常に低くなってしまうことがよくわかります。

6.2.4　CLS 法の実装

　ここではすべての成分を把握している場合の CLS 法を Python で実装してみましょう。例として，3 つの正規分布を異なる強度で重ね合わせたデータを，3 つの吸収をもつスペクトルに見立てて，CLS 法を行います。はじめに 3 つの正規分布を異なる強度で重ねるプログラムを作成します。ChatGPT を使用して，以下のプロンプトでプログラムを生成します。

> プロンプト 6.1　3 つの吸収をもつスペクトルを作成

> Python を使用して，異なる濃度のアントシアニン 1，アントシアニン 2，およびクロロフィルに基づく合計吸収スペクトルをシミュレートするプログラムを作成してください。スクリプトでは以下の要件に従ってください：
> 波長範囲は 400nm から 800nm までです。
> アントシアニン 1（antho1）は中心波長が 530nm，標準偏差が 60nm の正規分布に基づいています。
> アントシアニン 2（antho2）は中心波長が 550nm，標準偏差が 50nm の正規分布に基づいています。
> クロロフィル（chlo）は中心波長が 680nm，標準偏差が 50nm の正規分布に基づいています。

第 6 章　ケモメトリクスの基礎知識

これらの化合物の濃度は，5 つのサンプルに対して異なる値の配列で表されます。この配列は次のようになります：[[1，2，3]，[1，3，1]，[1，1，3]，[3，1，5]，[2，5，3]]。
各サンプルの合計吸収スペクトルは，これらの化合物の濃度に基づいて計算され，ランダムノイズ（正規分布に基づく）が追加されます。
最後に，これらのスペクトルをプロットし，タイトル，軸ラベルを含めてください。

コード 6.1　3 つの吸収をもつスペクトルを作成

```
 1  # 波長範囲の設定
 2  wave = np.arange(400, 801, 1)
 3  # アントシアニン 1，アントシアニン 2，クロロフィルの正規分布に基づく吸収スペクトルの定義
 4  antho1 = norm.pdf(wave, 530, 60) # 中心 530nm，標準偏差 60nm
 5  antho2 = norm.pdf(wave, 550, 50) # 中心 550nm，標準偏差 50nm
 6  chlo = norm.pdf(wave, 680, 50) # 中心 680nm，標準偏差 50nm
 7  # 濃度の配列
 8  concen = np.array([[1, 2, 3],
 9                     [1, 3, 1],
10                     [1, 1, 3],
11                     [3, 1, 5],
12                     [2, 5, 3]])
13  # 各濃度に基づく合計吸収スペクトルの計算
14  data = []
15  for c in concen:
16      total_abs = c[0] * antho1 + c[1] * antho2 + c[2] * chlo
17      total_abs = total_abs + (1e-4) * (0.5 - np.random.randn(len(wave)))
18      data.append(total_abs)
19  data = np.array(data)
20  # 吸収スペクトルのプロット
21  plt.plot(wave, data.T, color="black")
22  plt.title("Total Absorbance for Different Concentrations")
23  plt.xlabel("Wavelength (nm)")
24  plt.ylabel("Absorbance")
25  plt.show()
```

　このプログラムで図 6.5(a) 右側に示すスペクトルが得られます。次に，このスペクトルに対して CLS 法を実装します。以下が ChatGPT に入力するプロンプトと生成されるプログラムです。

プロンプト 6.2　CLS 法による予測濃度の計算とスペクトルを表示する関数の作成

Python で CLSfunction という関数を作成してください。この関数は，吸収スペクトルデータ（A）と既知の濃度データ（C）を入力として受け取り，以下の処理を行います：
検量線の作成：既知の濃度データ（C）を用いて検量線（K）を計算します。
予測：吸収スペクトルデータ（A）から予測濃度（predC）を計算します。
図示：吸収スペクトルデータと検量線をプロットし，実際の濃度と予測濃度を表示します。
関数の詳細：
入力パラメータ：吸収スペクトルデータ（A）と濃度データ（C）。
処理：
C の転置（CT）を計算。
CT と A のドット積により CTA を求める。
CT と C のドット積の逆行列（invCT）を計算。
invCT と CTA のドット積により検量線（K）を計算。
A と K の転置のドット積（AKT）を計算。
K と KT のドット積の逆行列（invKK）を計算。

110

AKT と invKK のドット積で予測濃度（predC）を計算。
出力：
検量線（K）と予測濃度（predC）を返す。
吸収スペクトルと検量線をプロットし，実際の濃度と予測濃度を表示。

コード 6.2　CLS 法による予測濃度の計算とスペクトルを表示する関数

```python
def CLSfunction(A, C):
    """
    Parameters:
    A (numpy.ndarray): 吸収スペクトルデータ
    C (numpy.ndarray): 濃度データ

    Returns:
    numpy.ndarray: 検量線 (K)
    numpy.ndarray: 予測濃度 (predC)
    """
    # 検量線作成
    CT = C.transpose()
    CTA = np.dot(CT, A)
    invCT = np.linalg.inv(np.dot(CT, C))
    K = np.dot(invCT, CTA)

    # 予測
    KT = K.transpose()
    AKT = np.dot(A, KT)
    invKK = np.linalg.inv(np.dot(K, KT))
    predC = np.dot(AKT, invKK)

    # 図示
    fig = plt.figure()
    ax1 = fig.add_subplot(2, 1, 1) # 吸収スペクトルプロット
    ax1.plot(A.transpose())
    ax1.set_title("Absorption Spectra")
    ax1.set_xlabel("Wavelength")
    ax1.set_ylabel("Absorbance")

    ax2 = fig.add_subplot(2, 1, 2) # 検量線プロット
    ax2.plot(K.transpose(), "black")
    ax2.set_title("Calibration Curves")
    ax2.set_xlabel("Wavelength")
    ax2.set_ylabel("Intensity")

    plt.tight_layout()
    plt.show()

    # 濃度と予測濃度の表示
    print("濃度は ")
    print(f"{'='*40}")
    print(C, "\n")
    print("予測濃度は ")
    print(f"{'='*40}")
    print(np.round(predC, 2)) # predC を丸めて表示
```

```
47
48        return K, predC
```

このCLSfunction関数は，入力として吸収スペクトルデータAと既知の濃度データCを受け取り，検量線Kを計算し，予測濃度predCを導出します。さらに，吸収スペクトルと検量線をプロットし，実際の濃度と予測濃度を表示します。ではこの関数を利用して予測を行ってみましょう。

図 6.5(b) ～ (d) のように，既知の濃度データ C について，図 (b) の 3 種類の濃度を用いる場合，図 (c) の 2 種類の濃度を用いる場合 (antho1 と chlo)，図 (d) の 1 種類の濃度を用いる場合 (antho2) として，以下のように CLSfunction 関数を実行すると，それぞれの場合の各成分の検量線（黒色のスペクトル）を計算することができます。

コード 6.3　CLSfunction 関数の実行
```
1  K,predC=CLSfunction(data,concen[:,:])    # 3成分
2  K,predC=CLSfunction(data,concen[:,[0,2]]) # 2成分
3  K,predC=CLSfunction(data,concen[:,[1]])   # 1成分
```

前述したように，各吸収の濃度をすべて把握できていれば，CLS 法は非常に強力な手法です。これは，試料中の成分が明確に分離され，それぞれの寄与が定量可能である場合に特に有効です。たとえば，成分ごとの特徴が明瞭な MS スペクトルデータなどの解析には非常に適していると考えられます。しかし，IR 分光などの場合（吸収は分子振動由来）は，すべての吸収の量を把握するのは非常に難しくなります。そこで，この問題点を解決するために ILS 法が提案されました。

6.3 逆最小二乗 (ILS) 法

6.3.1　ILS 法の特徴

逆最小二乗（inverse least squares, **ILS**）**法**は，**多重線形回帰**（multiple linear regression, **MLR**）と呼ばれるものと同じです。多重線形回帰は，複数の説明変数を用いて目的変数を予測する統計的手法です。また，ILS 法と CLS 法の違いはただ 1 つ，縦軸と横軸の違いです。CLS 法では，図 6.8(a) に示すように横軸を濃度，縦軸を吸光度として最小二乗法で検量線を作成します。一方，ILS 法では，図 (b) 横軸を吸光度，縦軸を濃度として行います。つまり，ILS 法は次式で表現できます。

$$C = AP_{\mathrm{ILS}} \tag{6.16}$$

式 (6.9) の CLS 法が，スペクトル行列 A を濃度行列 C と純スペクトル行列 K に分解しているのに対して，式 (6.16) の ILS 法では，スペクトル行列 A から濃度行列 C を直接予測しています。P_{ILS} は単なる係数であり，化学的な意味はありません。

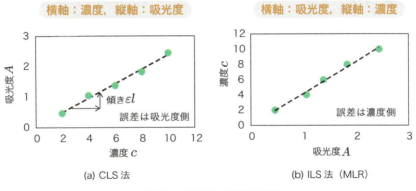

(a) CLS法 (b) ILS法（MLR）

図 6.8　CLS 法と ILS 法の比較

　CLS 法と比較した場合の ILS 法の利点は明瞭で，「どれだけ他の成分の吸収が含まれていようとも，目的の成分の濃度情報のみで定量が可能」という点です。これについて，**図 6.9** をもとに詳細に考えてみます。6.2 節の例と同じように，本来は 3 つの成分に帰属した 3 つの吸収（530 nm, 550 nm, 680 nm）があるにもかかわらず，1 つの吸収（680 nm）に帰属される成分の濃度しか把握していない場合を考えます。この場合，CLS 法の予測精度は非常に低くなることは前述のとおりです。一方，ILS 法では，他の成分の濃度を把握していなくても，目的の成分の濃度のみを用いて，高い精度で予測できます。通常，スペクトル中のすべての吸収を把握するのは非常に困難です。スペクトル解析では，CLS 法ではなく ILS 法を使う理由はここにあります。

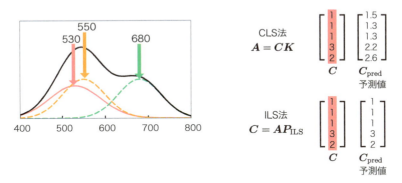

図 6.9　ILS 法の利点

6.3.2　ILS 法の計算と欠点

　ILS 法の利点を確認するために，計算方法を詳しく見ていきます。ILS 法では式 (6.16) から計算を始めます。検量線の作成段階では，スペクトル行列 A と濃度行列 C が既知の状態で P_{ILS} を予測することになります。スペクトル行列 A は一般的には正則行列ではないですが，CLS 法と同様に転置行列 $A^\top$ を左から掛けることで逆行列が計算できます。

$$\boldsymbol{A}^\top \boldsymbol{C} = \boldsymbol{A}^\top \boldsymbol{A} \boldsymbol{P}_{\text{ILS}} \tag{6.17}$$

$$\left(\boldsymbol{A}^\top \boldsymbol{A}\right)^{-1} \boldsymbol{A}^\top \boldsymbol{C} = \left(\boldsymbol{A}^\top \boldsymbol{A}\right)^{-1} \left(\boldsymbol{A}^\top \boldsymbol{A}\right) \boldsymbol{P}_{\text{ILS}} \tag{6.18}$$

しかし，この場合，行列サイズの関係で $\boldsymbol{A}^\top \boldsymbol{A}$ の逆行列は計算できません。

図 6.10 に示すように $\boldsymbol{A}^\top \boldsymbol{A}$ の行列サイズは，もとの行列 $\boldsymbol{A}$ よりも大きくなります。もともとの情報量が $m \times n$ ($\boldsymbol{A}$) であるものを，無理やり大きなサイズ $m \times m$ ($\boldsymbol{A}^\top \boldsymbol{A}$) にしても，含まれる情報量は変わりません。この新しい行列 $\boldsymbol{A}^\top \boldsymbol{A}$ は正則ではないため，逆行列の演算ができません。これが ILS 法の問題点です。これを解決するためには，行列 $\boldsymbol{A}$ の行数 m（波長点数）を間引いて，列数 n（試料数）よりもサイズを小さくする必要があります。図 6.10 のように試料数が $n = 20$ であれば，これよりも少ない波長点数 m を選び，新たに $m' = 10$ とすれば，算出される行列 $\boldsymbol{A}^\top \boldsymbol{A}$ のサイズはもとの行列の $\boldsymbol{A}$ よりも小さくなります。これで $\boldsymbol{A}^\top \boldsymbol{A}$ の逆行列が計算でき，次式で $\boldsymbol{P}_{\text{ILS}}$ が求まります。

$$\left(\boldsymbol{A}^\top \boldsymbol{A}\right)^{-1} \boldsymbol{A}^\top \boldsymbol{C} = \boldsymbol{P}_{\text{ILS}} \tag{6.19}$$

このとき，選択する波長は適当に選んではいけません。たとえば，スペクトル行列 $\boldsymbol{A}$ ($m \times n$) から 3 つの波長を選択するときに，図 6.11 のオレンジ色の矢印のように波長を選択してはいけません。

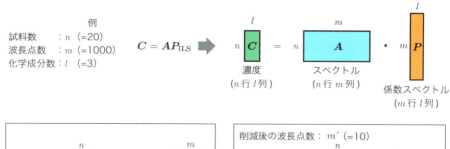

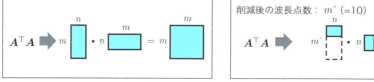

図 6.10 ILS 法の計算過程における行列サイズ

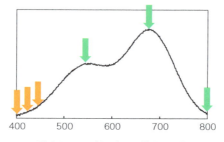

図 6.11 ILS 法における波長の選択

6.3 逆最小二乗（ILS）法

これは，オレンジ色の矢印の3つの波長の吸光度が，相関関係にあるためです。説明変数どうしで高い相関関係にある場合，逆行列が適正に計算できなくなり，予測精度が悪くなります。このように説明変数間で相関関係があることを**多重共線性**と呼びます。ILS法で波長を選別する際には，図6.11の緑色の矢印のように，①説明変数間に相関がなく，かつ，②スペクトルの分散を抽出できるような波長を選択しなければなりません。

6.3.3　ILS 法の実装

本項でも正規分布を3つ重ねたスペクトルに対して ILS 法を実装します。6.2.4項の CLS 法の実装で用いたプログラムに続きを書いていきます。まずは，ILS 法の関数を作成するための ChatGPT のプロンプトと生成されるプログラムは以下のとおりです。

プロンプト 6.3　ILS 法による予測濃度の計算とスペクトルを表示する関数の作成

Python で ILSfunction という関数を作成してください。この関数は，逆最小二乗法を用いて吸収スペクトルデータ（A）から既知の濃度データ（C）に基づいて予測濃度（predC）を計算します。
関数の詳細は以下のとおりです：
入力パラメータ：
A：吸収スペクトルデータ（numpy.ndarray 形式）
C：濃度データ（numpy.ndarray 形式）
処理：
A の転置（AT）を計算する。
AT と A のドット積（ATA）を求める。
ATA の逆行列（invATA）を計算する。
invATA と AT と C のドット積（ATC）で検量線（Pils）を計算する。
A と Pils のドット積で予測濃度（predC）を計算する。
出力：
予測濃度（predC）を numpy.ndarray 形式で返す。
実際の濃度データと予測濃度データをプリントする。

コード 6.4　ILS 法による予測濃度の計算とスペクトルを表示する関数

```python
def ILSfunction(A, C):
    """
    Parameters:
    A (numpy.ndarray): 吸収スペクトルデータ
    C (numpy.ndarray): 濃度データ
    Returns:
    numpy.ndarray: 予測濃度 (predC)
    """
    # A の転置 (AT) を計算
    AT = A.transpose()
    # AT と A のドット積 (ATA) を求める
    ATA = np.dot(AT, A)
    # ATA の逆行列 (invATA) を計算
    invATA = np.linalg.inv(ATA)
    # invATA と AT と C のドット積 (ATC) で検量線 (Pils) を計算
    ATC = np.dot(AT, C)
    Pils = np.dot(invATA, ATC)
    # A と Pils のドット積で予測濃度 (predC) を計算
    predC = np.dot(A, Pils)
```

115

第6章　ケモメトリクスの基礎知識

```
20      # 実際の濃度データと予測濃度データをプリント
21      print("データ:\n", C)
22      print("予測値:\n", predC)
23      return predC
```

この関数を用いて，次のようにプログラムして1成分の既知濃度から，予測濃度を計算してみましょう。

コード 6.5　ILSfunction 関数の実行

```
1   predC=ILSfunction(data[:,[0,130,150,280,400]],concen[:,[0]]) # 1成分
```

```
データ:
[[1]
 [1]
 [1]
 [3]
 [2]]
予測値:
[[1.]
 [1.]
 [1.]
 [3.]
 [2.]]
```

既知の濃度が1成分しか含まれていないにもかかわらず，高い正確度で予測ができています。ここでは，スペクトルからインデックス [0,130,150,280,400] を取り出して予測に用いています。この例では，理解を深めるために ILS 法による回帰を行列から計算しましたが，scikit-learn ライブラリには，ILS 法と同様の回帰手法である MLR を実行するための LinearRegression クラスが用意されています。これを用いた回帰も行ってみましょう。

コード 6.6　scikit-learn ライブラリの LinearRegression を用いた回帰

```
1   # モデルのインスタンス化
2   model = LinearRegression()
3   # モデルの学習（フィッティング）
4   # A は吸収スペクトルデータ，C は濃度データ
5   model.fit(data[:,[0,130,150,280,400]],concen[:,[0]])
6   # 予測
7   predC = model.predict(data[:,[0,130,150,280,400]])
8   print(predC)
```

```
[[1.]
 [1.]
 [1.]
 [3.]
 [2.]]
```

LinearRegression をインスタンス化（パラメータは指定しない）した後，fit メソッドを用いて回帰を行っています。その後，predict メソッドを用いて予測を行っています。予測の結果は，

行列の計算を直接行ったコード6.5の結果と同じになります。

ところで，波長点数を削減するために，たくさんの波長から，①説明変数間に相関がなく，かつ，②スペクトルの分散を抽出できるような波長を満たすような波長を選択することは難しそうです。試料数が数百程度と多ければ，すべての組み合わせから最も精度の高いものを抽出できますが，その反面，計算に時間を要します。このとき，遺伝的アルゴリズム（genetic algorithm，GA）や競合適応再重み付けサンプリング（competitive adaptive reweighted sampling，CARS）によって波長を選別する方法もあります。これらの手法を用いることで，検量線の精度は向上しますが，堅牢性の保証は難しくなります（堅牢性については7.1.9項で詳しく説明）。そこで，「スペクトルの分散を眺めて，その分散をなるべく説明できるような軸を新たに見つける」という主成分分析（PCA）というアイデアが出てきます。

第7章 ケモメトリクスの基礎知識：応用編

　前章では，分光分析とケモメトリクスの基礎であるランベルト・ベール則について学び，これを多波長・多成分に拡張した CLS 法を実装しました．また，CLS 法の弱点を克服する ILS 法についても学びました．ILS 法では，解析に用いるデータ数を調整する必要があります．そこで，本章ではスペクトル全体から分散を効率的に抽出する主成分分析（PCA）について学びます．その基礎について理解したのち，正規分布を重ねたスペクトルデータに対して PCA を行い，その内容を深く理解していきましょう．さらに，これをスペクトル空間と目的変数空間の両方に拡張する PLS 回帰について学んでいきましょう．

7.1 主成分分析 (PCA)

7.1.1 PCA の概念

　ここからスペクトル全体の分散を効率的に抽出するために，**主成分分析**（principal component analysis, **PCA**）を用いていきます．まずは PCA を行列で表します．

$$A = TP \tag{7.1}$$

ここで，A はスペクトル行列，T はスコア行列，P はローディング行列と呼ばれます．

　式 (7.1) と，6.2.1 項の式 (6.9) の CLS 法の定義を比べると，記号は異なるものの同じ形をしています．CLS 法と PCA はどちらもスペクトル行列 A をスコアとローディングに分解するものといえます．CLS 法では，濃度行列 C をもとにスペクトル行列 A を濃度行列 C と純スペクトル行列 K に分解しました．PCA では，もとのデータの分散をできる限り説明するように，新たな軸の係数（**ローディング**）と値（**スコア**）を決定します．本項ではトマトに含まれるリコペン量と糖度の例をもとに，PCA について詳しく説明していきます．

　図 7.1(a) に，5 つのトマトのリコペン量と糖度を測定した散布図を示します．ここでは，「トマト A のリコペン量は 7.0 mg/100 g で糖度は 6.0 Brix%」というように，トマト A を表現するのに 2 つの変数（リコペン量と糖度）を使っています．今回の例のようにトマトのリコペン量と糖度との相関が十分に大きければ，図 (c) のように PC1 のような新たな軸を引き，これによってトマトの性質を 1 つの変数で表すことができます．この新たな軸に意味をもたせるとすれば，「熟度」を示す指標として使えそうです．このように，データの分散が最も大きな方向に新たな軸を引き，この新しい軸

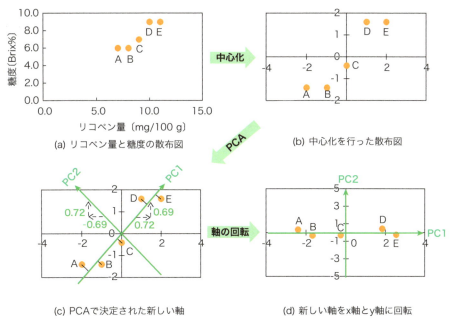

図 7.1 5つのトマトのリコペン量と糖度に対する PCA

上でデータを眺めるのが PCA の基本的な考え方です。

なお，PCA を行う前には**中心化**と呼ばれる処理を通常行います。中心化は，「データから各軸の平均値を引く」という処理です。図 (b) に中心化を行った後の散布図を示します。つづいて，中心化されたデータに対して，図 (c) では PCA で決定された新たな軸（PC1 と PC2）を緑色で表示しています。緑色の軸は，原点からもとのデータの分散が最も大きい方向にひかれており，この新たな軸の係数を**ローディング**と呼びます（ローディングをどのように決定するかは後述）。また，この軸上の値のことを**スコア**と呼びます。

今回の場合，PC1 という新たな軸だけで，もとのデータの分散のほとんどを説明できそうです。しかし，もともと 2 変数（リコペン量と糖度）であったデータの分散を，PC1 という 1 つの変数だけですべて説明できるわけではありません。PC1 だけでは説明しきれないデータの分散は，図 (c) 中の黒色の線で示されている PC1 の軸からの距離となる部分です。「PC1 だけでは説明できない分散」を説明する場合には，PC1 と直交する新たな軸（PC2）を引きます。なお，PCA で計算された主成分は分散の大きい順に第 1 主成分（PC1），第 2 主成分（PC2），…，と呼びます。図 (d) に PCA で計算された PC1 のスコアを x 軸，PC2 のスコアを y 軸となるように軸を回転した散布図を示します。

図 7.2 は図 7.1 の結果を数値で表したものです。図 (a) に示すもとのデータの平均値は，リコペン量が 9.0 mg/100 g，糖度が 7.4 Brix%，それらの不偏分散は 2.5 と 2.3 です。それぞれの比率を計算すると，リコペン量は 52%，糖度は 48 Brix% となります。図 (b) に示す中心化後のデータは，もとのデータから平均値を引いたもので，この平均値は当然 0 になります。また，不偏分散はもとのデータと変わりありません。

第 7 章　ケモメトリクスの基礎知識：応用編

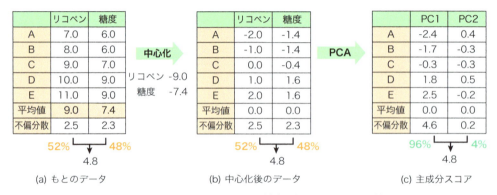

図 7.2　5 つのトマトのリコペン量と糖度に対する PCA の数値結果

　次に中心化後のデータに対して PCA を行い，PC1 スコアと PC2 スコアを計算した結果が図 (c) のデータです（中心化後のデータとローディングおよびスコアの関係は後述）。PC1 スコアと PC2 スコアの不偏分散を計算すると，それぞれ 4.6 と 0.2 になります。もとのデータのリコペン量と糖度の分散の合計（2.5 + 2.3 = 4.8）は，PC1 スコアと PC2 スコアの分散の合計（4.6 + 0.2 = 4.8）と一致していることが確認できます。また，PC1 スコアと PC2 スコアの不偏分散の比率を計算すると 96% と 4% になります。これはリコペン量と糖度の不偏分散を PC1 スコアだけで 96% が説明できているということを意味します。

　このように，データを新しい軸から眺めることで，より少ない変数でもとのデータの分散を表現できるようになります。なお，それぞれの PC スコアがもとのデータの分散をどの程度（何 %）説明しているかを示す指標を**寄与率**と呼びます。

　ここで，中心化後のデータとローディングおよびスコアの関係を説明します。PCA は式 (7.1) のように，データをスコアとローディングに分解するものでした。それぞれの行列サイズを**図 7.3** に示します。この場合，5 つのトマトのリコペン量と糖度のもとのデータ（データ数 2（列），試料数 5（行））を，スコア（主成分数 2（列），試料数 5（行））とローディング（データ数 2（列），主成分数 2（行））に分解しています。

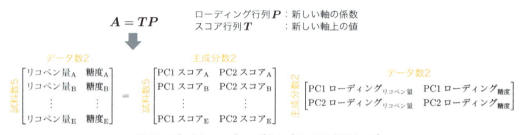

図 7.3　データとローディングおよびスコアの行列サイズ

7.1 主成分分析（PCA）

これをスペクトルにも適用してみましょう。図7.4(a)に示すように，スペクトル行列 A のデータ（波長数 l（列），試料数 n（行））は主成分数 k（列），試料数 n（行）のスコア行列 T と，波長数 l（列），主成分数 k（行）のローディング行列 P に分解します。次に，6.2.3項の図6.6と同様に，スペクトルをベクトル空間で考えます。吸収スペクトルは各波長における吸光度（強度）をプロットしたものです。図 (a) の例では，l 個の波長点での l 個の吸光度をつなげたものがスペクトルです。

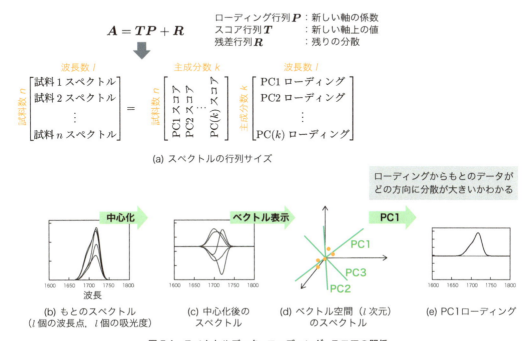

図7.4 スペクトルデータ，ローディング，スコアの関係

ここで，図 (b) のもとのスペクトルを中心化した図 (c) のスペクトルについて，互いに直交する l 個の軸からなるベクトル空間を考えると，図 (d) に示すように1つのスペクトルは1つのプロット（座標）で表現することができます。つまり，n 個の試料を測定した場合には，n 個のプロットが得られます。繰り返しますが，PCAでは，図 (d) の n 個の試料のデータの広がりを見て，最もデータの分散を説明できる方向に新たな軸PC1を引きます。PC1で説明できない分散は，PC1に直交する新たな軸PC2に託されます。さらに，PC3，PC4というように主成分数を増やしていくことで残りの分散を説明します。ここでも各主成分の軸の方向は直交しています。

新しい軸は「データの分散が大きい方向」にひかれるため，図 (e) のようにPCAによって得られたローディングの係数を見ることで，どの波長でもとのデータの分散が大きいかを知ることができます。図 (b) のスペクトルと，図 (e) のローディングを見比べると，ローディングでは横軸1720 nm付近で極大値が現れています。もとのスペクトルでも1720 nm付近で確かにスペクトル間の差（分散）が最も大きくなっています。

第 7 章　ケモメトリクスの基礎知識：応用編

　ここで，主成分を何個とるか（新たな軸を何本ひくか）ということについて考えておく必要があります。スペクトルの波長数が l で試料数が n の場合，計算できる主成分数 k は最大で「波長数 l と試料数 n のより小さいほう（$\min(l, n)$）」となります。すなわち，波長数が 100，試料数が 20 の場合，主成分は最大 20 までとることができます。「主成分を何個まで利用するか」を判断するには，バリデーション（7.1.9 項で詳しく説明）と呼ばれる処理を通常行いますが，スペクトル解析の場合は最大 10 個程度まで主成分をとることが一般的です。

　スペクトル解析における測定データは，多くの場合，多数の波長における吸光度（強度）をもっており，これらはベクトルとして表現できることは前述のとおりです。たとえば，100 個の波長で吸光度を測定した場合，そのデータは 100 次元のベクトルとして捉えられます。このベクトル空間の中で，分散が最も大きい方向に主成分を見つけていきますが，実際には大部分の分散ははじめの数個の主成分で説明できてしまいます。PCA では，主成分の寄与率が主成分数を選ぶ際の重要な指標であり，95% 以上の寄与率を確保するために必要な主成分数を選ぶことがよくあります。

　さらに，データの次元を削減することで，解析の効率を上げ，ノイズを低減することが可能です。主成分数を最大 10 個程度に収えることで，もとのデータの主要な情報を保持しつつ，解析の複雑さを適度に抑えることができます。

　ただし，もともと 100 個の測定波長をもつスペクトルを 10 個の主成分で表現すると，どうしても説明できない分散が残ります。この残りの分散を残差行列 R として次式で表します。

$$A = TP + R \qquad (7.2)$$

　式 (7.1) および図 7.3 では，もともと 2 変数であったデータから 2 つの主成分を算出していることから，もとのデータのすべての分散を保持しているため，残差行列 R を表記していませんが，式 (7.2) および図 7.4 では，このような理由から残差行列 R を記載しています。

7.1.2　ローディングの性質

　ローディングの性質について詳しく見ていきます。図 7.5 に示すように，ローディング行列のサイズは，列数が波長数 l，行数が主成分数 k となっています。この行列は，PC1，PC2，⋯，とそれぞれのローディングが縦に並んだものです。PCA によって計算されるローディングでは，それぞれの主成分が直交しています。直交している（角度が 90°）場合，それぞれのベクトルの内積は 0 になります。さらに，ローディングは規格化（それぞれのベクトルの長さが 1 になるように調整）されています。

　このことから，ベクトル $v = (v_1, v_2, \cdots, v_n)$ の長さ（ユークリッドノルム）は，次式で計算され，この値が 1 になるようにローディングが決定されています。

$$\|v\| = \sqrt{v_1^2 + v_2^2 + \cdots + v_n^2} \qquad (7.3)$$

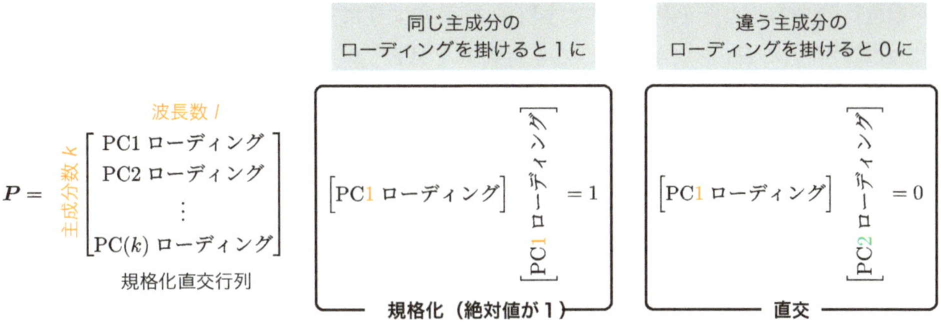

7.1 主成分分析（PCA）

図 7.5 ローディング行列のサイズ

　各ローディングは規格化され，主成分が直交しているため，ローディング行列 P にその転置行列 $P^\top$ を掛けると単位行列になります。これは重要な事項のため，少し詳しく説明します。図 7.6(a) に示すように，行列 $PP^\top$ を計算すると，その 1 行 1 列目は PC1 ローディングと PC1 ローディングの内積になります。この計算により，式 (7.3) で示したベクトルの長さ $\|v\|$ の二乗が得られます（内積については 4.1 節を参照）。ローディングは規格化されているため，その値は 1 になります。一方，行列 $PP^\top$ の 2 行 1 列目は，PC2 ローディングと PC1 ローディングの内積になります。PC1 と PC2 は直交しているため，その値は 0 になります。このように考えると，$PP^\top$ の**対角要素**（行と列のインデックスが同じ要素）は 1 になり，その他の要素は 0 になることがわかります。これは単位行列です。

$$PP^\top = \begin{bmatrix} \text{PC1 ローディング} \\ \text{PC2 ローディング} \\ \vdots \\ \text{PC}(k)\text{ ローディング} \end{bmatrix} \begin{bmatrix} \text{PC1 ローディング} & \text{PC2 ローディング} & \cdots & \text{PC}(k)\text{ ローディング} \end{bmatrix} = \begin{bmatrix} 1 & 0 & \cdots & 0 \\ 0 & 1 & \cdots & 0 \\ \vdots & \vdots & \ddots & \vdots \\ 0 & 0 & \cdots & 1 \end{bmatrix}$$

(a) ローディング行列とその転置行列の積

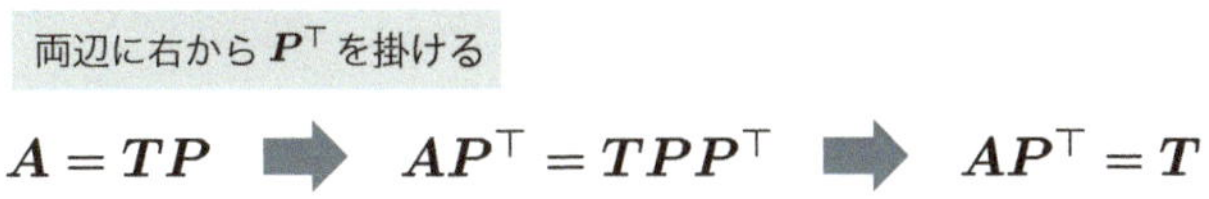

両辺に右から $P^\top$ を掛ける

$$A = TP \quad \Longrightarrow \quad AP^\top = TPP^\top \quad \Longrightarrow \quad AP^\top = T$$

(b) PCA の定義式の変形

図 7.6 ローディングの積

第 7 章　ケモメトリクスの基礎知識：応用編

$PP^\top$ が単位行列であることを利用して，図 (b) に示すように PCA の定義式 $A = TP$ を変形してみます。この式の両辺に $P^\top$ を右から掛けると定義式を $AP^\top = T$ に変形できます。つまり，スペクトルにローディングを掛けることでスコア行列 T を得ることができます。また，主成分は直交していることから，この軸上の値であるスコアどうしの相関（たとえば，PC1 スコアと PC2 スコアの相関）は 0 になります。

7.1.3　PCA ローディングの性質を Python で確認する

本項では Python プログラムを用いて，トマトのリコペン量と糖度のデータ，およびスペクトルデータに PCA を行い，ローディングの規格化や主成分の直交性，スコアの相関について確認します。

まずは，7.1.1 項で行った，5 つのトマトのリコペン量と糖度のデータに対する PCA を実装します。そのための ChatGPT のプロンプトと生成されるプログラムは以下のとおりです。このコードを実行すると，図 7.2 に示した数値結果と同様の結果が表示されます。

プロンプト 7.1　トマトのリコペン量と糖度のデータに対する PCA

> Python を使用して，トマトのリコペン量と糖度のデータからなるデータフレームを作成し，以下の処理を行うプログラムを作成してください：
> リコペン量と糖度のデータ（例：リコペン量 (mg/100g) - [7,8,9,10,11]，糖度 (Brix%) - [6,6,7,9,9]）を含むデータフレームを作成してください。
> 各列（リコペン量と糖度）の平均と不偏分散を計算し，データフレームに追加してください。
> データを中心化（各観測値から平均を引く）し，新しいデータフレームとして保存してください。
> 中心化したデータに PCA（主成分分析）を実行し，第 1 主成分と第 2 主成分のスコアを計算してください。
> PCA の結果（主成分スコア，ローディング，寄与率）をデータフレームに保存し，表示してください。

コード 7.1　中心化後のデータ，主成分スコア，ローディング，寄与率の計算

```
1   # データフレームの作成
2   data = {"リコペン量 (mg/100g)": [7, 8, 9, 10, 11],
3           "糖度 (Brix%)": [6, 6, 7, 9, 9]}
4   df = pd.DataFrame(data)
5
6   # 平均と不偏分散の計算
7   df_mean = df.mean()
8   df_var = df.var()
9
10  # 新しいデータフレームに平均と不偏分散を追加
11  df_stats = pd.concat([df, pd.DataFrame([df_mean, df_var],
12                                  index=["平均", "不偏分散"])])
13
14  # 中心化
15  df_centered = df - df_mean
16
17  # PCA の実行
18  pca = PCA(n_components=2)
19  df_pca = pd.DataFrame(pca.fit_transform(df_centered),
20                        columns=["第 1 主成分", "第 2 主成分"])
21
```

7.1 主成分分析 (PCA)

```
22  # PCA の結果をデータフレームに追加
23  df_pca_stats = pd.concat([df_pca, pd.DataFrame([df_pca.mean(), df_pca.var()],
24                                                  index=["平均", "不偏分散"])])
25  explained_variance_ratio = pca.explained_variance_ratio_
26
27  # PCA のローディング (主成分の貢献度) を計算
28  loadings = pca.components_.T
29  df_loadings = pd.DataFrame(
30      loadings, columns=["第 1 主成分のローディング", "第 2 主成分のローディング"],
31      index=["リコペン量 (mg/100g)", "糖度 (Brix)"])
32
33  # 寄与率をデータフレームに変換
34  df_explained_variance_ratio = pd.DataFrame(
35      explained_variance_ratio, columns=["寄与率"],
36      index=["第 1 主成分", "第 2 主成分"])
37
38  print("データは :\n",df_stats,"\n")
39  print("平均化データは :\n",df_centered,"\n")
40  print("主成分スコアは :\n",round(df_pca_stats,2),"\n")
41  print("ローディングは :\n",round(df_loadings,2),"\n")
42  print("寄与率は :\n",round(df_explained_variance_ratio,4))
```

　次に，正規分布を重ねた波形をスペクトルに見立てて PCA を適用し，ローディングの性質について確認します。まずは，正規分布を重ねたスペクトルを作成します。ChatGPT のプロンプトと生成されるプログラムは以下のとおりです。

プロンプト 7.2　3 つの正規分布を重ねたスペクトルを計算して表示する関数の作成

Python を使用して，複数の正規分布を合成してスペクトルデータを生成する make_normal 関数を作成してください。
この関数は以下の機能をもつ必要があります：
波長の範囲 (wave)，正規分布の標準偏差 (d_std)，位置 (d_posi)，強度 (d_inten)，ノイズレベル (noiselevel) を入力として受け取ります。
指定されたパラメータに基づいて，複数の正規分布を合成してスペクトルデータを生成します。各サンプルには，指定されたノイズレベルに基づくランダムノイズが追加されます。
合成されたスペクトルと各正規分布のカーブをプロットします。
最終的に，行がサンプル，列が波長になるように変換したスペクトルデータを返します。
関数の詳細：
入力パラメータ：
wave：波長の範囲 (numpy 配列)
d_std：各正規分布の標準偏差 (リスト)
d_posi：各正規分布の位置 (リスト)
d_inten：各サンプルの各正規分布に対する強度 (2 次元 numpy 配列)
noiselevel：ノイズレベル (浮動小数点数)
処理：
各サンプルに対して，指定された正規分布を合成し，ノイズを追加
合成されたスペクトルと各正規分布のカーブをプロット
出力：
合成されたスペクトルデータ (2 次元 numpy 配列)

第 7 章　ケモメトリクスの基礎知識：応用編

コード 7.2　3 つの正規分布を重ねたスペクトルを計算して表示する関数

```
 1   # 3 つの正規分布を合わせる関数
 2   def make_normal(wave, d_std, d_posi, d_inten, noiselevel):
 3       """
 4       Parameters:
 5       wave (numpy.ndarray): 波長データ
 6       d_std (numpy.ndarray): 正規分布の標準偏差
 7       d_posi (numpy.ndarray): 正規分布の位置（平均）
 8       d_inten (numpy.ndarray): 各試料の各正規分布に対する強度
 9       noiselevel (float): ノイズレベル
10
11       Returns:
12       numpy.ndarray: 各試料の吸収スペクトルデータ
13       """
14       len_wave = len(wave) # 横軸の長さ
15       len_sample = len(d_inten) # 試料数
16       len_nd = len(d_std) # 合わせる正規分布の数
17       Xall = np.zeros((len_wave, len_sample)) # 行数：波長数，列数サンプル数のゼロ行列
18
19       for i in range(len_sample): # 各サンプルに対して
20           for k in range(len_nd): # 各正規分布に対して
21               Xall[:, i] = Xall[:, i] + d_inten[i, k] \
22                           * norm.pdf(wave, d_posi[k], d_std[k])
23           # ノイズの追加
24           Xall[:, i] = Xall[:, i] + noiselevel * np.max(Xall[:, i]) \
25                       * (0.5 - np.random.randn(len_wave))
26
27       plt.figure(figsize=(10, 6))
28       plt.plot(wave, Xall)
29       for k in range(len_nd):
30           plt.plot(wave, norm.pdf(wave, d_posi[k], d_std[k]), "black")
31       plt.xlabel("x")
32       plt.ylabel("y")
33       plt.show()
34
35       Xall = Xall.transpose() # スペクトルを扱うときは行がサンプル，列が波長
36       return Xall
```

つづいて，コード 7.2 の関数を以下で実行するとスペクトルが計算，表示されます。

コード 7.3　make_normal 関数の実行

```
 1   wave=np.arange(0,100,1)
 2   d_std=np.array([7,6,8])
 3   d_posi=np.array([30,60,80])
 4   d_inten=np.array([[1,2,3],[1,3,1],[1,1,3],[3,1,5],[2,5,3]])
 5   nd_Xall=make_normal(wave,d_std,d_posi,d_inten,0.001)
```

126

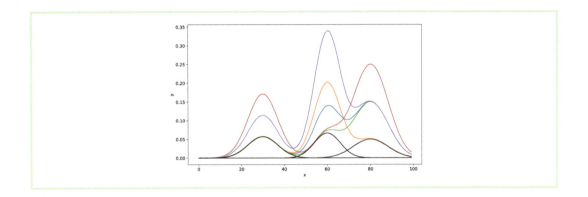

次に,計算されたスペクトル nd_Xall に対して PCA を行い,ローディングどうしの内積を計算します。実行するプログラムと出力は以下のとおりです。単位行列が得られていることから,ローディングが規格化されており,主成分が直交していることが確認できます。

コード 7.4　ローディングどうしの内積の計算

```
1   # PCA のインスタンス化と主成分数の設定
2   pca = PCA(n_components=5)  # 5 つの主成分を使用
3   pca.fit(nd_Xall)  # PCA による学習（主成分の方向の計算）
4   score = pca.transform(nd_Xall)  # スコア（主成分スコア）の計算
5   loading = pca.components_  # ローディング（各主成分の貢献度）の計算
6   explainedv = pca.explained_variance_ratio_  # 各主成分の寄与率の計算
7
8   check_orth = loading.dot(loading.T)  # ローディングベクトル間の内積（直交性の確認）
9   print(np.round(check_orth, 1))  # 直交性の結果を小数点以下 1 桁で丸めて表示
```

```
[[ 1.  0.  0.  0.  0.]
 [ 0.  1. -0.  0.  0.]
 [ 0. -0.  1. -0.  0.]
 [ 0.  0. -0.  1. -0.]
 [ 0.  0.  0. -0.  1.]]
```

7.1.4　PCA と固有値問題（特異値分解）

ローディングとスコアをどのように決定するかを説明します。PCA の目的は,もとのデータの分散を最も説明できるような新たな軸の係数（ローディング）とその軸上の値（スコア）を決定することです。つまり,スコアの分散を最大化するようにローディングを決める必要があります。この計算には**固有値問題**（厳密には後述する**特異値分解（SVD）**）が用いられます。

かつては,PCA を行うために,固有値の大きな主成分から順に必要な主成分を求めることができる非線形反復部分最小二乗（NIPALS）法が用いられることがありました（NIPALS 法については 7.2 節を参照）。NIPALS 法では PC1 → PC2 → PC3 といったように,主成分が順次計算されていきます。CPU の計算速度が低かったころは NIPALS 法で主成分を順次計算していましたが,CPU の性能が向上した現在では固有値問題ですべての主成分を一気に計算することが主流となっています。scikit-learn の PCA でも固有値問題を用いています。本項では固有値問題を用いた PCA について説明し

まず，固有値問題とは，正方行列 $\boldsymbol{B}$ から固有ベクトル $\boldsymbol{v}$ と固有値 λ を求めることをいいます。その関係は

$$\boldsymbol{B}\boldsymbol{v} = \lambda \boldsymbol{v} \tag{7.4}$$

で与えられます。ここでは，図 7.7 に示すように正方行列を

$$\boldsymbol{B} = \begin{bmatrix} 3 & 1 \\ 1 & 3 \end{bmatrix} \tag{7.5}$$

とした場合の固有ベクトルと固有値を考えます。たとえば，ベクトル $\begin{bmatrix} 1 \\ 2 \end{bmatrix}$ に左から行列 $\boldsymbol{B}$ を掛けると，その値は $\begin{bmatrix} 5 \\ 7 \end{bmatrix}$ になります（水色）。

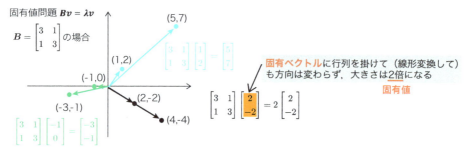

図 7.7　固有ベクトルと固有値

このように，「行列を掛けて座標を移動させる」ことを線形変換と呼びます。同様に，ベクトル $\begin{bmatrix} -1 \\ 0 \end{bmatrix}$ に正方行列 $\boldsymbol{B}$ を左から掛けるとその値は $\begin{bmatrix} -3 \\ -1 \end{bmatrix}$ になります（緑色）。
つづいて，ベクトル $\begin{bmatrix} 2 \\ -2 \end{bmatrix}$ に正方行列 $\boldsymbol{B}$ を左から掛けると，その値は $\begin{bmatrix} 4 \\ -4 \end{bmatrix}$ になり，絶対値は変化するものの方向は変化しません（黒色）。このように，正方行列 $\boldsymbol{B}$ で線形変換を行っても方向が変化しないベクトルのことを固有ベクトルと呼びます。また，ベクトルの絶対値は 2 倍になっています。この比率のことを固有値と呼びます。このように，与えられた正方行列の固有ベクトルと固有値を求めることを固有値問題と呼びます。固有値問題について，ここではこれ以上の説明を行いませんが，固有ベクトルと固有値を通じて，正方行列が表す線形変換の最も基本的な特性を理解することができます。
さて，ここからは固有値問題がどのように PCA と接続されるかについて説明します。その前にデータの平均値，分散，共分散について簡単に復習します。試料番号を i，試料数を n とすると，1 番目と 2 番目の軸（たとえば波長）の平均値（すべて足して，試料数で割る）は次式で表されます。

$$\overline{x}_1 = \frac{1}{n}\sum_{i}^{n} x_{1i}, \quad \overline{x}_2 = \frac{1}{n}\sum_{i}^{n} x_{2i} \tag{7.6}$$

また，分散（平均値からの差の二乗和を，試料数で割る）は次式で表されます。

$$V_1 = \frac{1}{n} \sum_i^n \left(x_{1i} - \overline{x}_1\right)^2, \quad V_2 = \frac{1}{n} \sum_i^n \left(x_{2i} - \overline{x}_2\right)^2 \tag{7.7}$$

さらに，3.10 節で説明した共分散は次式で表されます。

$$V_{1,2} = \frac{1}{n} \sum_i^n \left(x_{1i} - \overline{x}_1\right)\left(x_{2i} - \overline{x}_2\right) \tag{7.8}$$

この基礎知識をもとに，ここから「PCA について考えていくと固有値問題が現れる」ことを説明していきます。まず，トマトのリコペン量と糖度のように 2 種類の変数をもつデータ (x_1 と x_2) について考えていきます。PCA では，次式のようにこの 2 つのデータに新しい軸の係数（ローディング）をかけて足し合わせることでスコアを計算します。

$$s_i = a_1 x_{1i} + a_2 x_{2i} \tag{7.9}$$

ここで，s_i は i 番目の試料のスコアです。PCA の目的はスコアの分散を最大化することですが，ローディング a_1 と a_2 を大きくすれば，スコアの分散はいくらでも大きくできてしまいます。そこで，次式のような制約条件を課したうえで，スコアの分散を最大化することを考えます。

$$a_1^2 + a_2^2 = 1 \tag{7.10}$$

この制約条件が，7.1.2 項で説明したローディングの規格化に対応するものです。

さて，スコアの分散は式 (7.7) と同様に次式で表されます。

$$V(s) = \frac{1}{n} \sum_i^n \left(s_{1i} - \overline{s}_1\right)^2 \tag{7.11}$$

式 (7.11) に式 (7.9) を代入すると式 (7.12) となり，さらにシグマの中身を a_1 と a_2 でまとめると式 (7.13) になります。

$$\frac{1}{n} \sum_i^n \left[\left(a_1 x_{1i} + a_2 x_{1i}\right) - \left(a_1 \overline{x}_1 + a_2 \overline{x}_2\right)\right]^2 \tag{7.12}$$

$$\frac{1}{n} \sum_i^n \left[a_1 \left(x_{1i} - \overline{x}_1\right) + a_2 \left(x_{2i} - \overline{x}_2\right)\right]^2 \tag{7.13}$$

さらに，式 (7.13) を展開すると次式のようになります。

$$a_1^2 \left(\frac{1}{n} \sum_i^n \left(x_{1i} - \overline{x}_1\right)^2\right) + 2 a_1 a_2 \frac{1}{n} \sum_i^n \left(x_{1i} - \overline{x}_1\right)\left(x_{2i} - \overline{x}_2\right) + a_2^2 \left(\frac{1}{n} \sum_i^n \left(x_{2i} - \overline{x}_2\right)^2\right)$$
$$\tag{7.14}$$

第 7 章　ケモメトリクスの基礎知識：応用編

　ここで，第 1 項のシグマは x_1 の分散，第 2 項のシグマは x_1 と x_2 の共分散，第 3 項のシグマは x_2 の分散です。そのため，スコアの分散は次式でまとめられます。

$$V(s) = a_1^2 V_1 + 2a_1 a_2 V_{1,2} + a_2^2 V_2 \tag{7.15}$$

　つまり，PCA の目的は式 (7.15) が最大となるようなローディング a_1 と a_2 を見つけるということを意味します。

　今回のように，「ある制約条件において関数の最大・最小値を見つける」際には，ラグランジュの未定乗数法を用います。ラグランジュの未定乗数法は，①ラグランジュ関数を定義し，②各変数によって偏微分し，③これらが 0 となる係数を見つける，という手法です。ラグランジュの未定乗数法は 9.5 節で扱うサポートベクトルマシン（SVM）において非常に重要な手法です。「なぜ，ラグランジュ未定乗数法により，最小・最大値を見つけることができるのか」については，9.5.4 項で詳しく説明しますが，ここではその概要のみ説明します。

　ラグランジュ関数は次式で定義されるものです。

$$（最大・最小値を見つけたい関数) - \lambda（制約条件) \tag{7.16}$$

ここで，λ はラグランジュ乗数と呼ばれるものです。今回の場合，ラグランジュ関数は次式のようになります。

$$F = a_1^2 V_1 + 2a_1 a_2 V_{1,2} + a_2^2 V_2 - \lambda(a_1^2 + a_2^2 - 1) \tag{7.17}$$

これを a_1, a_2, λ で偏微分し，これらが 0 となる条件を見つけます。

$$\frac{\partial F}{\partial \lambda} = a_1^2 + a_2^2 - 1 = 0 \tag{7.18}$$

$$\frac{\partial F}{\partial a_1} = 2a_1 V_1 + 2a_2 V_{1,2} - 2a_1 \lambda = 0 \tag{7.19}$$

$$\frac{\partial F}{\partial a_2} = 2a_1 V_{1,2} + 2a_2 V_2 - 2a_2 \lambda = 0 \tag{7.20}$$

　式 (7.18) は制約条件そのものです。次に，式 (7.19) と式 (7.20) を少し変形すると以下の式になります。

$$a_1 V_1 + a_2 V_{1,2} = a_1 \lambda \tag{7.21}$$

$$a_1 V_{1,2} + a_2 V_2 = a_2 \lambda \tag{7.22}$$

この 2 つの式を行列で表現すると次式のようになります。

$$\begin{pmatrix} V_1 & V_{1,2} \\ V_{1,2} & V_2 \end{pmatrix} \begin{pmatrix} a_1 \\ a_2 \end{pmatrix} = \lambda \begin{pmatrix} a_1 \\ a_2 \end{pmatrix} \tag{7.23}$$

この式 (7.23) は，式 (7.4) の固有値問題とまったく同じ形をしています。式 (7.23) の第 1 項の行列には対角要素に分散，その他の要素に共分散が配置されています。この行列は**分散共分散行列**と呼ばれます。つまり，PCA は「分散共分散行列の固有値ベクトルを見つける計算」ともいえます。

次に，スペクトルの分散共分散行列の計算方法を考えます。スペクトルは次式のような行列で表すことができます。

$$
\boldsymbol{A} = \begin{pmatrix}
x_{11} & x_{12} & \cdots & x_{1l} \\
x_{21} & x_{22} & \cdots & x_{2l} \\
\vdots & \vdots & \ddots & \vdots \\
x_{n1} & x_{n2} & \cdots & x_{nl}
\end{pmatrix}
\tag{7.24}
$$

ここで，行数は試料数 n，列数は波長数 l に対応します。各波長において，中心化（各列で試料の平均値 $\overline{x}$ を引く）を行うと次式になります。

$$
\boldsymbol{A} = \begin{pmatrix}
x_{11} - \overline{x}_1 & x_{12} - \overline{x}_2 & \cdots & x_{1l} - \overline{x}_l \\
x_{21} - \overline{x}_1 & x_{22} - \overline{x}_2 & \cdots & x_{2l} - \overline{x}_l \\
\vdots & \vdots & \ddots & \vdots \\
x_{n1} - \overline{x}_1 & x_{n2} - \overline{x}_2 & \cdots & x_{nl} - \overline{x}_l
\end{pmatrix}
\tag{7.25}
$$

この中心化後の行列 $\boldsymbol{A}$ にその転置行列 $\boldsymbol{A}^\top$ を左から掛けると次式になります。

$$
\boldsymbol{A}^\top \boldsymbol{A} = \begin{pmatrix}
x_{11} - \overline{x}_1 & x_{21} - \overline{x}_1 & \cdots & x_{n1} - \overline{x}_1 \\
x_{12} - \overline{x}_2 & x_{22} - \overline{x}_2 & \cdots & x_{n2} - \overline{x}_2 \\
\vdots & \vdots & \ddots & \vdots \\
x_{1l} - \overline{x}_l & x_{2l} - \overline{x}_l & \cdots & x_{nl} - \overline{x}_l
\end{pmatrix}
\begin{pmatrix}
x_{11} - \overline{x}_1 & x_{12} - \overline{x}_2 & \cdots & x_{1l} - \overline{x}_l \\
x_{21} - \overline{x}_1 & x_{22} - \overline{x}_2 & \cdots & x_{2l} - \overline{x}_l \\
\vdots & \vdots & \ddots & \vdots \\
x_{n1} - \overline{x}_1 & x_{n2} - \overline{x}_2 & \cdots & x_{nl} - \overline{x}_l
\end{pmatrix}
$$
$$
= n \begin{pmatrix}
V_1 & V_{1,2} & \cdots & V_{1,l} \\
V_{2,1} & V_2 & \cdots & V_{2,l} \\
\vdots & \vdots & \ddots & \vdots \\
V_{l,1} & V_{l,2} & \cdots & V_l
\end{pmatrix}
\tag{7.26}
$$

すると，対角要素には各波長の分散，それ以外の要素には波長間の共分散が格納された行列（に試料数 n を掛けたもの）になります。つまり，中心化後のスペクトルどうしを転置して掛けることで，分散共分散行列が得られます。

PCA の解法である，式 (7.23) の第 1 項を式 (7.26) に置き換えると次式が得られます。

$$
\boldsymbol{A}^\top \boldsymbol{A} \boldsymbol{P} = \lambda \boldsymbol{P}
\tag{7.27}
$$

ここで，ローディング行列 $\boldsymbol{P}$ の行列サイズは，行数が波長数，列数が主成分数です。さらに，式 (7.27) の固有値 λ は，それぞれの主成分の寄与率の指標として用いることができます。各主成分の寄与率は「各固有値」を「固有値の総和」で割ることで求めることができます。この固有値問題を解くためには，おもに **QR 分解**という行列分解アルゴリズムが用いられています。

第 7 章　ケモメトリクスの基礎知識：応用編

　PCA について教科書やインターネットで調べると，**特異値分解**（singular value decomposition, **SVD**）という用語がよく出てきます。特異値分解は，行列 A を 3 つの特定の行列の積に分解するプロセスをいいます。この分解は，$A = U\Sigma V^\top$ と表されます。PCA と固有値問題（特異値分解）は，それぞれが密接にかかわりあっています。図 **7.8** にこれらの関係を示します。

$$A = \begin{array}{c}\text{試料数 } n\end{array}\overset{\text{波長数 } l}{\begin{pmatrix} x_{11} & x_{12} & \cdots & x_{1l} \\ x_{21} & x_{22} & \cdots & x_{2l} \\ \vdots & \vdots & \ddots & \vdots \\ x_{n1} & x_{n2} & \cdots & x_{nl} \end{pmatrix}}$$

PCA　　　　　：$A = TP$

特異値分解：$A = U\Sigma V^\top$

固有値問題：$A^\top A v = \lambda v$

特異値行列：$\Sigma = \overset{\min(n,\,l)}{\underset{\min(n,\,l)}{\begin{pmatrix} \sigma_1 & 0 & \cdots & 0 \\ 0 & \sigma_2 & \cdots & 0 \\ \vdots & \vdots & \ddots & \vdots \\ 0 & 0 & \cdots & \sigma_n \end{pmatrix}}}$

固有値　　：$\sigma_i^2 = \lambda_i$　特異値の二乗が固有値

寄与率　　：$\dfrac{\lambda_i}{\sum \lambda_i}$　固有値を「固有値の和」で割る

図 7.8　PCA, 特異値分解, 固有値問題の関係

　特異値分解は，PCA の行列分解とほとんど同じ方法で行列を分解します。PCA のスコア行列 T は，特異値分解で得られる行列 U と行列 Σ を掛け合わせたものに対応します。ここで，行列 Σ は**特異値行列**です。特異値行列 Σ の行列サイズは，$\min(n, l) \times \min(n, l)$ で，対角要素には各主成分に対応する**特異値**が格納されています。特異値は，行列のもつ情報の強さを表し，特定の方向に沿ってデータを拡大または縮小するスケーリング因子として機能します。特異値が大きいほど，その方向に多くの情報が含まれていることを示しています。

　前述のように，スペクトルの分散共分散行列 $A^\top A$ の固有ベクトルはローディングに相当し，その固有値は**特異値の二乗**に等しくなります。

　以上のように，PCA と特異値分解はほとんど同じ行列の分解手法であり，固有値問題はこの PCA を解く過程に現れる問題といえます。7.1.6 項では，正規分布を重ねたスペクトルに対して，scikit-learn ライブラリの PCA モジュール（PCA）と，numpy ライブラリの linalg モジュールの svd 関数（特異値分解）の適用を行います。

7.1.5 中心化と標準化がローディングに与える影響

本項では，データの前処理として，中心化と標準化がローディングにどのような影響を与えるかを見ていきます。PCAでは，新たな軸は原点から「データの分散が大きい方向」に引かれるものでした。

図 7.9(a) は，5 つのトマトのリコペン量と糖度の測定値と散布図に加え，新しい主成分軸 PC1 と PC2 の傾きと寄与率を示しています。原点から「データの分散が大きい方向」に新しい主成分の軸を引くと，その方向はデータの平均値に向かいます。PC1 のローディングは $x:y = 0.8:0.6$，PC2 のローディングはそれに直交する方向で $x:y = 0.6:-0.8$ です。

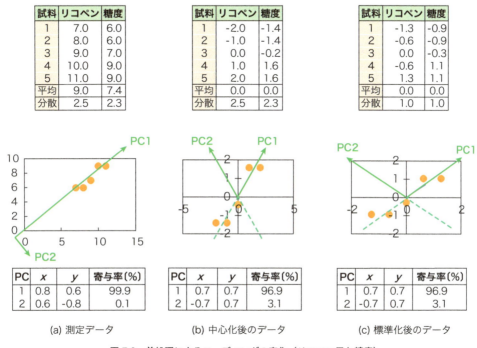

(a) 測定データ　　(b) 中心化後のデータ　　(c) 標準化後のデータ

図 7.9　前処理によるローディングの変化（リコペン量と糖度）

ここで，ローディングの性質として以下を確認していきます。

① PC1 と PC2 が直交していること
② それぞれのローディングが規格化されていること
③ PC1 がリコペン量と糖度データの平均値に向かって引かれていること
④ PC1 の寄与率が非常に大きくなること

第 7 章　ケモメトリクスの基礎知識：応用編

①と②は次式で確認できます。

$$PP^\top = \begin{bmatrix} 0.8 & 0.6 \\ 0.6 & -0.8 \end{bmatrix} \begin{bmatrix} 0.8 & 0.6 \\ 0.6 & -0.8 \end{bmatrix} = \begin{bmatrix} 1 & 0 \\ 0 & 1 \end{bmatrix} \tag{7.28}$$

③は PC1 のローディングの x と y の比率，すなわち，$\frac{0.8}{0.6} \simeq 1.3$ がリコペン量の平均値と糖度の平均値の比率 $\frac{9.0}{7.4} \simeq 1.2$ とほぼ等しいことで確認できます。また，④は図 (a) に示す寄与率が PC1 で 99.9%，PC2 で 0.1% であることからわかります。

　また，ある測定値 A（例：リコペン量が $0 \sim 1000$ mg/100g）が測定値 B（例：糖度が $0 \sim 10$ Brix%）と比較して大きい場合，測定値 A の分散も大きくなるため，測定値 A のローディングが大きくなり，PC1 の寄与率も非常に高くなります。そのため，データの分散を正確に把握するためには，データに対して中心化や標準化を行う必要があります。スペクトルデータでは，すべての変数が同じ単位で，値も似通っているため，中心化を行わずに PCA を実施することもあります。その場合，PC1 のローディングは平均スペクトルに似た形状になります。

　図 (b) は，中心化後の結果を示しています。PC1 のローディングの x と y の比率は $x : y = 0.7 : 0.7$，寄与率は 96.9% です。もとのデータでの PC1 の寄与率（99.9%）は，中心化後のデータの PC1 の寄与率（96.9%）よりも大きいですが，中心化後のデータでは各データから平均値を引くことでデータの中心が原点に合わせられ，分散がより正確に反映されます。

　図 (c) には，標準化後の結果を示しています。標準化を行うと，リコペン量と糖度のそれぞれの分散は 1.0 になっています。つまり，x 方向と y 方向の分散が等しくなり，PC1 の方向も $x : y = 0.7 : 0.7$ と完全に一致します。

　次に，スペクトルの中心化と標準化がローディングにどのように影響を与えるかを確認します。まず，異なるピークの波長と幅をもつ 3 つの正規分布を重ねたスペクトルを作成し，その強度を変化させて 5 つのスペクトルを用意した後，これにノイズを加えます。図 7.10(a) には，このように作成した 5 つのスペクトルと，その平均値をとった平均スペクトルを示しています。

　このスペクトルを用いて，前処理なしのデータ，中心化後のデータ，標準化後のデータに対して PCA を行います。図 (b) ～ (d) では，1 段目に前処理前および前処理後のスペクトル，2 段目に寄与率（横軸が主成分数，縦軸が寄与率），3 ～ 7 段目に PC1 から PC5 のローディングが示されています。

　PC1 の寄与率は，図 (b) の前処理なしの場合に最も大きな値（約 90%）となっています。前処理なしのローディングを見ると，PC1 ローディングは図 (a) の平均スペクトルを正負反転させた形状に似ています。なお，PC1 ローディングの値は全波長において負の値になっていますが，ローディングは正負が逆転していてもその意味は変わりません。たとえば，ローディングが $[0.77, 0.63]$ である場合と $[-0.77, -0.63]$ である場合は，同じ意味をもちます。ただし，軸の正負が逆転するとスコアの正負も反転するため，その点には注意が必要です。

134

7.1 主成分分析（PCA）

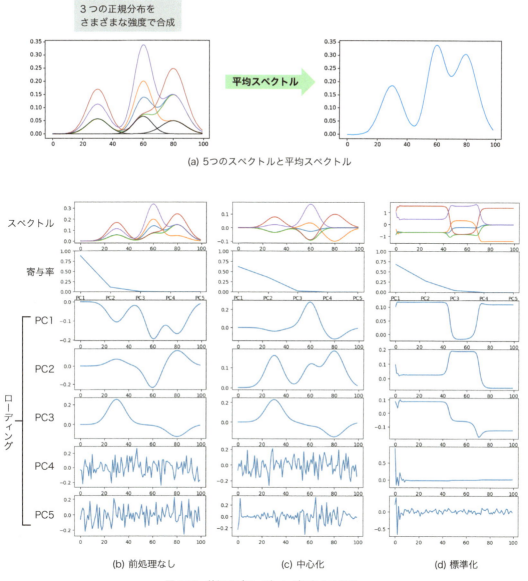

図 7.10 前処理がローディングに与える影響

第 7 章　ケモメトリクスの基礎知識：応用編

リコペン量と糖度の例と同様，スペクトルでも中心化を行わない場合，PC1 の寄与率が非常に高くなります。PC2 ローディングはそれぞれの正規分布のピーク波長で極大・極小値を示し，PC3 も同様です。PC4 と PC5 のローディングはノイズのみとなっています。また，寄与率を見ても PC4 と PC5 の寄与率はほぼ 0 です。このスペクトルは 3 つの正規分布を重ねたものであるため，PC4 以降がノイズとして現れることは合理的です。

図 (c) の中心化後の PC1 ローディングは正負両方の値をとっています。中心化した場合はローディングが正負両方の値をとることが一般的です。中心化後の場合も，PC4 以降のローディングはほぼノイズのみであるため，PC3 までが有効なスコアであるといえます。

図 (d) の標準化後の場合では，PC1 〜 PC3 のローディングの形状は，図 (b) および図 (c) とは異なっています。標準化を行うと，すべての波長で分散が 1 になるため，スペクトルのピーク位置や吸収の裾野に関係なく，強度値がほぼ同じ値になります。その結果として，ローディングもこのような形状となります。

これらの理由から，PCA を行う前にはスペクトルに中心化を施すことで，分散をより効率的に抽出できるといえます。

7.1.6　中心化と標準化がローディングに与える影響を Python で確認する

前項のスペクトルのローディングを Python で確認します。scikit-learn ライブラリの PCA モジュール（PCA）では，`DataFrame` と `ndarray` の両方を引数として指定することができます。また，このモジュールではデータに自動で中心化が行われます。スペクトル解析の場合には，スペクトルに中心化を行わずに PCA を行う場合もあるため，中心化せずに PCA を行う方法として，ここでは特異値分解（SVD）の行列分解を用いた PCA 関数も自作します。まずは，以下でスペクトルに中心化と標準化を行い，可視化します。

コード 7.5　スペクトルの前処理（中心化と標準化）

```
1  df_Xall=pd.DataFrame(nd_Xall)
2  df_Xall_meaned=(df_Xall-df_Xall.mean()) # 中心化
3  df_Xall_normalized=df_Xall_meaned/df_Xall.std(ddof=1) # 標準化
```

次に中心化を行わずに SVD を用いて PCA を行うための関数を作ります。ChatGPT のプロンプトと出力されるプログラムは以下のとおりです。

プロンプト 7.3　SVD を用いて PCA を行う関数の作成

Python で特異値分解（SVD）を用いて主成分分析（PCA）を行う関数を作成してください。関数は，入力されたデータセット X（サンプル数と変数の数がある 2 次元配列）から，SVD を使用して主成分分析を行います。次のステップを含めてください：
`numpy.linalg.svd` を使用して，入力データセット X の特異値分解を行います。
分解された U，特異値（`svd_explained`），および `svd_loading` を取得します。
特異値を二乗して，その合計で割ることで寄与率を計算します。
寄与率（`svd_explained`），スコア（`svd_score`），およびローディング（`svd_loading`）を返します。
この関数は，入力されたデータセット X の主成分の寄与率，スコア，およびローディングを返すようにしてください。

136

7.1 主成分分析（PCA）

コード 7.6　SVD を用いて PCA を行う関数

```
 1  def PCAbySVD(X):
 2      """
 3      パラメータ：
 4      X (numpy array)：サンプルと変数をもつ 2 次元配列。
 5      戻り値：
 6      tuple: 寄与率 (svd_explained), スコア (svd_score),
 7              ローディング (svd_loading) を含むタプル。
 8      """
 9      # 特異値分解を実行
10      U, singular_values, VT = np.linalg.svd(X, full_matrices=False)
11
12      # 寄与率を計算
13      svd_explained = (singular_values ** 2) / np.sum(singular_values ** 2)
14
15      # スコアを計算
16      svd_score = np.dot(U, np.diag(singular_values))
17
18      # ローディングは VT によって与えられる
19      svd_loading = VT
20
21      return svd_explained, svd_score, svd_loading
```

　この関数を用いることで，データに中心化を行うことなく，PCA を行うことができるようになりました。さらに，図 7.10(b) 〜 (d) のスペクトルおよびローディングを計算してプロットを表示させるために，以下の ChatGPT のプロンプトを実行してプログラムを生成します。このプログラムを実行すると，図 7.10(b) 〜 (d) が出力されます。

プロンプト 7.4　前処理前後のローディングを比較するためのプログラムの作成

Python を使用して，異なる前処理手法を適用したスペクトルデータに対する主成分分析（PCA）の結果を比較するためのスクリプトを作成してください。スクリプトは以下の手順を含むべきです：
オリジナルスペクトルに対する PCA：
numpy とカスタム関数 PCAbySVD を使用して，オリジナルのスペクトルデータセット df_Xall に PCA を適用します。寄与率，スコア，ローディングをそれぞれ explained_original, score_original, loading_original としてデータフレームに格納します。
中心化スペクトルに対する PCA：
scikit-learn の PCA モジュールを使用して，中心化されたスペクトルデータに PCA を適用します。寄与率，スコア，ローディングをそれぞれ explained_meaned, score_meaned, loading_meaned としてデータフレームに格納します。
標準化スペクトルに対する PCA：
標準化されたスペクトルデータ df_Xall_normalized に対して，同様に PCA モジュールを使用して PCA を適用します。寄与率，スコア，ローディングをそれぞれ explained_normalized, score_normalized, loading_normalized としてデータフレームに格納します。
結果の図示：
matplotlib を使用して，オリジナル，中心化，標準化データのスペクトル，寄与率，ローディングをそれぞれのサブプロットに表示します。
追加の散布図をプロットして，特定の分析結果とスペクトルデータの関係を視覚化します。

137

第 7 章　ケモメトリクスの基礎知識：応用編

コード 7.7　前処理前後のローディングを比較

```python
def PCAbySVD(X):
    U, singular_values, VT = np.linalg.svd(X, full_matrices=False)
    svd_explained = (singular_values ** 2) / np.sum(singular_values ** 2)
    svd_score = np.dot(U, np.diag(singular_values))
    svd_loading = VT
    return svd_explained, svd_score, svd_loading

# オリジナルスペクトルに対する PCA
svd_explained, svd_score, svd_loading = PCAbySVD(df_Xall)
score_original = pd.DataFrame(svd_score)
loading_original = pd.DataFrame(svd_loading)
explained_original = pd.DataFrame(svd_explained)

# 平均化スペクトルに対する PCA
num_comp = 5
pca = PCA(n_components=num_comp)
pca.fit(df_Xall)
feature = pca.transform(df_Xall)
score_meaned = pd.DataFrame(
    feature, columns=["PC{}".format(x+1) for x in range(num_comp)])
loading_meaned = pd.DataFrame(
    pca.components_, index=["PC{}".format(x+1) for x in range(num_comp)])
explained_meaned = pd.DataFrame(
    pca.explained_variance_ratio_,
    index=["PC{}".format(x+1) for x in range(num_comp)])

# 標準化スペクトルに対する PCA
pca.fit(df_Xall_normalized)
feature = pca.transform(df_Xall_normalized)
score_normalized = pd.DataFrame(
    feature, columns=["PC{}".format(x+1) for x in range(num_comp)])
loading_normalized = pd.DataFrame(
    pca.components_, index=["PC{}".format(x+1) for x in range(num_comp)])
explained_normalized = pd.DataFrame(pca.explained_variance_ratio_,
index=["PC{}".format(x+1) for x in range(num_comp)])
# 結果の図示
fig, axes = plt.subplots(num_comp + 2, 3, figsize=(16, 12))
axes[0][0].plot(df_Xall.T)
axes[0][1].plot(df_Xall_meaned.T) # df_Xall_meaned は平均化されたデータを指す必要がある
axes[0][2].plot(df_Xall_normalized.T)
axes[1][0].plot(explained_original)
axes[1][1].plot(explained_meaned)
axes[1][2].plot(explained_normalized)
for i in range(num_comp):
    axes[i + 2][0].plot(loading_original.iloc[i, :])
    axes[i + 2][1].plot(loading_meaned.iloc[i, :])
    axes[i + 2][2].plot(loading_normalized.iloc[i, :])

fig = plt.figure()
ax1 = fig.add_subplot(2, 1, 1)
# d_inten は別途定義される必要がある
ax1.scatter(d_inten[:, 1] - d_inten[:, 2], score_meaned.iloc[:, 0])
```

```
53  ax2 = fig.add_subplot(2, 1, 2)
54  ax2.scatter(np.sum(d_inten, axis=1), score_meaned.iloc[:, 1])
55
56  plt.show()
```

7.1.7 スコアとローディングによるスペクトルの再構築

7.1.1 項で説明したように，PCA はスペクトル行列 A をスコア行列 T とローディング行列 P に分解するものです。これは，スコア行列 T とローディング行列 P から，スペクトル行列 A を再構築することができると言い換えることができます。寄与率，ローディング，再構築スペクトル，残差スペクトルを観察することは，データの分散を考えるうえで非常に有効です。これを確認するために，前項の 3 つの正規分布を重ねたスペクトルデータを用いて，各主成分におけるローディングおよび再構築スペクトルと残差スペクトルを**図 7.11** に示します。最上段中央のもとのスペクトルに対して PCA を行い，図 (a) がローディング，図 (b) がもとのスペクトル（黒色）と再構築スペクトル（赤色），図 (c) が残差スペクトルです。

図 (b) の赤色の線は，図 (a) のローディングとスコア（図中には表示なし）を掛けて再構築したスペクトルです。また，図右上のパーセンテージは寄与率です。PC1 ローディングでは寄与率が 61.74% であることから，PC1 でもとのデータの分散の 61.74% が説明できることを意味します。この成分だけではもとのデータの分散のすべてを説明できていないように思われます。図 (c) の残差スペクトルは，そのことを確認するために，もとのスペクトルから再構築スペクトルを引いたスペクトルです。図 (c-1) の PC1 の残差スペクトルは，PC1 のみでは説明できていない分散を表しています。

次に，図 (b-2) の赤色の線は，PC1 と PC2 のローディングとスコアで再構築したスペクトルです。PC2 の寄与率は 35.65% で，PC1 のみのときと比べて，もとのスペクトルの形状に近づいています。PC1 の寄与率の 61.74% と合わせると 97.39% です。つまり，PC1 と PC2 の 2 つのスコアで，もとのデータの分散の 97.39% を説明できるということです。図 (c-2) の残差スペクトルは，横軸の 30 と 80 付近にピークが見られ，まだすべての分散が説明しきれていないことがわかります。

つづいて，図 (b-3) より，PC3 の寄与率は 2.61% です。PC1 〜 PC3 の寄与率の合計は，ほぼ 100% になります。また，図 (b-3) の赤色の線で示す再構築スペクトルは，もとのスペクトルとほぼ同じ形状で重なっています。さらに，図 (c-3) の残差スペクトルは，ほとんどノイズのような形状になっています。

このように，PC1 〜 PC3 までで，寄与率がほぼ 100% であること，再構築スペクトルがもとのスペクトルと一致していること，残差スペクトルがノイズであることから，PC1 〜 PC3 でもとのデータの分散を十分説明できていることがわかります。また，PC4 と PC5 では，ローディングの形状がノイズであること，寄与率がきわめて低いこと，残差スペクトルが図 (c-3) よりも大きくなっていることから，これらの主成分は解析に使用してはいけないことがわかります。

第 7 章　ケモメトリクスの基礎知識：応用編

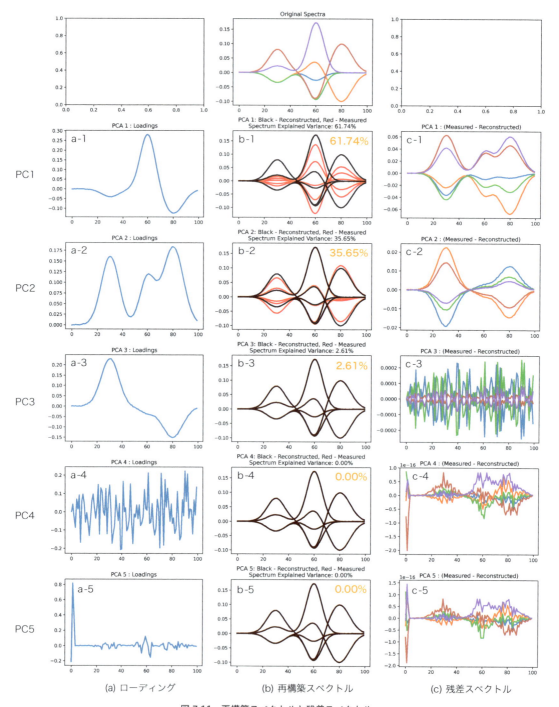

図 7.11　再構築スペクトルと残差スペクトル

7.1.8 スコアとローディングによるスペクトルの再構築を Python で確認する

前項の内容を Python のプログラムで確認します。ChatGPT のプロンプトと，生成されるプログラムは以下のとおりです。このプログラムを実行すると，図 7.11 が得られます。

プロンプト 7.5　スコアとローディングからスペクトルを再構築するためのプログラムの作成

Python で PCA（主成分分析）の結果を視覚化するための Matplotlib コードを作成してください。データセットには，変換されたスペクトルデータ df_Xall_meaned が含まれており，PCA のローディング loading とスコア score，各主成分の寄与率 explainedv があります。以下の要件に従ってください：
6 行 3 列のサブプロットをもつ図を作成します。
最初の行には df_Xall_meaned の転置をプロットし，「original spectra」というタイトルを付けます。
次の 5 行では，各行に対応する PCA コンポーネントのローディングをプロットします。
同じ行に，再構成されたスペクトルともとのスペクトルの差（残差）をプロットします。
さらに，各行には再構成されたスペクトルともとのスペクトルを重ねてプロットし，再構成されたスペクトルは赤色，もとのスペクトルは黒色で表示します。
各サブプロットには適切なタイトルと，説明変数の割合を表示します。

コード 7.8　スコアとローディングからスペクトルを再構築する

```python
num_components = 5

# PCA の実行
pca = PCA(n_components=num_components)
pca.fit(df_Xall_meaned)
scores = pca.transform(df_Xall_meaned)
loadings = pca.components_
explained_variance = pca.explained_variance_ratio_

# 図の作成
fig, axs = plt.subplots(6, 3, figsize=(15, 20))

# もとのスペクトルのプロット
axs[0, 1].plot(df_Xall_meaned.T)
axs[0, 1].set_title("Original Spectra")

# PCA の結果のプロット
for i in range(num_components):
    # ローディングのプロット
    axs[i + 1, 0].plot(loadings[i, :])
    axs[i + 1, 0].set_title(f"PCA {i + 1} : Loadings")

    # 再構成されたスペクトルの計算
    reconstructed = np.dot(scores[:, :i + 1], loadings[:i + 1, :])
    # 残差スペクトルの計算
    residual_spectra = df_Xall_meaned - reconstructed

    # 残差スペクトルのプロット
    axs[i + 1, 2].plot(residual_spectra.T)
    axs[i + 1, 2].set_title(f"PCA {i + 1} : (Measured - Reconstructed)")

    # 再構成されたスペクトルともとのスペクトルのプロット
```

第 7 章　ケモメトリクスの基礎知識：応用編

```
33        axs[i + 1, 1].plot(reconstructed.T, color="red")
34        axs[i + 1, 1].plot(df_Xall_meaned.T, color="black")
35        axs[i + 1, 1].set_title(
36            f"PCA {i + 1}: Black - Reconstructed, Red - Measured\n"
37            f"Spectrum Explained Variance: {explained_variance[i] * 100:.2f}%")
38
39    plt.tight_layout()
40    plt.show()
```

7.1.9　主成分回帰（PCR）と最適な主成分数の決定（バリデーション）

PCA で計算したスコアを用いて，目的成分を予測する手法を主成分回帰（principal component regression, PCR）と呼びます。再掲する式 (7.1) の PCA と異なり，PCR では次の式 (7.29) のように，スペクトルから PCA で計算したスコア行列と，目的変数間で逆最小二乗（ILS）法を行い，濃度行列を計算します。PCR は，特に化学計量学やスペクトル解析で広く使用されています。

$$A = TP \tag{7.1}$$

$$C = TP_{\text{ILS}} \tag{7.29}$$

6.3.2 項では，説明変数の多重共線性について説明しました。説明変数どうしに強い相関がある場合，逆行列の計算が難しくなるため，ILS 法の予測精度が低下します。しかし，スコア行列 T はそれぞれの成分が直交しており（相関が 0），ILS 法と非常に相性が良いです。

PCR において，最適な主成分数を決定することは，目的成分の予測性能と複雑さのバランスをとるうえで重要なステップです。最適な主成分数を決定するためには，バリデーション（検証）が用いられます。バリデーションでは，データセットを分割し，訓練データ（トレーニングセット）を用いてモデルを構築し，残りの部分を妥当性検証用データ（バリデーションセット）として使用してモデルの性能を評価します。これにより，異なる主成分数に基づく PCR モデルの堅牢性を評価し，過学習（オーバーフィッティング）を回避しつつ，最も効果的な主成分数を特定することが可能です。つまり，データの本質的な特徴を捉え，予測精度の高いモデルを構築することができます。

堅牢性が高いモデルとは，外れ値やデータの不均一性に対する感受性が低いことを指し，異常値やノイズの影響を受けにくいモデルを意味します。本書では特に，検量線に用いたデータ以外の未知のデータにおける正確度に注目します。また，過学習は，機械学習や統計モデリングにおいて，モデルが訓練データに対して過度に最適化され，未知のデータに対する予測性能が低下する現象です。過学習が起こると，モデルは訓練データの意味のあるパターンだけでなく，ノイズや無関係なデータの特徴まで学習してしまいます。その結果，モデルは訓練データでは高い精度を示す一方で，未知のデータや評価用データ（テストセット）に対して一般化できない（堅牢性が低い）ことが多いです。

142

過学習を防ぐためには，バリデーションや正則化，深層学習の場合は早期打ち切り（early stopping）などの手法が有効です．ここでは，重力と質量の比例関係をもとにバリデーションについて詳しく説明していきます．

質量 m の質点が受ける力 F とその加速度 a は比例関係にあります（ニュートンの第 2 法則：$F = ma$）．そのため，質点にかかる重力を測定し，この重力 y と質量 x の関係をプロットすると比例関係になるはずです（図 7.12 上段）．しかし，測定には必ず誤差が生じます．そのため，重力 y と質量 x は完全な比例関係ではなくなります．

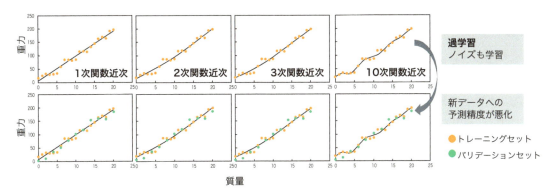

図 7.12　バリデーションによる最適な主成分数の決定

さて，ここでわれわれがニュートンの第 2 法則を知らないと仮定します．この場合，重力 y と質量 x を n 次の多項式で近似していくと，n を増やしていくほど，モデルの精度はどんどん高くなります（図では 10 次関数近似の精度が最も高くなります）．これは，次数が大きくなると，そのモデルが測定誤差をも説明するようになるためです．ここで，最適な次数（PCA の場合は主成分数）を決定するために，図下段に示すように回帰には用いていない試料（**バリデーションセット**）を回帰線に当てはめてみましょう．

重力 y と質量 x には本来 $F = ma$ の関係があり，測定誤差は回帰線の周りに正規分布状に分布するため，バリデーションセットに回帰線を当てはめると，10 次関数近似の誤差は大きくなり，本来の 1 次関数近似での誤差は小さくなります．

このように，データセットをトレーニングセットとバリデーションセットに分けて，トレーニングセットを用いて回帰線を作成し，バリデーションセットを用いて最適な次数（PCA や PCR，PLS 回帰の場合は主成分数，サポートベクトルマシン（SVM）やニューラルネットワーク（NN）の場合はハイパーパラメータ）を決定する方法を**バリデーション**と呼びます．図 7.13 に近似式の次数と，次数を評価するときの指標となる**二乗平均平方根誤差**（root mean square error, **RMSE**）の関係を示します．

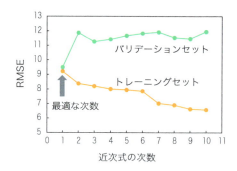

図 7.13　近似式の次数と RMSE の関係

　トレーニングセットでは，次数が大きくなるほど RMSE が小さくなります．一方，バリデーションセットでは，次数が 1 のときに RMSE が最も小さくなります．このとき，バリデーションにより，最適な次数は 1 であると判断されます．

　ここで，回帰線の正確度を評価するための指標である**決定係数** R^2 と二乗平均平方根誤差（RMSE）について詳しく説明しておきます．決定係数と RMSE は以下の式で表されます．

$$R^2 = 1 - \frac{\sum (y_i - \widehat{y}_i)^2}{\sum (y_i - \overline{y})^2} \tag{7.30}$$

$$\mathrm{RMSE} = \sqrt{\frac{\sum (y_i - \widehat{y}_i)^2}{n}} \tag{7.31}$$

ここで，y_i は実測値，$\overline{y}$ は実測値の平均値，$\widehat{y}_i$ は予測値，n は試料数です．

　決定係数は，値が 1 に近いほど「モデルがデータによく適合している」ことを意味します．式 (7.30) の右辺第 2 項は，分子が誤差の二乗和，分母が「目的変数の平均からのずれの二乗和」を示しており，「モデルによる誤差の二乗和と目的変数の平均からのずれの二乗和の比率」を表しています．この値を 1 から引いたものが決定係数です．そのため，すべての試料で予測値を一括に（実測値の）平均値とした場合には，式 (7.30) の右辺第 2 項は分子と分母が同じ値になり，決定係数は 0 になります．よく混同されますが，決定係数は単純に相関係数の二乗というわけではありません．

　図 7.14(a) には説明変数 x と目的変数 y の散布図，およびそれに基づいて計算した相関係数と決定係数を示しています．相関係数は 0.991 ですが，決定係数は −482 と非常に小さな値です．ここから，回帰線 $y = 10.55x + 0.29$ を用いて予測値 $\widehat{y}_i$ を計算し，予測値 $\widehat{y}_i$ と実測値 y_i の関係を示したのが図 (b) です．この場合，相関係数が 0.991，決定係数が 0.98 となっており，相関係数の二乗は決定係数と一致しています．

　ここで注意すべき点は，通常は図 (a) の関係から予測値 $\widehat{y}_i$ を計算し，その後に図 (b) のようなデータを得て決定係数が計算されるということです．この場合は単純な例ですが，たとえばスペクトルデータに対して機械学習を用いた結果，図 (c) のような予測値が得られたとします（この例では，予測値として実測値の 1/2 の値が得られたとする）．この場合，相関係数は 1.000 であっても，決定係数は

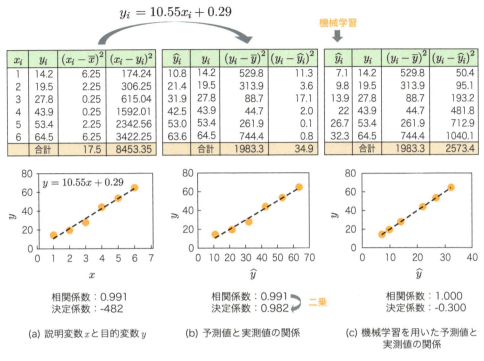

図 7.14　相関係数と決定係数の関係

−0.300 となります。つまり，すべての予測値として「実測値の平均値」を用いたほうが，まだまし
ということになります。

　機械学習によって回帰線を作成し，テストセットで評価を行った場合，決定係数がマイナスとなる
(0 を下回る) ことはよくあります。この場合，「相関係数の二乗」を決定係数として扱うのは誤りです。
この点については十分に注意する必要があります。

　RMSE はモデルの予測が実際の値からどれだけ離れているかを示す尺度です。値が小さいほどモ
デルの予測精度が高いと評価されます。予測値と実測値のずれが必ず ±RMSE に収まるということ
を意味しません。予測誤差が正規分布に従うと仮定した場合，標準偏差の性質に基づいて，データの
約 95% は平均（予測値）から ±2 標準偏差以内に収まるといえます。

7.1.10　クロスバリデーションとテストセット

　バリデーションでは通常，*k*-fold クロスバリデーション（*k*-分割交差検証）という手法が用いられ
ます。*k*-fold クロスバリデーションは，データセットが限られている場合に用いられます。図 7.15
に 5-fold クロスバリデーションの概要を示します。

第 7 章 ケモメトリクスの基礎知識：応用編

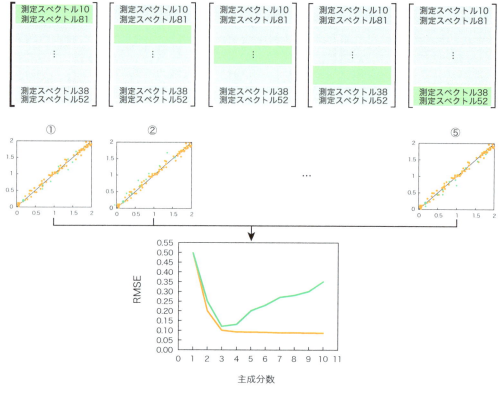

図 7.15 5-fold クロスバリデーション

　5-fold クロスバリデーションでは，データセットを 5 つの等しいサイズの部分集合にランダムに分割します。そのうち 4 セットをトレーニングセットとして検量線を作成し，検量線を残りの 1 セット（バリデーションセット）に当てはめて，誤差を記録します。これを 5 セットすべてが一度ずつバリデーションセットとなるように繰り返します。最後にそれぞれのバリデーションの結果を集め，RMSE や決定係数と主成分数(またはハイパーパラメータ)の関係を確認して，最適な主成分数を決定します。

　一般的には，k として 5 や 10 などが用いられますが，特殊なケースとして「$k =$ 試料数」とする場合もあります。この場合，バリデーションセット内のデータを 1 つに設定する手法となり，一つ抜きクロスバリデーション（leave-one-out cross-validation, LOOCV）と呼びます。データセットが非常に小さい場合には LOOCV を用いることがありますが，通常は 5 や 10 を用いたほうが堅牢性の高いモデルが作成できます。なお，バリデーションはあくまで最適なパラメータ数を決定するためのものであり，モデルの正確度を評価するものではありません。

　図 7.16 に示すように，モデルの評価は，トレーニングとバリデーションのどちらにも用いていないテストセットで行う必要があります。バリデーションによって最適化されたモデルをテストセットに当てはめることではじめてモデルの正確度を評価できます。

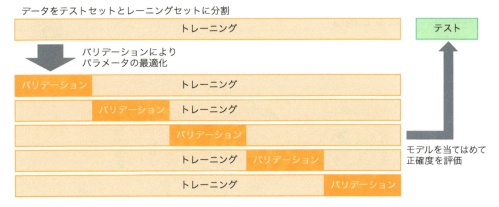

図 7.16　テストセットとトレーニングセット

　PCR や PLS 回帰では，モデルの性能を評価するために RMSE や決定係数を計算できます。しかし，PCA の場合は目的変数が存在しないため，これらの値を計算することはできません。そこで，PCA の最適な主成分数を決定するためには，おもに前述の寄与率のほか，**予測残差平方和**（predicted residual sum of squares, **PRESS**）を用います。PRESS は，以下の手順で計算されます。

① トレーニングセットで PCA を行う
② バリデーションセットで PCA によりスコアとローディングを計算する
③ 計算したスコアとローディングからもとのデータを再現する
④ もとのデータと PCA から算出されたデータの残差二乗和を求め，これが PRESS となる

　このようにして得られた PRESS が最も小さい主成分を最適な主成分として採用します。また，モデルの適合度や群間の差を評価するために，F 値という統計量を用いて PRESS の有意差を判定することもあります。
　さらに，PCA や PCR，PLS 回帰のようなスペクトル分解を基本としたアルゴリズムでは，最適な主成分を決定するために，バリデーションによる PRESS や RMSE だけでなく，ローディングがノイズ形状でないことも確認する必要があります。
　ここまで見てきたように，PCA はデータの主要な変動パターンを特定し，これをより少ない数の主成分に圧縮することで，データの可視化や理解を容易にします。PCA ではあくまでスペクトルデータの分散のみからスコアを計算します。一方，PLS 回帰では PCA の概念を拡張し，目的変数の情報もスコアの計算に用います。すなわち，PLS 回帰では目的変数との相関が高い成分を優先的に抽出するため，予測モデリングや因果関係の解析に適しています。

> **コラム 4：正確度と精度**
>
> 正確度と精度は，統計学や測定理論において異なる概念ですが，日常的な言葉の使用ではこれらの用語が混同されることがよくあります。図 7.17 に正確度と精度の概要を示します。
>
>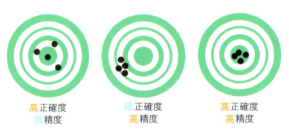
>
> **図 7.17 正確度と精度**
>
> 正確度は，測定値または予測値が真値にどれだけ近いかを示します。回帰線の文脈で正確度が高いということは，回帰線がデータポイントにうまくフィットしていて，予測された値が真値に近いことを指します。一方で精度は，同じ対象を繰り返し測定または予測した場合の，その結果の一貫性または再現性を示します。ただし，精度が高くても，それは正確度が高いことを保証するものではありません。測定値が一貫していても，それらが真値から大きく離れている場合があります。回帰モデルでは，「予測精度が高い」といわれた場合には，通常，モデルの予測が真値に近いことを意味します。

7.2 部分的最小二乗回帰（PLS 回帰）

7.2.1 PLS 回帰の概要

部分的最小二乗回帰（partial least squares regression, PLS 回帰）には，目的変数が 1 つの PLS1 と目的変数が 2 つ以上の PLS2 があります。PLS 回帰の思想を忠実に実現しているのは PLS2 です。そこで，まずは PLS2 に焦点を当て，その内容を見ていきます。PLS2 の定義式は以下の式で表されます。

$$A = TP + R_a \tag{7.32}$$

$$C = UQ + R_c \tag{7.33}$$

$$U = bT \tag{7.34}$$

式 (7.32) は，式 (7.1) の PCA の定義式と同じ形をしています。すなわち，スペクトル行列 A をスコア行列 T とローディング行列 P に分解しています。PLS2 では，スペクトルと同じように濃度行列 C もスコア行列 U とローディング行列 Q に分解します。PLS 回帰は，「スコアと目的変数の共分散を最大化する手法」とよく説明されます。これが意味するところは，PCA のようにスペクトルの分散をできる限り表し，かつ，それぞれのスコア行列（T と U）の相関が大きくなるように，それぞれのローディングを決定するということです。

7.1.4 項では，PCA で「スコアの分散の最大化」を制約条件下で達成するためにラグランジュの未定乗数法を用いたところ，「分散共分散行列の特異値問題」が現れることを説明しました。PLS 回帰では，「スコアと目的変数の共分散 (式 (7.35)) の最大化」を制約条件下で達成するためにラグランジュの未定乗数法を用います。

$$U^\top T \tag{7.35}$$

ここではこのラグランジュの未定乗数法について詳しく説明しませんが，この手法以外で PLS 回帰の解法としてよく用いられるのが，**非線形反復部分最小二乗**（nonlinear iterative partial least squares, **NIPALS**）**法**です。scikit-learn の PLS 回帰でも，アルゴリズムとして NIPALS 法を用いています。NIPALS 法の計算過程を見ていくと，PLS 回帰の本質をよく理解できるため，本節では NIPALS 法を通して PLS 回帰を説明します。

PLS2 では，式 (7.32) と式 (7.33) のように，スペクトル行列と濃度行列をそれぞれスコア行列とローディング行列に分解します。前述のとおり，PLS 回帰の目的は「スコアと目的変数の共分散を最大化する」ことにあります。

NIPALS 法では，**収束演算**を行うことでスペクトルと濃度のスコアを計算します。収束演算では，アルゴリズムが解に到達したかを判断するために，誤差の減少が一定の閾値以下になるか，あるいは設定された最大反復回数に達するまで計算を続けます。これにより，アルゴリズムが安定した解を見つけたかどうかを判定します。

NIPALS 法の理解を深めるために，スペクトル空間と目的変数空間（ここでは濃度空間）の両方を比較しながら説明します。**図 7.18** では，左側に濃度空間，右側にスペクトル空間を表示しています。この 2 つの空間を行き来することで，スコアとローディングを決定していきます。

まず，複数の濃度情報から，分散が最も大きい成分を濃度ベクトル u とします。この濃度ベクトル u を使って，スペクトル行列 A を濃度ベクトル u と**ウェイトローディング** w に分解します。これは次式のように表されます（図①）。

$$A = Uw \tag{7.36}$$

ここで，PLS 回帰の進行で成分数が増えていくため，式 (7.36) では複数成分を表す U（行列）を使用しています。

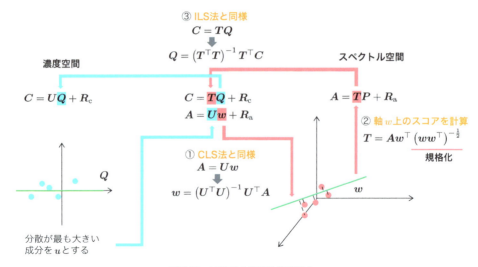

図 7.18　NIPALS 法の計算過程 1

　式 (7.36) で行っていることは，CLS 法の計算と同じです．CLS 法では，すべての成分の濃度行列 C とこれらの純スペクトル行列 K に分解しました．6.2.3 項で説明したように，スペクトル中に複数の成分が含まれているにもかかわらず，1 つの化学成分情報のみを濃度行列 C として用いた場合，予測される純スペクトル行列は複数の成分由来の吸光度を合成したような形になります．

　式 (7.36) からウェイトローディング w を求める方法は，CLS 法による回帰と同様で，次式のように表されます．

$$w = \left(U^\top U\right)^{-1} U^\top A \tag{7.37}$$

　次に，ウェイトローディング w の軸上のスコア行列 T を次式で計算します（図②）．

$$T = A w^\top \left(w w^\top\right)^{-\frac{1}{2}} \tag{7.38}$$

　ここで，$\left(w w^\top\right)^{-\frac{1}{2}}$ は規格化項です．ウェイトローディング w の絶対値は 1 であるとは限らないため，これを掛けることで規格化を行っています．

　次に，計算したスコア行列 T を用いて，濃度行列 C を予測します（図③）．

$$C = TQ \tag{7.39}$$

式 (7.39) は ILS 法の計算と同じです．この関係から行列 Q を解くために

$$Q = \left(T^\top T\right)^{-1} T^\top C \tag{7.40}$$

とします．行列 Q は，スコア行列 T から目的変数の濃度行列 C を予測するための係数行列です．これにより，濃度ローディング行列 Q が更新されることになります．

次に，更新された濃度ローディング行列 Q から，濃度スコア行列 U を算出します（図 7.19 ④）。

$$U = CQ^\top (QQ^\top)^{-\frac{1}{2}} \tag{7.41}$$

ここでも，$(QQ^\top)^{-\frac{1}{2}}$ は規格化項です。

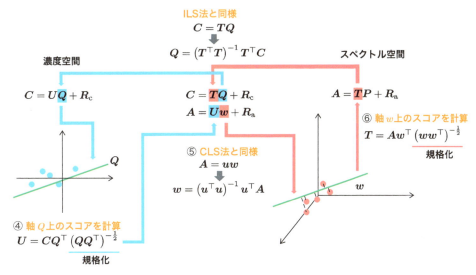

図 7.19　NIPALS 法の計算過程 2

そして，図⑤，図⑥と計算を繰り返していきます。このサイクルを何度か繰り返し，U が一定となるまで繰り返します（収束演算）。これで 1 番目の濃度ローディング行列 Q，濃度スコア行列 U，スペクトルウェイトローディング w，スペクトルスコア行列 T が決定できます。なお，スペクトルローディング行列 P は次式で求めることができます。

$$P = (T^\top T)^{-1} T^\top A \tag{7.42}$$

ただし，これで濃度空間，スペクトル空間の分散が十分に抽出できたわけではありません。次に，第 1 主成分では説明できなかった分散を第 2 成分以降に託すことになります。具体的には，以下の式 (7.43) と式 (7.44) で残差成分を計算し，残差成分を用いて再度 NIPALS 法を行っていきます（図 7.20）。

$$A_{\text{new}} = A_{\text{old}} - t_1 p_1 \tag{7.43}$$

$$C_{\text{new}} = C_{\text{old}} - u_1 q_1 \tag{7.44}$$

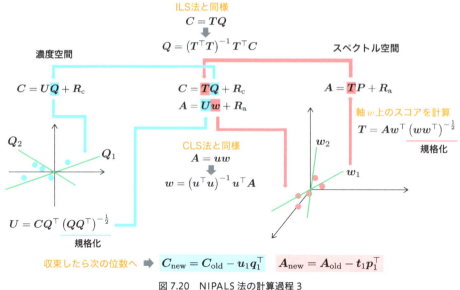

図 7.20　NIPALS 法の計算過程 3

このように，PLS2 では，CLS 法と ILS 法を繰り返し，濃度空間とスペクトル空間を何度も行き来することで，それぞれのスコアの相関が大きくなるようなローディングを決定します。なお，目的成分が 1 つの場合（PLS1）では，濃度空間の U と Q は（軸が 1 つしかない，つまり濃度スコアは目的成分の定数倍となるため），一度に決まってしまいます。そのため，収束演算をするまでもなく，スペクトル空間のローディングとスコアも一度で決まります（図 7.21）。

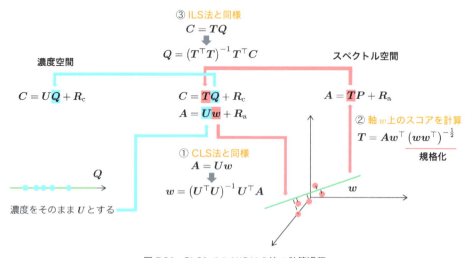

図 7.21　PLS1 での NIPALS 法の計算過程

7.2.2 ウェイトローディングとローディングの違い

ここで，スペクトルローディング行列 P は，ウェイトローディング w をスペクトル空間上に射影（データを低次元の成分空間に変換するプロセス）したものであるといえます。では，ウェイトローディングとローディングの違いを理解するために，図 7.10 と同様に 3 つの正規分布を重ねたスペクトルを用いて PLS 回帰を行い，ウェイトローディングとローディングを比較してみましょう。

図 7.10 では 3 つの正規分布の強度としてそれぞれ乱数を用いました（つまり互いに相関 0）が，今回は図 7.22 に示すように，$x = 60$ に中心をもつ正規分布（N60）が，$x = 80$ に中心をもつ正規分布（N80）の強度と，ある程度の相関をもつように強度を設定して，スペクトルを作成します。その後，これら 2 つの強度を推定するためにスペクトルに PLS2 を適用した結果を図 7.23 に示します。

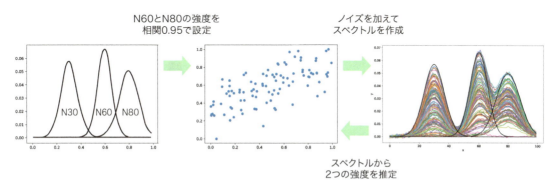

図 7.22　吸収に相関をもつスペクトル

図 (a) は強度の実測値，図 (b) はスペクトル，図 (c) は PLS 回帰の成分数と RMSE の関係，図 (d) は PLS 回帰の成分数と決定係数の関係です。図 (c) から，RMSE は成分数が 3 以降ではほとんど減少しないことがわかります。また，図 (d) の決定係数も成分数が 3 以降では増加していません。このことから，予測に必要な PLS 回帰の成分数は 3 であることがわかります（最適な成分数を厳密に決定するためには，7.1.10 項で説明したとおりバリデーションが必要）。

scikit-learn の PLS 回帰モジュールでは，アトリビュートとして x_weights_（スペクトル：ウェイトローディング），x_loadings_（スペクトル：ローディング），x_scores_（スペクトル：スコア），y_loadings_（強度：ローディング），y_scores_（強度：スコア）が用意されています。式 (7.32) と式 (7.33) で示したようにそれぞれのローディングとスコアから，強度とスペクトルをそれぞれ再構築できます。また，式 (7.39) に示したように，x_scores_ と y_loadings_ から強度の予測値を計算できます。

図 7.23 の 2 段目以降は，図 (e) が実測値の強度（黒色）と再構築した強度（赤色）（横軸は N60 の強度，縦軸は N80 の強度），図 (f) が実測値の強度（黒色）と予測値の強度（青色），図 (g) がウェイトローディング（青色）とローディング（オレンジ色），図 (h) が実測値のスペクトル（黒色）と再構築スペクトル（赤色），図 (i) が残差スペクトルです。

第 7 章　ケモメトリクスの基礎知識：応用編

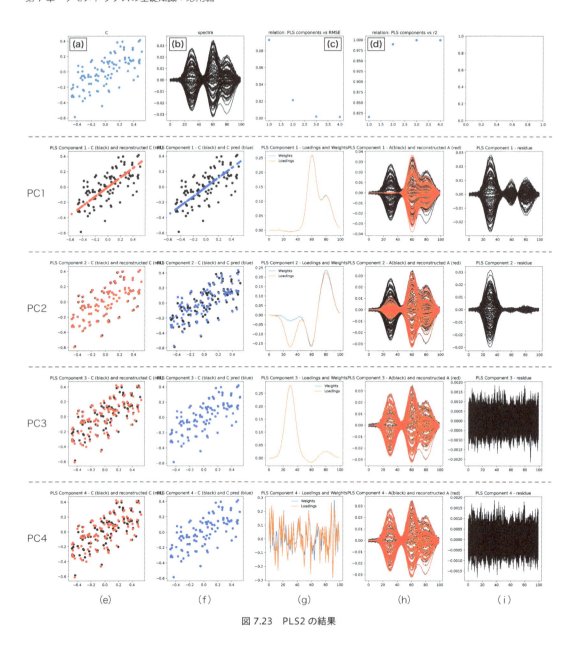

図 7.23　PLS2 の結果

まず，PLS 回帰の PC1 を見てみます．図 (e) より，再構築した強度は，N60 と N80 それぞれの強度を説明する PCA のスコアのようになっています．図 (f) より，予測値の強度もほぼ同様です．図 (g) では，ウェイトローディングは N60 と N80 の強度を説明するためのものであるため，$x = 30$ における値が小さいことがわかります．図 (h) からは，再構築スペクトルが N30 の分散をほとんど説明できていないことがわかります．また，図 (i) の残差スペクトルからも，N30 の分散を説明できていないことが確認できます．

次に PC2 を見てみます。今回予測した強度はもともと 2 変数であるため，図 (e) より，2 つの成分でもとのデータの分散をほとんど説明できていることがわかります。しかし，図 (f) の予測値はまだ実測値とずれがあります。図 (g) では，ウェイトローディングは N60 と N80 の強度を推定するためのものであるため，$x = 30$ における値が小さくなっていることがわかります。しかし，これをスペクトル空間に射影したところ（ローディング）では，$x = 30$ の絶対値がとても大きくなっています。これにより，図 (h) のように実測値のスペクトルと再構築スペクトルが似た形状となります。しかし，図 (i) の残差スペクトルからは，いまだ $x = 30$ における分散を説明しきれていないことがわかります。

つづいて，PC3 を見てみます。繰り返すように，予測した強度はもともと 2 変数であるため，図 (e) より，3 つの成分を用いると，実測値と再構築した強度との一致性が低くなっています。しかし，図 (f) の予測値は実測値とほぼ重なっています。第 1 成分と第 2 成分で N60 と N80 の分散をほぼ説明しきっているため，図 (g) より，ウェイトローディングとローディングはほぼ同じ形状です。ただし，$x = 30$ における絶対値が大きくなっています。また，図 (i) の残差スペクトルの形状はノイズのみになっています。

第 3 成分を含めると，再構築した強度の精度は低くなりますが，予測値の精度は高くなりました。再構築した強度は「強度スコアと強度ローディング」（式 (7.33)）で構成されるのに対して，予測値の強度は「スペクトルスコアと強度ローディング」（式 (7.39)）で構成されます。つまり，予測値の強度はスペクトルデータから強度データへの関係を最適化するための射影に重点を置き，再構築した強度はもとのデータの構造を可能な限り正確に再現するための射影に重点を置いているということになります。

7.2.3　ウェイトローディングとローディングの違いを Python で確認する

前項の内容を Python プログラミングで確認します。まずは，7.1.3 項で作成した，コード 7.2 の正規分布を 3 つ重ねる make_normal 関数を実行します。次に，この関数を用いて，$x = 60$ に中心をもつ正規分布（N60）と，$x = 80$ に中心をもつ正規分布（N80）の強度が，ある程度の相関となるようにそれぞれの強度を設定して，スペクトルを作成します。この強度分布を計算するためのプログラムを生成するための ChatGPT のプロンプトと出力は以下のとおりです。

プロンプト 7.6　相関をもつスペクトルを作成するための強度分布を計算するプログラムの生成

> Python を使用して，特定の計算方法を用いたデータ操作と散布図の作成を行うコードを作成してください。以下のステップに従ってください：
> 0 から 99 までの整数値を含む配列 wave を作成します。
> 標準偏差を表す配列 d_std と，位置を表す配列 d_posi を定義します。
> 100 行 2 列のランダムな値を含む配列 d_inten を生成します。
> d_inten の 2 列目のデータを用いて，新しい 3 列目のデータ third_column を生成します。この際，次の特定の計算式を使用してください：third_column = m_X + sd_X * ((d_inten[:, 1] - m_X) / sd_X) * rho + Z * np.sqrt(1 - rho**2)。ここで，m_X は 2 列目の平均，sd_X は標準偏差，rho は所定の相関係数，Z は標準正規分布からのランダム値を表します。この計算は，third_column が d_inten[:, 1] と特定の相関関係をもつようにするためのものです。
> 生成した third_column のデータを 0 から 1 の範囲に正規化します。
> d_inten に新しい third_column を追加します。
> d_inten の 2 列目と 3 列目のデータを用いて散布図を作成します。

第 7 章　ケモメトリクスの基礎知識：応用編

コード 7.9　相関をもつスペクトルを作成するための強度分布の計算

```python
# 0 から 99 までの整数値を含む配列 wave を作成
wave = np.arange(0, 100, 1)

# 標準偏差を表す配列 d_std と，位置を表す配列 d_posi を定義
d_std = np.array([7, 6, 8])
d_posi = np.array([30, 60, 80])

# 100 行 2 列のランダムな値を含む配列 d_inten を生成
d_inten = np.random.rand(100, 2)

# d_inten の 2 列目のデータを用いて，新しい 3 列目のデータ third_column を生成
m_X = np.mean(d_inten[:, 1])
sd_X = np.std(d_inten[:, 1])
rho = 0.95
Z = np.random.randn(100)
third_column = m_X + sd_X * ((d_inten[:, 1] - m_X) / sd_X) * rho + Z * np.sqrt(1 - rho**2)

# third_column のデータを 0 から 1 の範囲に正規化
third_column = third_column - min(third_column) # 最小値を 0 にシフト
third_column_scale = max(third_column) # スケーリングのための最大値取得
third_column = third_column / third_column_scale

# d_inten に新しい third_column を追加
d_inten = np.column_stack((d_inten, third_column))

# d_inten の 2 列目と 3 列目のデータを用いて散布図を作成
plt.scatter(d_inten[:, 1], d_inten[:, 2])
plt.xlabel("Column 2")
plt.ylabel("Column 3")
plt.title("Scatter Plot of Column 2 vs Column 3")
plt.show()
```

　このプログラムを実行すると，図 7.22 中央の散布図を作成できます。この強度の情報をもとに，次のプログラムでスペクトルを作成します。

コード 7.10　相関をもつスペクトルの作成

```python
A=make_normal(wave,d_std,d_posi,d_inten,0.01)
C=d_inten[:,[1,2]]
row_means=C.mean(axis=0).reshape(1,- 1)
C=C-row_means
row_means = A.mean(axis=0).reshape(1,- 1)
A=A-row_means
```

　ここでは，自作した make_normal 関数を用いてスペクトルを作成するほか，予測値の強度 C として「$x = 60$ に中心をもつ正規分布（N60）」と「$x = 80$ に中心をもつ正規分布（N80）」の強度を抽出した後，スペクトルと強度を中心化しています。では，スペクトルから強度を推定し，PLS2 を行

うプログラムを作成しましょう。このプログラムを実行することで，図 7.23 の結果を得られます。

プロンプト 7.7　PLS2 を実行して結果を表示するプログラムの生成

> Python を使用して，特定の計算方法を用いたデータ操作と散布図の作成を行うコードを作成してください。以下のステップに従ってください：
> 0 から 99 までの整数値を含む配列 wave を作成します。
> 標準偏差を表す配列 d_std と，位置を表す配列 d_posi を定義します。
> 100 行 2 列のランダムな値を含む配列 d_inten を生成します。
> d_inten の 2 列目のデータを用いて，新しい 3 列目のデータ third_column を生成します。この際，次の特定の計算式を使用してください：third_column = m_X + sd_X * ((d_inten[:, 1] - m_X) / sd_X) * rho + Z * np.sqrt(1 - rho**2)。ここで，m_X は 2 列目の平均，sd_X は標準偏差，rho は所定の相関係数，Z は標準正規分布からのランダム値を表します。この計算は，third_column が d_inten[:, 1] と特定の相関関係をもつようにするためのものです。
> 生成した third_column のデータを 0 から 1 の範囲に正規化します。
> d_inten に新しい third_column を追加します。
> d_inten の 2 列目と 3 列目のデータを用いて散布図を作成します。

コード 7.11　PLS2 を実行して結果を表示するプログラム

```python
# 決定変数 R2 と RMSE を格納するためのリストを初期化
r2_scores = []
rmse_scores = []

# PLS 回帰の成分の範囲を設定 (1 から 4 まで)
component_range = range(1, 5)

# PLS 回帰の成分数に応じてループし，モデルを訓練して性能を評価
for n_c in component_range:
    pls = PLSRegression(n_components=n_c, scale=False) # PLS 回帰モデルを作成
    pls.fit(A, C) # モデルに A (スペクトルデータ) と C (化学成分データ) を適用して学習
    C_pred = pls.predict(A) # A を使用して C を予測
    r2_score = pls.score(A, C) # 決定係数 R2 を計算
    rmse_score = np.sqrt(mean_squared_error(C, C_pred)) # RMSE を計算
    r2_scores.append(r2_score) # 決定係数 R2 をリストに追加
    rmse_scores.append(rmse_score) # RMSE をリストに追加

# 最終的な PLS 回帰モデルを作成し，学習 (成分数は 4 に設定)
pls = PLSRegression(n_components=4, scale=False)
pls.fit(A, C)

# 収束演算の回数を表示
print("収束演算の回数は：", pls.n_iter_)

# 可視化のためのサブプロットの準備 (5x5 のグリッド)
fig, axs = plt.subplots(5, 5, figsize=(20, 20))

# 各サブプロットにデータをプロット
# C の散布図
axs[0, 0].scatter(C[:,0],C[:,1])
axs[0, 0].set_title("C")

# A のスペクトルプロット
axs[0, 1].plot(A.T, color="black")
```

第 7 章　ケモメトリクスの基礎知識：応用編

```python
35  axs[0, 1].set_title("spectra")
36
37  # 成分数とRMSEの関係を示す散布図
38  axs[0, 2].scatter(range(1, 5), rmse_scores)
39  axs[0, 2].set_title("relation: PLS components vs RMSE")
40
41  # 成分数と決定係数R2の関係を示す散布図
42  axs[0, 3].scatter(range(1, 5), r2_scores)
43  axs[0, 3].set_title("relation: PLS components vs r2")
44
45  # 各成分に対するプロットを生成
46  for i in range(4):
47      # 濃度の散布図とローディングの方向
48      xscore = pls.x_scores_[:, i]
49      xloading = pls.x_loadings_[:, i]
50      yloading = pls.y_loadings_[:, i]
51      yconstructed = np.dot(pls.y_scores_[:, :i+1], pls.y_loadings_[:,:i+1].T)
52      y_residual = C - yconstructed
53      xconstructed = np.dot(pls.x_scores_[:, :i+1], pls.x_loadings_[:, :i+1].T)
54      x_residual = A - xconstructed
55      ypred = np.dot(pls.x_scores_[:, :i+1], pls.y_loadings_[:,:i+1].T)
56
57      # Cの再構築と予測値の散布図
58      axs[i+1, 0].scatter(C[:,0], C[:,1], color="black")
59      axs[i+1, 0].scatter(yconstructed[:,0], yconstructed[:,1], color="red")
60      axs[i+1, 0].set_title(
61          f"PLS Component {i+1} - C (black) and reconstructed C (red)")
62
63      axs[i+1, 1].scatter(C[:,0], C[:,1], color="black")
64      axs[i+1, 1].scatter(ypred[:,0], ypred[:,1], color="blue")
65      axs[i+1, 1].set_title(f"PLS Component {i+1} - C (black) and C pred (blue)")
66
67      # 重みとローディングのプロット
68      axs[i+1, 2].plot(pls.x_weights_[:, i], label="Weights")
69      axs[i+1, 2].plot(pls.x_loadings_[:, i], label="Loadings")
70      axs[i+1, 2].legend()
71      axs[i+1, 2].set_title(f"PLS Component {i+1} - Loadings and Weights")
72
73      # Aの再構築データのプロット
74      axs[i+1, 3].plot(A.T, color="black")
75      axs[i+1, 3].plot(xconstructed.T, color="red")
76      axs[i+1, 3].set_title(
77          f"PLS Component {i+1} - A(black) and reconstructed A (red)")
78
79      # 残差のプロット
80      axs[i+1, 4].plot(x_residual.T, color="black")
81      axs[i+1, 4].set_title(f"PLS Component {i+1} - residue")
82
83  # プロットのレイアウトを調整して表示
84  plt.tight_layout()
85  plt.show()
```

7.3 スペクトル分解としてのケモメトリクス

　前章では，分光法の基礎であるランベルト・ベール則から，これを行列に拡張した CLS 法，CLS 法の欠点を補う ILS 法を説明し，本章でスペクトル分散を効率的に抽出する PCA，目的変数の分散とスペクトル分散の両方を加味する PLS 回帰と順番に説明してきました。ここで，CLS 回帰，PCA，PLS 回帰はいずれもスペクトル行列をスコアとローディングに分解するものです。

　図 7.24 に示すように，CLS 法は濃度データをもとに純スペクトル行列を求める手法（図 (a)），PCA はスペクトル分散からスコアとローディングを見つける手法（図 (b)），PLS 回帰は濃度空間とスペクトル空間を行き来して両方の空間でスコアとローディングを見つける手法（図 (c)）です。

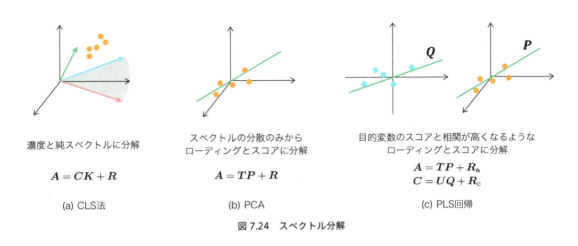

図 7.24　スペクトル分解

　ケモメトリクスで重要なことは，ローディングとスコア，そしてこれらが説明する分散の理解です。ローディングは変数間の関係を示し，スコアは試料間の関係を示します。ローディングを観察することで，どの変数がデータセットの変動に大きく寄与しているかを把握できます。また，スコアの分析により，試料どうしの類似性や違いが明らかになります。

　特に，ローディングは帰属（成分の識別）に関する重要な情報を含んでいます。ローディングを分析することで，特定のスペクトル特性がどの化学物質や成分に関連しているかがわかります。したがって，ローディングの分析は，ケモメトリクスが単なるブラックボックス的な手法ではなく，具体的な帰属や原因を特定するための解析手段であることを示しています。

　前章と本章では，これらのケモメトリクスにおける分析手法の根本的な理解に焦点を当てて説明してきました。第 10 章では，実際のスペクトルデータを用いて分析を行い，その結果得られるローディングを詳細に観察します。これにより，理論と実践を統合して，ケモメトリクスの理解をさらに深めることを目指します。データの分析から得られる洞察は，ケモメトリクスの基礎を固めるだけでなく，実際の問題解決においても重要な役割を果たします。

第 7 章　ケモメトリクスの基礎知識：応用編

> **コラム ▶ 5：医療と治験**

　治験とは，新しい薬剤や治療法の有効性と安全性を評価するために，患者を対象に実施される臨床試験のことです。治験における統計学の役割は非常に重要です。治験では，さまざまな統計的手法によって2つのグループ間での差異が統計的に有意かどうかを検定します。たとえば，新しい薬剤の有効性を評価する際には，その薬剤を服用したグループと偽薬を服用したグループの間で，症状の改善度合いに統計的に有意な差があるかどうかを検討します。統計的に有意な差がある場合，その薬剤は効果があると判断されます。また，生存分析や時系列分析など，より複雑な統計モデルも使用されます。つまり，ここでは統計をもとに薬剤の有用性を判断するというわけです。では，因果はどうなっているのでしょうか？

　生体内の反応は，DNA や RNA，タンパク質といった分子レベルで起こります。これらの分子は生命現象を支える基本的な要素であり，その相互作用は非常に複雑です。オミクス解析は，これらの分子の全体像を捉えるためのアプローチです。オミクス解析には，ゲノミクス（DNA解析），トランスクリプトミクス（RNA 解析），プロテオミクス（タンパク質の解析）などがあります。これらの解析は，高度な技術を用いて大量のデータを生成し，生体内の分子ネットワークやシグナル伝達経路を解明します。その手法としては，データの次元削減やクラスタリング，相関分析などが用いられ，特定の条件下での分子の挙動やパターンを明らかにします。また，オミクス解析によって得られる相関関係の網羅的な把握は，新しい治療標的の発見や疾患の分子メカニズムの理解に貢献します。

　しかし，オミクス解析によって相関関係を見つけることができても，それが直接的な因果関係を示すわけではありません。したがって，相関関係を見つけた後には，実験的な検証が必要となります。実学である医療分野においては，因果関係を明確に特定することはしばしば困難です。これは，生体内のプロセスが複雑で相互に関連しているため，特定の結果が特定の原因によって引き起こされたと断定することが難しいためです。したがって，医療分野においては，統計的な有意差が治療法や薬剤の効果を評価するうえで重要な役割を果たします。統計的手法によって，因果関係の特定が難しい状況でも，治療法や薬剤の有効性に関する科学的な根拠を提供することが可能になります。

第 **8** 章

スペクトルデータの前処理

　スペクトルデータから有用な情報を抽出するためには，スペクトルデータに適切な前処理を施す必要がある場合があります。本章では主要なスペクトルデータの前処理について詳しく説明します。スペクトル解析の最初のステップは，データの読み込みです。はじめに複数のスペクトルデータを効率的に読み込む方法について説明し，読み込んだスペクトルデータに対して前処理を行います。

　スペクトルデータ以外を取り扱う一般的な機械学習では，説明変数間の単位やスケールが異なることが多く，試料間の違いを補正（スケーリング）する前処理が用いられます（行方向の前処理：試料間で補正）。たとえば，標準化（平均 0，標準偏差 1 にスケーリング）や正規化（データを最小値 0〜最大値 1 にスケーリング）などがあります。スペクトル解析でも中心化や標準化が用いられることが多いです。

　一方，分光スペクトルのスペクトルデータは，説明変数どうしが同じ単位をもっており，それらが連続したデータになっています。そのため，列方向の前処理も重要です（列方向の前処理：波長間で補正）。この前処理にはスムージングや微分処理があります。スペクトル解析では，試料間（行方向）と波長間（列方向）の両方で前処理が重要です。

　最終的に，これらのスペクトルデータの前処理をひとまとめに（モジュール化）し，シンプルな関数の呼び出しで簡単に利用できるようにします。このアプローチにより，データの読み込み，前処理（スムージング，一次微分，二次微分，乗算的散乱補正（MSC），標準正規化（SNV）），可視化を効率的に行えるようになります。

8.1
スペクトルデータの一括読み込み

　本節では，スペクトルデータの一括読み込みについて説明します。スペクトル解析では，多くのスペクトルデータを比較・解析するために，多数の測定データを扱います。測定データは個別の CSV ファイルに保存されていることがあるため，これらのファイルを一括で読み込み，まとめて解析できるようにすることが重要です。具体的には，CSV ファイルを順次読み込んで，それらのデータを 1 つのデータフレームに結合します。

　まず，GitHub から該当のファイルをダウンロードし，サンプルのスペクトルデータセットである dataChapter08 というフォルダが，プログラム SpeAna08_1-4_pretreatment.ipynb と同じフォルダに保存されていることを確認してください。このデータセットには，木材の含水率を変化させて測定した一連の近赤外（NIR）スペクトルデータが含まれています。

これらのデータを一括で読み込むプログラムを作成していきます。フォルダ dataChapter08 には 24 個の CSV ファイルが含まれています。図 8.1 に示すように，各ファイルには 1 回の測定ごとの NIR スペクトルデータが格納されており，A 列は波長データ，B 列は吸光度データです。なお，24 個すべてのファイルで，A 列の波長データは同じ値になっています。各 CSV ファイルの B 列の吸光度データを横方向に結合することで，すべてのスペクトルデータを 1 つのデータフレームにまとめます。

図 8.1 NIR スペクトルデータの概要

以下のプログラムで，フォルダ内のすべての CSV ファイルを順次読み込み，データフレームに結合することができます。また，データフレームにまとめたスペクトルデータをグラフで描画しています。

コード 8.1　CSV ファイルの一括読み込み

```python
datapath = "./dataChapter08/"  # 読み込むファイルのディレクトリパス
# 全 CSV ファイルのパスをリストとして取得
allfiles = glob.glob("{}*.csv".format(datapath))
df_spectra = pd.DataFrame()  # 結合するデータフレームを初期化

# 各 CSV ファイルに対するループ処理
for file in allfiles:
    df = pd.read_csv(file, header=None)  # ファイルを読み込み
    # 2 列目のデータを横方向に結合
    df_spectra = pd.concat([df_spectra, df.iloc[:, 1]], axis=1)

df_spectra.columns = range(1, len(allfiles) + 1)  # 列名をファイル数に基づいて設定
df_spectra.index = df.iloc[:, 0]  # インデックスを最初のファイルの最初の列に設定
plt.plot(df_spectra, color="black")  # データフレームを黒色の折れ線グラフで描画
df_spectra = df_spectra.T  # データフレームを転置
```

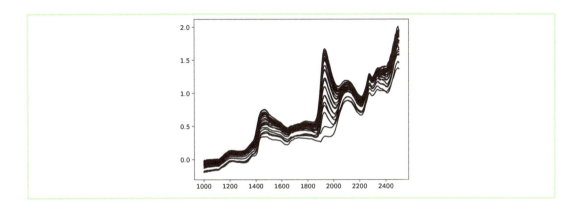

後述するスペクトルデータの前処理では，ここで作成したスペクトルデータ（データフレーム名 df_spectra）を用いて解析を行っていきます．なお，スペクトルデータは通例として行方向に試料，列方向に波長を並べますが，プロットする際にはこれを転置してから入力しないとスペクトルがうまく表示されません．そのため，15 行目でデータフレームの転置を行っています．

8.2 横軸の間隔が異なるスペクトル

分光スペクトルは，横軸（波長）の間隔が基本的に一定です．しかし，**質量分析**（mass spectrometry, **MS**）で得られる**マススペクトル**では，横軸（質量荷電比 m/z）が等間隔でないことが一般的です．そのため，マススペクトルでは通常，データ取得後に共通フォーマットに変換を行い，その後ピーク検出を行ってから，各種の解析を行います．これらの目的は本書の主旨とは異なるため，解析に有効なプログラムやライブラリの紹介にとどめます．

生物の代謝物質の全体像を網羅的に分析する手法である**メタボローム解析**は，代謝経路や生理的状態の理解に重要な役割を果たします．マススペクトルの生データの前処理や解析には，オープンソースソフトウェアである **MZmine 3**（https://mzio.io/mzmine-news/）が利用されることが多いようです．また，マススペクトルのデータベースとしては **MoNA**（MassBank of North America, https://mona.fiehnlab.ucdavis.edu/downloads）や **MassBank**（https://github.com/MassBank/MassBank-data/releases/），さらに天然物化学に関するデータベースとして **GNPS**（Global Natural Products Social Molecular Networking, https://gnps-external.ucsd.edu/gnpslibrary）があります．

さらに，マススペクトルを取り扱うための Python プログラムのパッケージが GitHub 上に多くアップロードされています．たとえば，**Matchms**（https://github.com/matchms/matchms）では，マススペクトルデータのインポート，処理，比較を行うことができます（使い方の詳細は "Build your own mass spectrometry analysis pipeline in Python using matchms" のタイトルのブログ記事が参考になります．https://blog.esciencecenter.nl/build-your-own-mass-spectrometry-

第 8 章　スペクトルデータの前処理

analysis-pipeline-in-python-using-matchms-part-i-d96c718c68ee)。

　さらに，マススペクトルの類似性を深層学習で評価する MS2DeepScore（https://github.com/matchms/ms2deepscore）を用いると，GNPS のマススペクトルデータを用いてトレーニングされたライブラリを用いて，マススペクトルのペアから分子構造の類似性を調べることができます（詳しくは MS2DeepScore に関する学術論文を参照：https://doi.org/10.1186/s13321-021-00558-4）。ここでは既知の化合物からなる 100,000 以上のマススペクトルを用いてトレーニングを行い，スペクトルのペアの構造的類似性スコアを予測しています。アルゴリズムとしてはシャムニューラルネットワークが用いられています。ニューラルネットワークについては 9.6 節で詳しく説明しますが，このアルゴリズムでは，入力された 2 つのデータポイント間の関係（類似性や関連性など）を学習することができます。

　このような公開済みのパッケージを利用することで，マススペクトルデータの解析を Python で実装できるようになります。MS2DeepScore パッケージにはビニング処理（連続データを特定の範囲に分割し，各範囲内のデータを集約する手法）のための py ファイルも準備されています（フォルダ：ms2deepscore>SpectrumBinner.py）。もちろん，これらのプログラムの理解にも ChatGPT は有用です。ChatGPT と連携しながら，公開されているパッケージを理解することで，独自の解析を行うことができるようになります。

8.3
行方向（試料方向）の前処理

　ここからは，本題のスペクトルデータの前処理を説明していきます。はじめに行方向（試料方向）に適用する前処理として，平均化，標準化，乗算的散乱補正（MSC）を説明します。図 8.2 に示すように，いずれも各試料のスペクトルデータから平均スペクトルと標準偏差スペクトルを計算し，これをもとに各試料のスペクトルを補正するものです。これらの前処理はスペクトルデータに限らずどのようなデータにも適用可能で，異なる単位やスケールをもつ複数の特徴量を扱う場合に特に重要です。また，機械学習モデルの訓練時間を短縮し，性能を向上させることにもつながります。

　一方で，すべてのデータセットやモデルにおいてこれらの前処理が必要というわけではありません。たとえば，決定木ベースのアルゴリズム（ランダムフォレストや勾配ブースティングマシンなど）は，データのスケールにあまり影響されないことが知られています。

8.3 行方向（試料方向）の前処理

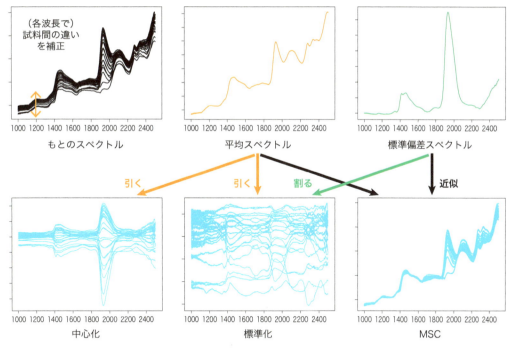

図 8.2 試料（行）間の違いを補正する処理

8.3.1 中心化と標準化

中心化と標準化，およびこれらのスペクトルデータの前処理による PCA のローディングに与える影響については 7.1.5 項で説明しました。中心化は「データから各軸の平均値を引く」こと，標準化は「中心化後のスペクトルを標準偏差スペクトルで割る」ことです。ここでは，8.1 節のコード 8.1 で用意したスペクトルデータをまとめたデータフレーム df_spectra に対して，① scikit-learn ライブラリの StandardScaler を用いる場合と，② NumPy を用いて平均スペクトルと標準偏差スペクトルを計算する場合，の 2 通りの方法で中心化スペクトルと標準化スペクトルを表示してみましょう。

コード 8.2 中心化スペクトルと標準化スペクトルの表示

```
# StandardScaler を使用
# StandardScaler のインスタンス化
center = StandardScaler(with_std=False)  # 中心化（with_std を False）
scaler = StandardScaler()  # 標準化

# フィットとスケーリングを同時に行う
df_spectra_centered = center.fit_transform(df_spectra)
df_spectra_scaled = scaler.fit_transform(df_spectra)
# 結果をデータフレームに変換
df_spectra_centered = pd.DataFrame(df_spectra_centered,
                                    columns=df_spectra.columns)
df_spectra_scaled = pd.DataFrame(df_spectra_scaled,
                                  columns=df_spectra.columns)
```

第 8 章　スペクトルデータの前処理

```
14
15   # 平均スペクトルと標準偏差スペクトルを NumPy で計算
16   mean_manual = np.mean(df_spectra, axis=0)
17   std_manual = np.std(df_spectra, axis=0,ddof=0)
18   df_spectra_centered_manual = df_spectra - mean_manual
19   df_spectra_scaled_manual = (df_spectra - mean_manual) / std_manual
```

　StandardScaler を用いる場合，`with_std=False` とすれば，中心化スペクトルを得ることができます。その後，各インスタンスに対して fit_transform を用いることでデータに適合（フィット）させつつ，そのデータを補正（スケーリング）することが同時に行えます。

　プログラムの 15 行目以降では，NumPy を用いて平均スペクトルと標準偏差スペクトルを計算して，中心化と標準化を行っています。ここで，標準偏差スペクトルの計算時には**自由度の差分**（ddof）を 0 に指定してあります。StandardScaler では，自由度の差分（ddof）を 0 として標準化を行うため，それに合わせています。

　コード 8.2 で計算した中心化スペクトルと標準化スペクトルは，以下のプログラムで図示できます。上段左が平均スペクトル，下段左が標準スペクトルです。また，図中央が NumPy で計算した場合，図右が StandardScaler を用いた場合の中心化スペクトル（上段）と標準化スペクトル（下段）です。

　どちらの方法でも同じ結果が得られるため，使いやすい方を選んで使用することができます。StandardScaler を用いる利点は一度にフィットとスケーリングを行えること，NumPy を用いる利点は細かく制御できる点です。

コード 8.3　中心化スペクトルと標準化スペクトルの表示

```
1   # サブプロットの作成
2   fig, axes = plt.subplots(2, 3, figsize=(15, 10))
3
4   # 平均スペクトルのプロット（位置：1,1）
5   axes[0, 0].plot(mean_manual, color="magenta")
6   axes[0, 0].set_title("Mean Spectrum")
7
8   # 標準偏差スペクトルのプロット（位置：2,1）
9   axes[1, 0].plot(std_manual, color="cyan")
10  axes[1, 0].set_title("Standard Deviation Spectrum")
11
12  # 中心化されたスペクトルを NumPy で計算したプロット（位置：1,2）
13  axes[0, 1].plot(df_spectra_centered_manual.T, color="magenta")
14  axes[0, 1].set_title("Centered Spectrum (NumPy)")
15
16  # 標準化されたスペクトルの NumPy で計算したプロット（位置：2,2）
17  axes[1, 1].plot(df_spectra_scaled_manual.T, color="cyan")
18  axes[1, 1].set_title("Scaled Spectrum (NumPy)")
19
20  # 中心化されたスペクトルの StandardScaler 版のプロット（位置：1,3）
21  axes[0, 2].plot(df_spectra_centered.T, color="magenta")
22  axes[0, 2].set_title("Centered Spectrum (StandardScaler)")
23
```

```
24  # 標準化されたスペクトルの StandardScaler 版のプロット（位置：2,3）
25  axes[1, 2].plot(df_spectra_scaled.T, color="cyan")
26  axes[1, 2].set_title("Scaled Spectrum (StandardScaler)")
27
28  # グラフを表示
29  plt.tight_layout()
30  plt.show()
```

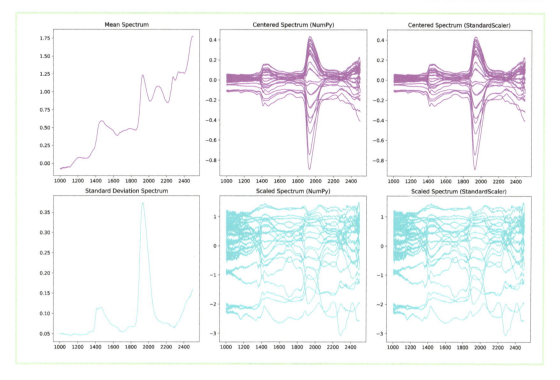

8.3.2 乗算的散乱補正 (MSC)

乗算的散乱補正（multiplicative scatter correction, **MSC**）は，分光スペクトルの測定中に起こる光散乱効果や光路長の変化による影響を補正する前処理手法です。特に近赤外スペクトルでは，試料中の光散乱は波長に依存する乗算的なベースライン変動を引き起こし，スペクトル全体が波長に応じて上下に変動（シフト）し，ベースラインが傾斜するような形になります。このため，正確な吸光度の測定が難しくなり，スペクトルデータの解析に影響を与えることがあります。

MSC は，データセット内の参照スペクトルと他のスペクトルの間で，線形モデルを最小二乗法により適合（フィット）させ，ベースライン変動を補正します。参照スペクトルには通常，データセット内の平均スペクトルが用いられます。MSC は以下のプログラムで実行できます。

コード 8.4　MSC の関数の作成と実行

```python
# df_spectra の平均スペクトルを計算
mean_spectrum = df_spectra.mean()
# MSC を行う関数の定義
def apply_msc(sample, reference):
    # 傾きと切片を計算
    fit = np.polyfit(reference, sample, 1, full=True)
    slope = fit[0][0]
    intercept = fit[0][1]
    # スペクトルの修正
    return (sample - intercept) / slope
# df_spectra の各スペクトルに MSC を適用し，新しい DataFrame に保存
df_spectra_msc = df_spectra.apply(lambda x: apply_msc(x, mean_spectrum),
                                  axis=1)
# 指定されたプロットを作成するためのコード
fig, axes = plt.subplots(2, 1, figsize=(5, 5))
# もとのスペクトルをプロット
axes[0].plot(df_spectra.T, color="black")
axes[0].plot(mean_spectrum.T, color="red")
axes[0].set_title("Original Spectra")
# 修正されたスペクトル（MSC 後）をプロット
axes[1].plot(df_spectra_msc.T, color="black")
axes[1].set_title("Corrected Spectra (MSC Applied)")

plt.tight_layout()
plt.show()
```

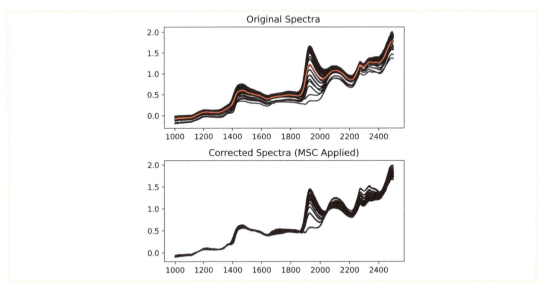

　MSC を行う apply_msc 関数では，各試料のスペクトル samples と参照スペクトル reference を 1 次関数で回帰し，得られた傾き slope と切片 intercept を用いて，スペクトルを処理しています（(sample - intercept) / slope）．

この `apply_msc` 関数をデータフレームに含まれるすべての行（スペクトル）に適用するには，データフレーム `df_spectra` に対して，**apply** メソッドと**ラムダ式**（`lambda`）を使用します。pandas の apply メソッドは，DataFrame の行または列に沿って関数を適用するために使用されます。ここでは，12，13 行目で `axis=1` を指定することで，関数が `df_spectra` の各行（各スペクトル）に対して適用されます。12 行目のラムダ式 `lambda x: apply_msc(x, mean_spectrum)` は，各行 x に対して `apply_msc` 関数を呼び出すために使用されています。データフレームの行または列に対して関数を適用できるこの方法は非常に便利です。

このプログラムで表示されるのは，上段がもとのスペクトル（赤色は平均スペクトル）で，下段が MSC 後のスペクトルです。もとのスペクトルではベースライン変動が見られますが，MSC を行うことで補正されていることがわかります。

8.4 列方向（波長方向）の前処理

機械学習を用いて説明変数から目的変数を予測する際に，説明変数どうしが連続していない場合と，説明変数の単位が同じで説明変数どうしが連続している場合があります。図 8.3(a) に示すような単位が異なるデータのほか，マススペクトルデータや NMR スペクトルデータは説明変数どうしが連続していません。一方，図 (b) に示す分光スペクトルデータは説明変数どうしが連続しています。

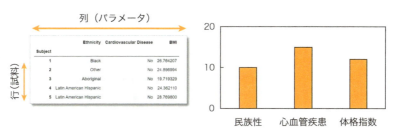

(a) 説明変数どうしが連続していない場合

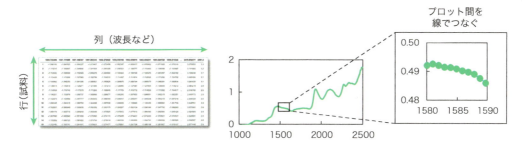

(b) 説明変数どうしが連続している場合

図 8.3　説明変数どうしの関係

例として民族性，心血管疾患，体格指数（BMI）などから高血圧の発症を予測する機械学習の解析を考えてみます（参考：https://www.nature.com/articles/s41598-022-27264-x）。この場合，「民族性」と「心血管疾患」はそれぞれ異なる値で単位も異なります。このような変数をグラフとして表示する場合には棒グラフを用います。というのも，「民族性」と「心血管疾患」には連続性がないからです。こういったデータには前節の行方向（試料間）の前処理のみが行われます。

一方，分光スペクトルデータでは，説明変数（吸光度や強度など）がすべて同じ単位で連続しています。スペクトルは通常，線で表現しますが，本来得られるスペクトルデータは，離散的なデジタル値です。これは，図8.3(b)に示すように，スペクトルの測定装置が特定の波長ごとに強度を記録するためです。われわれがスペクトルを「線」で表すのは，本来はデータが連続して存在していることを経験的に知っているからです。たとえば，1580.5 nmにおける吸光度が，1580 nmと1581 nmの吸光度の間にあるに違いないと思っているからです。なお，測定されていない波長のデータを，その波長の周りのデータから推定して挿入することを内挿と呼びます。

このように，スペクトルは説明変数の単位が同じで，かつ，それぞれの説明変数どうしが連続しているため，列方向の前処理も重要となります。列方向の前処理により，スペクトルの解釈や分散の把握がより容易になります。

列方向（波長方向）の前処理としては，図8.4に示すようなスムージングや一次微分，二次微分，標準正規変量（SNV）があります。スムージング，一次微分，二次微分は，ほぼ同じ処理です。これらの処理では，特定の領域で多項式による近似を行い，その近似線から計算したデータをスムージングデータとします。また，近似線に一次微分，二次微分を行ったデータをそれぞれ微分データとします。さらに，SNVはMSCと同様にベースライン変動を補正するものですが，補正には各スペクトルの平均と標準偏差を用います。

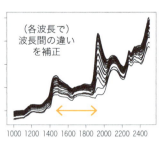

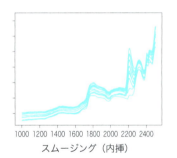
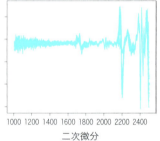
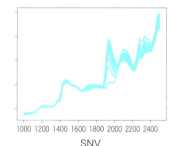

図8.4 波長（列）間の違いを補正する処理

8.4.1 スムージング，一次微分，二次微分による前処理

スムージングによって，データからノイズを除去することができ，スペクトルの基本的なトレンドやパターンを明確にすることができます。また，**一次微分**と**二次微分**は，一次微分でデータの傾きを，二次微分で傾きの変化を計算し，ノイズを除去させながらピークを分離・強調できます。まずは，図 8.5 をもとに二次微分による**ピーク分離**を説明します。

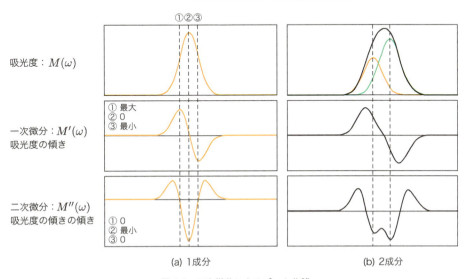

図 8.5　二次微分によるピーク分離

図 (a) は 1 成分系，図 (b) は 2 成分系のスペクトルです。それぞれ，上段から順に吸光度スペクトル，一次微分スペクトル，二次微分スペクトルを示しています。一次微分を計算すると，データの傾きが計算されるため，図 (a) では吸収が最大の位置で一次微分の値が 0 になることが確認できます。この一次微分をさらに微分したものが二次微分であり，二次微分は傾きの傾きを示します。そのため，吸収が最大の位置で極小値をとります。

これらの性質は，図 (b) の 2 成分系のスペクトルでも成り立ちます。図 (b) の吸収スペクトルの黒色の線は，オレンジ色と緑色の 2 成分を合成したものです。この黒色のスペクトルから，2 成分が含まれているかどうかを判断するのは困難です。しかし，二次微分を行うことで，スペクトル上に 2 か所のピークが現れ，このピーク分離によって 2 成分が含まれていることを確認できます。また，二次微分のピークの絶対値は，成分の定量性をある程度有しています。

また，二次微分はベースライン変動を補正することもできます。図 8.6 に示した近赤外スペクトルには，加算的および乗算的なベースライン変動が生じています。ここで，「加算的」な変動とは，スペクトル全体に一定の値が加算されることを指します。二次微分は「傾きの傾き」を計算するため，加算的および乗算的な変動をすべて除去することが可能です。

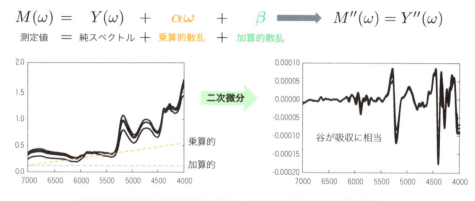

図 8.6　二次微分によるベースラインの補正

8.4.2　スムージング，一次微分，二次微分による前処理の実行

スムージング，一次微分，二次微分の前処理には，Savitzky-Golay フィルタが用いられることが多いです。このフィルタでは，図 8.7 のように局所的な最小二乗法に基づいて多項式近似を行い，スムージングや微分計算を実行します。

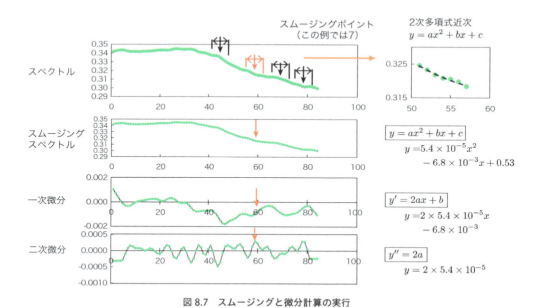

図 8.7　スムージングと微分計算の実行

まず，データセットの各点に対して，その点を中心とする固定サイズのウィンドウを選択します。このウィンドウは隣接するデータ点の範囲を含み，ウィンドウサイズは奇数である必要があります。このウィンドウサイズのことを**スムージングポイント**と呼びます。

選択されたウィンドウ内のデータ点に対して，多項式（通常は2次または3次）を最小二乗法でフィッティング（近似）します。このフィッティングによって，データの局所的な挙動を捉えることができます。たとえば，2次多項式（$y = ax^2 + bx + c$）でフィッティングする場合，ウィンドウ内のデータに基づいてパラメーター a, b, c を決定します。この近似式を各点に当てはめることでスムージングスペクトルが得られます。

一度，2次多項式で近似してしまえば，その一次微分（$y' = 2ax + b$）と二次微分（$y'' = 2a$）の計算は簡単です。これをデータセットの各点に対して実行し，周辺のデータを用いてスムージング値，一次微分値，二次微分値を決定します。以下に，これを実行して図示するための Python プログラムを示します。表示される図は上段から順に，スムージングスペクトル，一次微分スペクトル，二次微分スペクトルです。

コード 8.5　スムージング，一次微分，二次微分の実行

```python
window_size = 17 # スムージングポイントの数
poly_order = 2 # 近似する多項式の次数
# savgol_filter によるフィルタ処理
df_spectra_sg_smooth = savgol_filter(df_spectra, window_size, poly_order,
                                     axis=1)
df_spectra_sg_1st = savgol_filter(df_spectra, window_size, poly_order,
                                  deriv=1, axis=1)
df_spectra_sg_2nd = savgol_filter(df_spectra, window_size, poly_order,
                                  deriv=2, axis=1)

fig, axes = plt.subplots(3, 1, figsize=(5, 10))
axes[0].plot(df_spectra_sg_smooth.T, color="black")
axes[0].set_title("Smoothed Spectra")
axes[1].plot(df_spectra_sg_1st.T, color="magenta")
axes[1].set_title("1st Derivative Spectra")
axes[2].plot(df_spectra_sg_2nd.T, color="cyan")
axes[2].set_title("2nd Derivative Spectra")
plt.tight_layout()
plt.show()
```

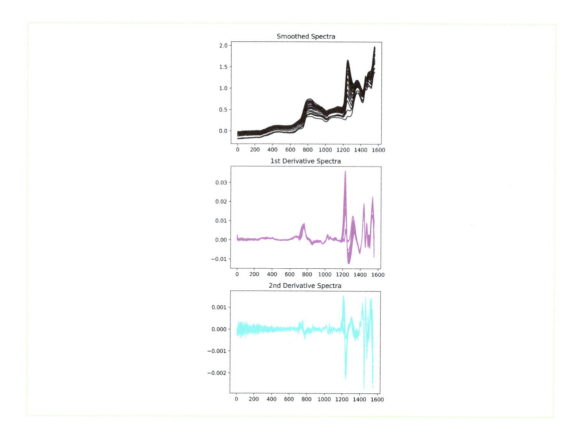

　Savitzky-Golay フィルタによるスムージングと微分計算の前処理では，スムージングポイントの数と近似する多項式の次数を指定する必要があります．多項式の次数は通常2あるいは3です．スムージングポイントの数を大きくするほどデータは平滑になりますが，その反面，小さいピークはノイズとして除去されてしまいます．スムージングポイントの数はデータの種類や目的によって適宜最適化する必要があります．

8.4.3　標準正規変量（SNV）による前処理の実行

　標準正規変量（standard normal variate，**SNV**）を用いると，MSCと同様にベースライン変動を補正することができます．以下に，SNVを実行するためのPythonプログラムを示します．

コード 8.6　SNVによる前処理

```python
def snv(input_data):
    # 各スペクトルから平均を引いて標準偏差で割る
    return (input_data - input_data.mean()) / input_data.std()

# DataFrameの各行（各試料）にSNVを適用
df_spectra_snv = df_spectra.apply(snv, axis=1)
fig, axes = plt.subplots(2, 1, figsize=(5, 7))
axes[0].plot(df_spectra_snv.T,color="magenta")
```

```
 9  axes[0].set_title("SNV spectra")
10  axes[1].plot(df_spectra_msc.T, color="cyan")
11  axes[1].set_title("MSC Spectra")
12  plt.tight_layout()
13  plt.show()
```

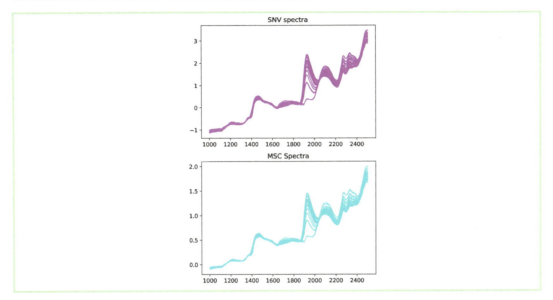

　MSC では参照スペクトル（通常は平均スペクトル）からのずれを補正しましたが，SNV ではスペクトルごとに波長全体の平均と標準偏差を計算し，これを用いて補正します．この補正をデータフレームに適用するには，`apply` メソッドを用いて snv 関数を各行（axis=1）に適用します．

　また，ここでは上段に SNV で補正したスペクトル，下段に 8.3.2 項で MSC を行ったスペクトルを並べて表示しています．両者でほぼ同じ補正の効果が見られます．MSC では参照スペクトル（通常は平均スペクトル）を用いて補正するため，新たに取得したスペクトルデータに MSC を適用するためには，参照スペクトルを保存しておく必要があります．

8.5 前処理の関数のモジュール化

　ここまでは，スペクトルデータの前処理に関する関数を作成してきました．しかし，毎回この関数を Jupyter Notebook のセルに貼り付けるのは大変です．そこで，これまで利用してきた pandas や NumPy のように，自作のモジュールをつくります（モジュール化）．モジュール化することで，同じコードを繰り返し書く必要がなくなり，他のプロジェクトやスクリプトでも簡単に再利用できるようになります．また，複数のモジュールを 1 つのパッケージとしてまとめることもできます．

行方向の前処理の中心化と標準化については，すでに既存のモジュールがあるため（`sklearn.preprocessing.StandardScaler`），ここではスペクトルの一括読み込みと Savitzky-Golay フィルタ，SNV の前処理を含めたモジュール化を行います．まずは，図 8.8 のモジュールの構成をもとに，パッケージ，モジュール，クラス，コンストラクタおよび関数の構成や利用法について説明します．

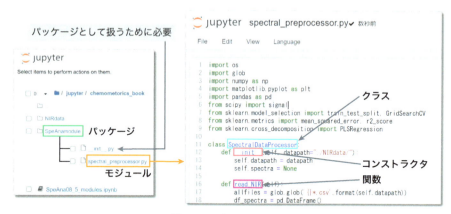

図 8.8　モジュールの構成

ここでは，ipynb ファイルと同じ階層（フォルダ）に SpeAnamodule（パッケージ名）というフォルダを作成しています．このフォルダには，__init__.py と spectral_preprocessor.py（モジュール名）というファイルを保存しました．spectral_preprocessor.py に関数やクラス，変数などを定義していきます．つまり，このモジュールに「繰り返し利用したいクラスや関数」を書き込むというわけです．図 8.8 では，SpectralDataProcessor というクラスと，いくつかの関数を定義しています．以下のように spectral_preprocessor.py を準備します．

コード 8.7　モジュール化（`spectral_preprocessor.py`）

```
import os
import glob
import numpy as np
import matplotlib.pyplot as plt
import pandas as pd
from scipy import signal
from sklearn.model_selection import train_test_split, GridSearchCV
from sklearn.metrics import mean_squared_error, r2_score
from sklearn.cross_decomposition import PLSRegression

class SpectralDataProcessor:
    def __init__(self, datapath="./dataChapter08/"):  # ①
        self.datapath = datapath  # ②

    def read_NIR(self):
        allfiles = glob.glob("{}*.csv".format(self.datapath))
```

8.5 前処理の関数のモジュール化

```python
17      df_spectra = pd.DataFrame()
18      for file in allfiles:
19          df = pd.read_csv(file, header=None)
20          df_spectra = pd.concat([df_spectra, df.iloc[:, 1]], axis=1)
21      df_spectra.columns = range(1, len(allfiles) + 1)
22      df_spectra.index = df.iloc[:, 0]
23      plt.plot(df_spectra)
24      df_spectra = df_spectra.T
25      self.spectra = df_spectra  # ③
26      return df_spectra
27
28  def savigolay_deri(self, window, polynom, order):
29      derispec = self.spectra.copy()  # ④
30      for i in range(len(derispec)):
31          derispec.iloc[i] = signal.savgol_filter(
32              derispec.iloc[i], window, polynom, order)
33      fig, axes = plt.subplots(2, 1, figsize=(6, 6))
34      axes[0].plot(self.spectra.T, "k")
35      axes[1].plot(derispec.T, "k")
36      return derispec
37
38  def SNV(self):
39      snvspec = self.spectra.copy()  # ⑤
40      for i in range(len(snvspec)):
41          snvspec.iloc[i] = (snvspec.iloc[i] - snvspec.T.mean().iloc[i]) \
42                              / snvspec.T.std().iloc[i]
43      fig, axes = plt.subplots(2, 1, figsize=(6, 6))
44      axes[0].plot(self.spectra.T, "k")
45      axes[1].plot(snvspec.T, "k")
46      return snvspec
```

　モジュール化している関数は，スペクトルを一括読み込みする read_NIR 関数，スムージングと微分計算を行う Savitzky-Golay フィルタの savigolay_deri 関数，SNV による補正を行う SNV 関数です。それぞれ，前節までで説明してきた関数（SpeAna_8_1_pretreatment.ipynb）です。

　この py ファイルでは，11 行目でクラス SpectralDataProcessor を定義しています。このクラスのはじめで，**__init__** という**コンストラクタ**と呼ばれる特別なメソッドを準備しています。コンストラクタは，クラス内の最初のメソッドとして定義され，新しいインスタンスが作成されるたびに自動的に呼び出されます。これにより，設定や変数の初期値を定義し，おもにオブジェクトの初期化を行います。

　__init__ の引数には **self** が指定されています。Python のクラスでは，クラス内のインスタンスに，そのクラス内の他のメソッドからアクセスできるようにするために，特別なキーワード self が使用されます。self を使うことで，クラス内のメソッドは同じクラスにあるインスタンス変数や属性にアクセスできるということです。コード 8.7 の例では，SpectralDataProcessor というクラスに含まれるすべての関数（read_NIR, savigolay_deri, SNV）で，共通して用いるインスタンス（datapath, df_spectra）を self に格納します。

第 8 章　スペクトルデータの前処理

　さらに，プログラムの詳細を見ていきましょう。まず，①のコンストラクタの __init__ メソッドを定義する際に，self と datapath（およびそのデフォルト値，ここでは "./dataChapter08/"）を定義します。次に，②のコンストラクタ内で，引数 datapath の値をインスタンス変数 self.datapath に格納しています。これにより，datapath の値はクラス内の他のメソッドでもアクセスできるようになります。

　③では，メソッド内で，変数 df_spectra の値をインスタンス変数 self.spectra に格納しています。これにより，self.spectra はインスタンスのスコープ（クラス内のすべてのメソッドで利用可能な範囲）全体で利用可能なデータとなり，他のメソッドからアクセスできるようになります。④と⑤では，メソッド内でインスタンス変数 self.spectra のコピーを作成し，このコピーを新たな変数（derispec, snvspec）に格納しています。これにより，self.spectra のもとのデータを保持しながら，変更を加えた新しいデータを格納できます。

　これで自作モジュールの準備ができました。ここからはこのモジュールを使用していきましょう。図 8.8 に示すように，SpeAna08_5_modules.ipynb と同じ階層に SpeAnamodule というフォルダを作成し，このフォルダに spectral_preprocessor.py を保存してください。さらに，ここに __init__.py というファイルを作成してください。py ファイルは Word やメモ帳などでも作成できますが，Jupyter Notebook でも作成できます。Jupyter Notebook の右上の New ボタンから Text File をクリックし，現れた画面でファイル名を spectral_preprocessore.py に変更します。__init__.py には何も記入しなくてもよいです。

　以上で準備完了です。SpeAna08_5_modules.ipynb に戻って以下のようにプログラムします。

コード 8.8　自作したモジュールのインポート

```
1  from SpeAnamodule.spectral_preprocessor import SpectralDataProcessor # ①
2  # 使用例
3  # processor = SpectralDataProcessor("./dataChapter08/") # ②'
4  processor = SpectralDataProcessor() # ②
5  spectra = processor.read_NIR() # ③
6  derispec = processor.savigolay_deri(window=21, polynom=2, order=2) # ④
7  snvspe = processor.SNV() # ⑤
```

　①でパッケージ SpeAnamodule 内のモジュール spectral_preprocessor からクラス SpectralDataProcessor をインポートしています。その後，②でインスタンスを作成しています。この際，デフォルトのデータパス "./dataChapter08/" が使用されます。もし異なるデータパスを指定したい場合は，コメントアウトしている 3 行目のコードのように記入して，データパスを指定してください。③では processor インスタンスの read_NIR メソッドを呼び出して，NIR データを読み込み，スペクトルデータを返します。変数 spectra にはスペクトルデータが格納されます。④と⑤では Savitzky-Golay フィルタによる二次微分と SNV の補正をそれぞれ行っています。これらは self キーワードを使用してクラスのインスタンス変数にアクセスしているため，スペクトルの引数を指定していません。これで自作モジュールを使うことができました。

178

最後にパッケージに含まれる __init__.py についてもう少し説明します。__init__.py ファイルは，ディレクトリ（フォルダ）を Python パッケージとして扱うために必要です。__init__.py ファイルには特定のコードを書く必要はありませんが，ファイルが存在するだけで，そのディレクトリがパッケージとして認識されます。__init__.py には必ずしもプログラムを記載する必要はありませんが，初期化コードの配置やエクスポート指定を行うことも可能です。ここで，初期化コードとは，パッケージが初めてインポートされるときに実行される設定や準備を行うコードのことです。また，エクスポート指定とは，パッケージ外部から利用可能にするモジュールや関数を明示的に指定することを指します。

本節では自作した関数のモジュール化と，その使用方法について説明しました。皆さんも独自のスペクトル解析用のパッケージやモジュールを自作して，解析を効率化していきましょう。

コラム　6：ビッグデータと GAMAM

ビッグデータは，現代社会において急速に重要性を増している用語です。ビッグデータは，文字通り「膨大な量のデータの集合」を指し，そのデータを分析することで，新たな知見やサービスが生まれます。機械学習，特に深層学習は，ビッグデータの分析における強力なツールとなっています。深層学習により，予測モデルや分類モデルを構築でき，画像認識や自然言語処理，医療診断など，多くの分野で活用が進んでいます。

プラットフォーム企業，特に GAMAM（Google 社，Amazon 社，Meta 社，Apple 社，Microsoft 社）は，ビッグデータの活用において重要な役割を果たしています。これらの企業は，ユーザーから収集したビッグデータをもとに，検索エンジンや SNS，電子商取引などのサービスを提供しています。これらのサービスの多くは無料で提供されていますが，その代わりにユーザーはメタデータを企業に提供しており，広告ターゲティングや新たなサービス開発のために使用されます。なお，ここでのメタデータとは，データについての情報を提供するデータ（今回の例では，ユーザーの利用履歴や通信データ，位置情報，デバイス情報など）のことです。

ビッグデータの活用は，ビジネスだけでなく，科学研究，公共政策，医療など，さまざまな分野においても重要な意味をもっています。ビッグデータの取り扱いで最も重要なのは「因果の探索」ではなく，ビッグデータを集めるためのプラットフォームとそれらを解析するための大量の GPU ということになります。

第9章 機械学習の基礎知識

　機械学習は**教師あり学習**，**教師なし学習**および強化学習に大別されますが，本章ではスペクトル解析でよく用いられる教師あり学習と教師なし学習について説明します。教師あり学習では，ラベル付きのトレーニングデータを用いてモデルを学習させ，未知のデータに対する予測を行います。たとえば，既知の成分のスペクトルデータを用いて学習させたモデルを使って，未知のサンプルの成分を予測することができます。教師なし学習では，ラベルのないデータから構造やパターンを発見することが目的です。これは，スペクトルデータのクラスタリングや異常検知に応用されます。

　機械学習をスペクトル解析に適用することで，従来の手法では困難だった複雑な問題の解決や，より高精度な解析が可能になるため，特に，大量のデータを扱う場合は機械学習の利用は特に効果的です。

　本章では，機械学習でよく使用される一般的な手法でもある，クラスタリング，ランダムフォレスト，サポートベクトルマシン（SVM），ニューラルネットワーク（NN）の原理を説明します。クラスタリングはデータ間の距離からその類似性を確認するもの，ランダムフォレストはさまざまな定性・定量分析で頻繁に利用されるアルゴリズム，SVMは非線形回帰や判別分析において優位なアルゴリズムです。NNは深層学習の一種で，画像の認識などでも多用されています。

9.1 クラスタリング

　本章では **Iris（アイリス）データセット**を用いて，機械学習のアルゴリズムを説明していきます。Iris データセットは，統計学や機械学習，パターン認識の分野で広く利用されているデータセットです。なお，データセットとは，特定の目的で集められ，一定の形式に整理されたデータの集合です。

　このデータセットは，1936 年にイギリスの統計学者ロナルド・フィッシャーによって紹介され，3 種類のアイリス（アヤメ）の花（setosa, versicolor, verginica）の各 50 サンプルに対し，4 つの特徴（がく片（sepal）の長さと幅，花弁（petal）の長さと幅）を測定したものです。そのシンプルさと，小規模ながらも実際のデータである点から，機械学習の入門に適した教材とされています。

　クラスタリングは，類似したデータポイントをグループ（クラスタ）にまとめる手法で，機械学習における教師なし学習の 1 つです。クラスタリングにはさまざまな手法がありますが，本書では階層的クラスタリングについて説明します。

　階層的クラスタリングは，図 9.1 に示すようにデータを階層的にグループ化するアルゴリズムです。このアルゴリズムは，個々のデータポイント（あるいはクラスタ）で類似度または距離に基づいて最も近いものどうしを結合していき，最終的に全データが 1 つのクラスタになるまで処理を繰り返します。

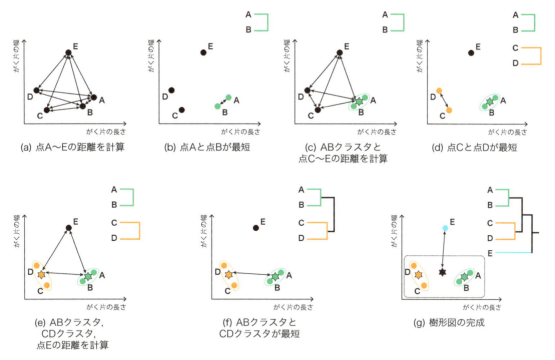

図 9.1 階層的クラスタリングのアルゴリズム

　階層的クラスタリングでは，データポイントどうしの類似性やクラスタどうしの関係を視覚的に表現するために，樹形図が用いられます。図 (a) に示すような，がく片の長さを x 軸，幅を y 軸とした試料 A 〜 E の散布図（イメージのため実際のデータとは異なる）を用いて，階層的クラスタリングのアルゴリズムの過程を説明します。

　まず，これらのデータポイント A 〜 E のすべての組み合わせについて，その 2 点間の距離を計算します。この距離の計算方法には一般的にユークリッド距離やマンハッタン距離が用いられます。すべての組み合わせで距離を計算すると，図 (b) のように点 A と点 B の距離が一番短いことがわかります。そこで，点 A と点 B をつないだ樹形図を作り，1 つのクラスタとします。

　つづいて，図 (c) のように AB クラスタと点 C 〜 E のすべての組み合わせで距離を計算します。点 C と点 D の距離が一番短いため，図 (d) のように点 C と点 D をつなげて樹形図を作り，1 つのクラスタとします。次は，図 (e) のように AB クラスタ，CD クラスタ，点 E のすべての組み合わせで距離を計算します。AB クラスタと CD クラスタの距離が最も短いため，図 (f) のようにクラスタどうしをつなげて樹形図を作ります。この作業を繰り返していった結果，図 (g) の樹形図が完成します。

　それでは，Iris データセットを用いて，Python で階層的クラスタリングを実際に行ってみましょう。まずは，以下のプログラムで Iris データセットをインポートし，データの概要を確認します。これにより，以下に出力されるようなデータフレーム（2 次元の表形式データ）を準備できます。

第 9 章　機械学習の基礎知識

コード 9.1　Iris データセットのインポートとデータの概要

```
1  iris = load_iris() # Iris データセットをインポートして, iris オブジェクトに格納します。
2
3  # DataFrame を作成。列名は iris.feature_names
4  df = pd.DataFrame(iris.data, columns=iris.feature_names)
5  df["target"] = iris.target # Iris データセットのターゲット（種類）を新しい列として追加
6  # ターゲットが 0 の行を見つけ, その値を "setosa" に置き換え
7  df.loc[df["target"] == 0, "target"] = "setosa"
8  df.loc[df["target"] == 1, "target"] = "versicolor"
9  df.loc[df["target"] == 2, "target"] = "virginica"
10 df
```

	sepal length (cm)	sepal width (cm)	petal length (cm)	petal width (cm)	target
0	5.1	3.5	1.4	0.2	setosa
1	4.9	3	1.4	0.2	setosa
2	4.7	3.2	1.3	0.2	setosa
3	4.6	3.1	1.5	0.2	setosa
4	5	3.6	1.4	0.2	setosa
...	..	..	..	..	..
145	6.7	3	5.2	2.3	virginica
146	6.3	2.5	5	1.9	virginica
147	6.5	3	5.2	2	virginica
148	6.2	3.4	5.4	2.3	virginica
149	5.9	3	5.1	1.8	virginica

```
150 rows × 5 columns
```

　また, データフレームのメソッドである `describe()` を用いると, データの基本統計量（データの基本的な特性を表すもの）を表示することができます。

コード 9.2　データの基本統計量の表示

```
1  df.describe()
```

	sepal length (cm)	sepal width (cm)	petal length (cm)	petal width (cm)
count	150	150	150	150
mean	5.843333	3.057333	3.758	1.199333
std	0.828066	0.435866	1.765298	0.762238
min	4.3	2	1	0.1
25%	5.1	2.8	1.6	0.3
50%	5.8	3	4.35	1.3
75%	6.4	3.3	5.1	1.8
max	7.9	4.4	6.9	2.5

さらに，snsライブラリのpairplot関数を用いて，各種の散布図を表示してみましょう．以下のプログラムを実行すると，3種類のIrisの4つの特徴量の組み合わせでの散布図が表示され，対角線上にはヒストグラムが表示されます．

コード9.3　pairplot関数の実行

```
1  palette = sns.color_palette("pastel")[:3]
2  sns.pairplot(df, hue="target", palette=palette)
3  plt.show()
```

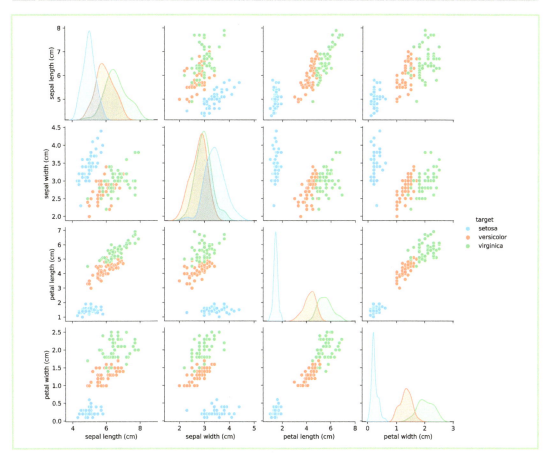

Irisの種類で色分けされているため，その違いを視覚的に確認することができます．それではこのデータに対して，以下のプログラムで階層的クラスタリングを行いましょう．

コード9.4　階層的クラスタリング

```
1  # df の最初の 4 列を使ってユークリッド距離とウォード法による階層的クラスタリングを実行
2  clustering_results_all = linkage(df.iloc[:, 0:4], metric="euclidean",
3                                   method="ward")
```

`metric="euclidean"` は，データポイントおよびクラスタ間の距離を**ユークリッド距離**で計算することを意味します。`method="ward"` は，**ウォード法**を用いてクラスタリングを行うことを意味します。ウォード法は，クラスタ内の分散の増加を最小限に抑えるようにクラスタを結合します。`method` は，このほかにも以下のものがあります。

① **最短距離法 method="single"**：異なるデータポイントおよびクラスタ間で最も近い距離を使用してクラスタを結合する。
② **最長距離法 method="complete"**：異なるデータポイントおよびクラスタ間の最も遠い距離に基づいてクラスタを結合する。
③ **平均連結法 method="average"**：データポイントおよびクラスタ間のすべてのペアの平均距離を使用してクラスタを結合する。

つづいて，樹形図を表示したいところですが，3種類で各50試料の計150のデータポイントすべてを使用して樹形図を表示すると複雑になってしまいます。そこで，3種類から5試料ずつを抽出して，階層的クラスタリングと樹形図の表示を行うこととします。以下のプログラムで実行します。

コード 9.5　3種類から5試料ずつを抽出した階層的クラスタリングの結果の表示

```python
indices = list(range(0, 5)) + list(range(50, 55)) + list(range(100, 105))
df_subset = df.iloc[indices, :]
clustering_results = linkage(df_subset.iloc[:, 0:4], metric="euclidean",
                             method="ward")
plt.figure(figsize=(8, 4))
plt.rcParams["font.size"] = 10
# 樹形図の表示
dendrogram(clustering_results, labels=df_subset["target"].values,
           color_threshold=0, orientation="right", leaf_font_size=12)
plt.show()
```

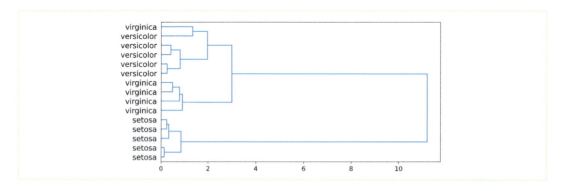

8，9行目で `dendrogram` 関数を用いて樹形図を表示しています。階層的クラスタリングを用いるだけでも，Iris の種類をある程度分類できることがわかります。さらに，この樹形図をもとにデータを特定の数のクラスタに分割してみましょう。なお，今回のデータには3種類の Iris のラベルがついていますが，クラスタリングではそのラベルの情報は使わずに，データポイントとクラスタの距離

で分類を行っています．以下のプログラムで分類を行います．

コード 9.6　特定の数のクラスタへの分割

```
1  number_of_clusters =3
2  cluster_numbers = fcluster(clustering_results_all, number_of_clusters,
3                             criterion="maxclust")
4  cluster_numbers = pd.DataFrame(cluster_numbers)
5  plt.scatter(df.iloc[:,2],df.iloc[:, 3],  c=cluster_numbers.iloc[:, 0])
6  plt.xlabel(df.columns[2])
7  plt.ylabel(df.columns[3])
8  plt.show()
```

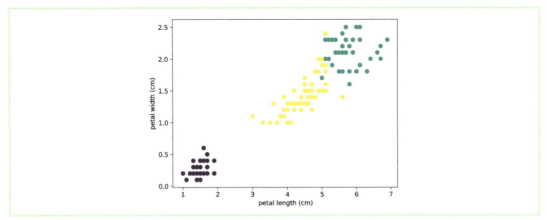

2, 3 行目では，fcluster 関数を用いてクラスタの分割を行っています．引数は（クラスタリング結果，クラスタ数，分割基準）です．分割基準として，今回は criterion="maxclust" を用いています．これは，指定された最大のクラスタ数 number_of_clusters を超えないように，データポイントをクラスタに割り当てるものです．次に，花弁の幅（petal width）と長さ（petal length）の散布図を表示し，fcluster による分割結果を各プロットの色に反映させます．この分割は，教師なし学習であるため，Iris のラベルとは関係なく任意のクラスタ数に分けることができます．1 行目を number_of_clusters=5 として同様の表示をすると次のような出力が得られます．

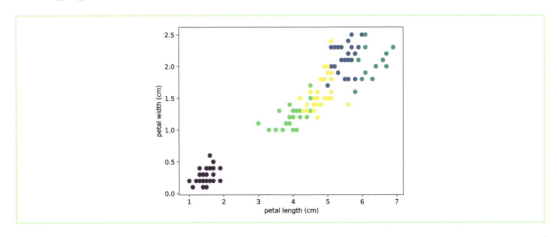

9.2 k 近傍法

教師あり学習の1つで，分類や回帰に使用されるシンプルかつ効果的なアルゴリズムとして，**k 近傍法**（k–nearest neighbors, **k–NN**）があります。k–NN の基本的な考え方は，「似たものは近くにある」という原則に基づいています。

k–NN では，予測対象の新しいデータポイントに対して，最も近い k 個の既知のデータポイント（近傍）を探します。その後，これらの近傍の中で最も多数を占めるクラスが，新しいデータポイントのクラスとして予測されます。

たとえば，図 9.2(a) に示すような Iris のがく片の長さと幅の散布図があるとします（イメージのため実際のデータとは異なる）。オレンジ色，水色，緑色のデータポイントは，それぞれ3種類の Iris にラベルづけされています。ここで，図 (b) に示すように，新しいデータポイント（黒色とピンク色）が，どの種類の Iris に属するかを推測するため，3近傍法（$k = 3$）を使用してみましょう。

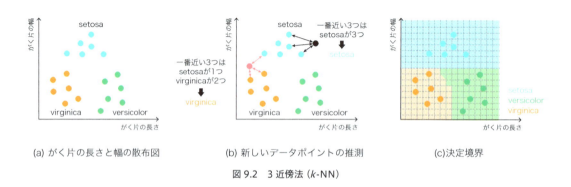

(a) がく片の長さと幅の散布図　　(b) 新しいデータポイントの推測　　(c) 決定境界

図 9.2　3 近傍法（k-NN）

まず，黒色のデータポイントに対して，最も近い3つのデータポイントを探すと，3つのデータはすべて setosa であることがわかります。そのため，この新しいデータも setosa である可能性が高いと予測されます。次に，ピンク色のデータポイントでは，最も近い3つのデータポイントのうち1つが setosa，2つが virginica です。この場合，このピンク色のデータは virginica である可能性が高いと予測されます。

さらに，データポイントの代わりに，散布図内の各座標に対して3近傍法を適用し，予測されたクラスを色で示すと，図 (c) のような**決定境界**を描画できます。決定境界は，異なるクラスを分割するために，特徴空間内に引かれる線や曲線のことです。

k–NN のおもな利点は，実装が簡単で直感的であり，特定の仮定に依存しない点にあります。しかし，データセットが大きい場合や特徴の次元が多い場合に，計算コストが高くなるという欠点があります。

つづいて，k–NN を実際の Iris データセットに適用していきます。k–NN を適用する前に，まずは指定された分類器を用いて，Iris データセットの4変数の各組み合わせ（2変数ずつ）で決定境界をプロットする関数を作成します。分類器とは，与えられたデータを特定のクラスに分類するための機械学習モデルのことです。以下のプログラムでこの処理を実行する関数を定義します。

コード 9.7　分類器による決定境界のプロット

```python
# ①指定された分類器で，データセットの2次元特徴の組み合わせごとに決定境界をプロットする関数
def plot_decision_boundaries(clf, df, y):
    """
    Parameters:
    clf (classifier): 使用する分類器（例: sklearnの分類器）
    df (pandas.DataFrame): 特徴量を含むデータフレーム
    y (numpy.ndarray): ターゲット変数（ラベル）

    Returns:
    None
    """
    combos = combinations(range(4), 2) # ②2つを選ぶすべての組み合わせを生成
    fig, axes = plt.subplots(2, 3, figsize=(15, 10))
    axes = axes.ravel()
    # 各特徴の組み合わせごとにループ
    for ax, (i, j) in zip(axes, combos):
        # 選択された2つの特徴でデータセットのサブセットを作成
        X_subset = df.iloc[:, [i, j]].values
        clf.fit(X_subset, y) # ③分類器を訓練
        y_pred = clf.predict(X_subset) # 訓練された分類器で予測
        accuracy = accuracy_score(y, y_pred) # 予測の正解率を計算

        h = .1 # メッシュのステップサイズ
        # メッシュグリッドを作成するための範囲を計算
        x_min, x_max = X_subset[:, 0].min() - 1, X_subset[:, 0].max() + 1
        y_min, y_max = X_subset[:, 1].min() - 1, X_subset[:, 1].max() + 1
        xx, yy = np.meshgrid(np.arange(x_min, x_max, h),
                             np.arange(y_min, y_max, h))

        # メッシュグリッド上で予測を行い，決定境界をプロット
        Z = clf.predict(np.c_[xx.ravel(), yy.ravel()])
        Z = Z.reshape(xx.shape)
        ax.contourf(xx, yy, Z, alpha=0.8, cmap=plt.cm.coolwarm)
        # もとのデータポイントをプロット
        scatter = ax.scatter(X_subset[:, 0], X_subset[:, 1], c=y,
                             edgecolors="k", cmap=plt.cm.coolwarm)
        # 軸にラベルを設定
        ax.set_xlabel(df.columns[i])
        ax.set_ylabel(df.columns[j])
        # サブプロットのタイトルに正解率を表示
        ax.set_title(f"Accuracy: {accuracy:.2f}")

    plt.tight_layout() # グラフのレイアウトを整える
    plt.show() # グラフを表示
```

Iris データセットは，4 つの変数（がく片と花弁の長さと幅）をもっているため，この 4 つから 2 つの変数を選んで分類を行います。①で指定された分類器（clf）で，データセットの 2 次元特徴の組み合わせごとに決定境界をプロットする関数である plot_decision_boundaries を定義します。②で変数の組み合わせを生成し，for 文を用いて，③により各組み合わせで分類器を訓練します。以降のプログラムで，決定境界を図示しています。なお，25 行目のメッシュのステップサイズ h = .1 を細かくするほど，メッシュが細かく刻まれることになります。

それでは，この関数を用いて，*k*–NN を適用しましょう。plot_decision_boundaries で訓練を行うようにしているため，ここでは以下のようにインスタンスを作成して，引数として指定して実行します。

コード 9.8 plot_decision_boundaries 関数の実行

```
1  clf = KNeighborsClassifier(n_neighbors=3)  # 3 近傍法
2  # iris.target を目的変数に指定
3  plot_decision_boundaries(clf,df.iloc[:, 0:4],iris.target)
```

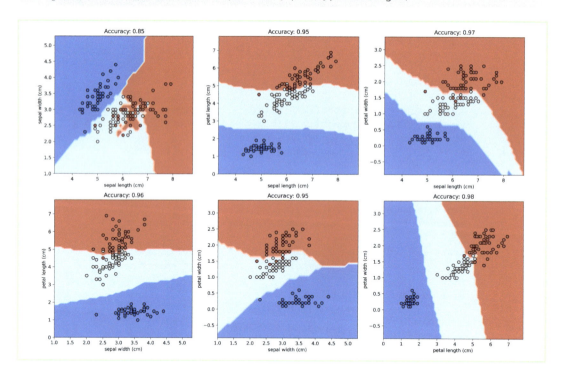

各図の上部には，予測の正解率が示してあります。図右下の花弁の幅と長さの組み合わせでは，正解率が 0.98 と最も高くなっています。なお，ここでは図示のしやすさから 2 変数を選んで *k*–NN を行いましたが，もちろん 4 変数すべてを用いて判別することも可能です。以下のように 4 変数すべてを引数として指定して予測の正解率を計算すると 0.96 となります。

コード 9.9　4 変数を引数とした場合の予測の正解率の計算
```
1  clf.fit(df.iloc[:, 0:4], iris.target)
2  y_pred = clf.predict(df.iloc[:, 0:4])
3  print(accuracy_score(iris.target, y_pred))  # 予測の正解率を表示
```
0.96

　花弁の幅と長さの 2 変数を用いる場合より正解率が低くなっています．もちろん，ここでは検量しか行っていないため，モデルの予測精度を評価するためには 7.1.10 項で学んだように，別に用意したテストセットを用いる必要があります．

9.3 決定木をベースとしたアルゴリズム

　機械学習で使用される手法の一つに，木構造をもつ分類器である**決定木**があります．決定木をベースにしたアルゴリズムとして，**ランダムフォレスト**や**勾配ブースティング**，その一種である **XGBoost** などがあげられます．決定木では，節（ノード）は特徴に基づく質問を表し，枝（エッジ）はその回答，葉（リーフ）は予測結果を示します．図 9.3 に，Iris データセットをもとにした決定木の構造を示します（イメージであり実際のデータとは異なる）．この図では，試料として setosa が 10 点，versicolor が 5 点含まれる場合の決定木の例を示しています．

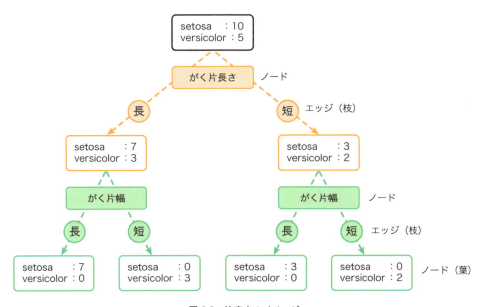

図 9.3　決定木のイメージ

図の上部から順に，まずは，がく片の長さが長いものと短いもので分けます。結果，長いものにはsetosaが7点，versicolorが3点，短いものにはsetosaが3点，versicolorが2点で分かれています。次に，分けられたそれぞれについて，がく片の幅で分けることを行います。決定木は，このようにさまざまな特徴について順々に分けていくというアルゴリズムです。図9.3では，最終的に2つの特徴でうまく判別できています（実際のデータはこのようにうまく判別できることはほとんどない）。ここでは，がく片の長さが長く，幅が短いものはversicolorであると判断できているといえます。質問の順番や閾値（たとえば，何cmからを長いとするかなど）については，さまざまな組み合わせが考えられますが，これらはいくつかの指標をもとに決定されます。

9.3.1 ランダムフォレスト

単一の決定木の分類精度は，それほど高くない場合が多く，弱学習器と呼ばれることがあります。決定木を深く成長させるほど訓練データに対する精度は高まりますが，その分，過学習（オーバーフィッティング）のリスクが増加します。これに対して，ランダムフォレストは複数の決定木を組み合わせたアンサンブル学習アルゴリズムです。アンサンブル学習は，複数の学習器を組み合わせる手法であり，これにより単一の決定木で生じやすい過学習を克服し，予測性能を向上させることができます。

ランダムフォレストを用いた回帰モデルでは，異なるブートストラップサンプル（データのランダムなサブセット）を用いて複数の決定木を訓練します。各決定木は，異なるランダムな特徴量のサブセットを使用して訓練されるため，多様性が生まれます。最終的な予測は，各決定木の予測結果を集約することで行われます。

機械学習の問題は，分類問題と回帰問題に大きく分けられます。分類問題は，与えられたデータを事前に定義されたクラスに分類する問題です。回帰問題は，与えられたデータから値を予測する問題です。ランダムフォレストは，これらの両方に適用可能な汎用的なモデルであり，分類では多数決など，回帰では平均値などをとることで最終的な予測を行います（図9.4）。さらに，特徴量の重要性を評価する能力も備えています。ランダムフォレストは，その高い精度，扱いやすさ，柔軟性から，さまざまな分野で広く利用されています。

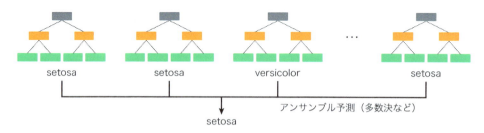

図9.4 ランダムフォレストのイメージ

ここで，学習器とモデルの違いを説明しておきます。データから学習を行い，予測や分類のためのルールやパラメータを決定するアルゴリズムのことを学習器といいます。一方，学習器によって学習された後の，データの特徴を捉えた具体的な数学的表現や構造のことをモデルといいます。学習器は，

訓練データを用いてモデルを構築し、モデルのパラメータを更新していくプロセスを担います。学習器はモデルを構築・更新するための手段であり、モデルは学習器によって形成されたデータの表現です。この関係性を理解することで、機械学習のプロセスをより深く把握することができます。

9.3.2 勾配ブースティング

前項では、単一の決定木は弱学習器であることが多いため、ランダムフォレストで複数の決定木をアンサンブル学習させていることを説明しました。一方、弱学習器を少しずつ修正していき、分類精度を高めていくアルゴリズムに勾配ブースティングがあります。勾配ブースティングでは、複数の弱学習器を逐次的に構築し、それぞれが前の学習器の残した誤差の修正に焦点を当てて学習していきます。

この過程では、最初のモデルがデータセットを学習した後、続く各モデルにおいて、前のモデルの予測と実際の目標値との残差を最小化するように訓練されていきます。各ステップで、モデルは損失関数の勾配に沿って更新されるため、勾配ブースティングと呼ばれます。これにより全体のモデルが徐々に改善されていきます（勾配ブースティングもアンサンブル学習の一種）。たとえば、勾配ブースティングの場合、初期のモデルから始めて、学習器（弱学習器）を使って誤りを修正しながら、段階的にモデルを更新し、最終的な予測モデルを構築していきます。このプロセスを通じて、モデルは徐々にデータの特徴を捉え、予測精度を向上させていきます。

9.3.3 Python による実践

以下のようにプログラムすることで決定木とランダムフォレスト、勾配ブースティング、XGboost（勾配ブースティングの改良版で、正則化や並列計算などの特徴をもつ）のそれぞれで決定境界をプロットすることができます。ここの出力結果には、XGboostを用いた結果のみを示します。それぞれのモデルで決定境界が異なっていることを確認することができます。

コード 9.10 決定木，ランダムフォレスト，勾配ブースティング，XGboost による決定境界

```
1  # 決定木
2  clf = DecisionTreeClassifier()
3  plot_decision_boundaries(clf,df.iloc[:, 0:4], iris.target)
4
5  # ランダムフォレスト
6  clf = RandomForestClassifier()
7  plot_decision_boundaries(clf,df.iloc[:, 0:4], iris.target)
8
9  # 勾配ブースティング
10 clf = GradientBoostingClassifier()
11 plot_decision_boundaries(clf,df.iloc[:, 0:4], iris.target)
12
13 # XGboost
14 clf =xgb.XGBClassifier()
15 plot_decision_boundaries(clf,df_scaled.iloc[:, 0:4], iris.target)
```

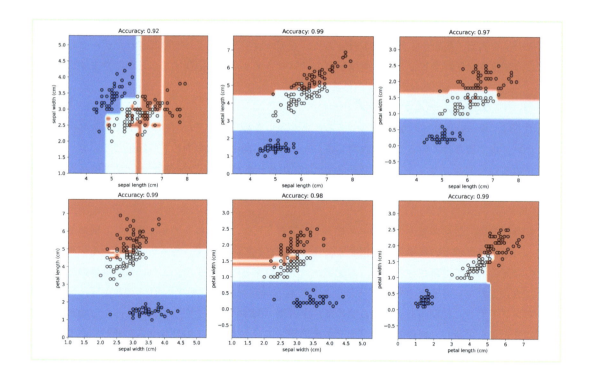

9.4
重回帰分析 (最小二乗法, 最小絶対値法, リッジ回帰, ラッソ回帰)

次節では, 分類問題や回帰問題で広く使用されている教師あり学習の一種であるサポートベクトルマシン (SVM) を説明します. その前段として, 本節では最小二乗法, 最小絶対値法, リッジ回帰, ラッソ回帰の 4 つの回帰を説明します. SVM を含め, これらの回帰はすべて重回帰分析をベースとしています. 重回帰分析は, 複数の説明変数と 1 つの目的変数間の関係を, 次式のようにモデル化する手法です.

$$y = a_1 x_1 + a_2 x_2 + \cdots + a_n x_n + b \tag{9.1}$$

ここで, y は目的変数, $x_1, x_2, \cdots, x_n$ は説明変数, b は切片, $a_1, a_2, \cdots, a_n$ はそれぞれの説明変数の係数です.

上記の 4 つの回帰はいずれも式 (9.1) を用い, 係数ベクトル $\boldsymbol{a} = a_1, a_2, \cdots, a_n$ を回帰によって決定します. これらの手法の違いは損失関数にあります. 損失関数とは, 機械学習モデルの予測と実際のデータとの差異を定量化するための関数であり, この損失関数の値を最小化することで, 最適な係数ベクトル $\boldsymbol{a}$ を求めるのが回帰であるといえます.

図 9.5 で, Iris データセットを例に最小二乗法と最小絶対値法による回帰の違いを説明します. 図 (a) に示すように, Iris データセットの花弁の幅と長さの間で回帰を行う場合を考えます. つまり, 花弁の長さから, 幅を予測する線形モデルを作成します.

9.4 重回帰分析（最小二乗法，最小絶対値法，リッジ回帰，ラッソ回帰）

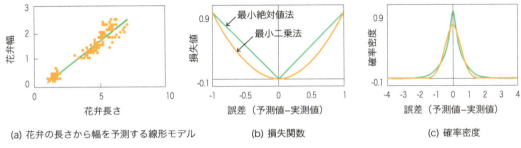

(a) 花弁の長さから幅を予測する線形モデル　(b) 損失関数　(c) 確率密度

図 9.5　最小二乗法と最小絶対値法の違い

4.2.4項で説明したように，モデルからの y 軸方向の誤差が最も小さくなるように，誤差の二乗和を損失関数として設定するのが最小二乗法です．この場合，損失関数は次式で表されます．

$$\sum_{i=1}^{n}(y_i - ax_i - b)^2 \tag{9.2}$$

一方で，誤差を二乗せずに誤差の絶対値を用いて表現することもできます．これが最小絶対値法です．最小絶対値法では，次式の損失関数を採用します．

$$\sum_{i=1}^{n}|y_i - ax_i - b| \tag{9.3}$$

通常，最小絶対値法ではなく，最小二乗法が用いられる理由は2つあります．1つ目は，最小二乗法では解析的に係数 a と b を決定できる点です．解析的に解けるとは，数学的な式や方程式の解を直接求めることができることを意味します．係数 a と b を偏微分で求める方法は4.2.4項で説明しました．図 (b) に示すように，最小二乗法では損失関数が二乗和で表されており，どこでも微分可能（連続関数）です．そのため，微分方程式を用いて係数を決定することができます．一方，最小絶対値法では誤差（横軸）が0のところで微分を行うことができません．したがって，最小絶対値法は解析的に解くことができず，係数を決定するために**線形計画法**が用いられます．線形計画法は，**シンプレックス法**や**内点法**といったアルゴリズムを用い，繰り返し計算を行いながら解を最適化していく手法です．

最小二乗法が用いられる2つ目の理由は，図 (c) に示すような誤差の確率密度の形状にあります．最小二乗法では，データの誤差が正規分布に従うという仮定のもとで，パラメータの**最尤推定値**と一致します．これは，誤差が正規分布である場合，最小二乗法で求めた推定値が，データの生成過程を最もよく説明する（尤もらしさが最も高い）パラメータであることを意味します．一般的に，データの分散は正規分布に従うことが多いため，最小二乗法が適していると考えられます．一方，最小絶対値法では残差がラプラス分布（二重指数分布）に従うという仮定のもとで，パラメータの最尤推定値と一致します．

以上が最小二乗法の利点ですが，最小二乗法では誤差を二乗するため，外れ値の影響を受けやすいという問題があります．たとえば，ある試料における誤差（予測値と実測値の差）が–10である場合，

193

第9章　機械学習の基礎知識

この試料の損失値は最小二乗法では 100，最小絶対値法では 10 となります。損失値は，回帰モデルによる予測値と実際の観測値の差を示す指標になります。最小二乗法では，予測値と観測値の二乗誤差の合計を最小化しようとします。一方，最小絶対値法では，予測値と観測値の絶対誤差の合計を最小化します。そのため，異常値でもたらされる大きな損失値は係数 a と b の決定に大きく影響することになります。ここまでの最小二乗法と最小絶対値法の比較と，リッジ回帰とラッソ回帰もあわせて表 9.1 にまとめます。

表 9.1　回帰と損失関数の比較

回帰	損失関数	解法	誤差の形状	異常値の影響
最小二乗法	$\sum_{i=1}^{n}\left(y_i - ax_i - b\right)^2$	解析的	正規分布	受けやすい
最小絶対値法	$\sum_{i=1}^{n}\left\|y_i - ax_i - b\right\|$	線形計画問題（繰り返しアルゴリズム）	ラプラス分布	受けにくい
リッジ回帰	$\sum_{i=1}^{n}\left(y_i - ax_i - b\right)^2 + \lambda\left(a^2 + b^2\right)$	解析的	—	—
ラッソ回帰	$\sum_{i=1}^{n}\left(y_i - ax_i - b\right)^2 + \lambda\left(\|a\| + \|b\|\right)$	線形計画問題（繰り返しアルゴリズム）	—	—

　リッジ回帰とラッソ回帰では，最小二乗法にそれぞれ異なる正則化項を導入します。これにより，モデルの過学習を防ぎ，汎化性能を向上させることができます。正則化とは，モデルの複雑さに対してペナルティを課すことで，係数の値を制約するものです。λ は正則化の強さを調整するパラメータです。

　リッジ回帰では λ に係数の二乗和を掛けることで，ラッソ回帰では λ に係数の絶対値和を掛けることで，それぞれ異なるペナルティをモデルに導入します。リッジ回帰は，正則化の効果により，過学習を防ぎつつ，モデルの安定性を高めることができます。一方，ラッソ回帰は，正則化の効果により，いくつかの係数を厳密に 0 にすることが可能です。この性質により，ラッソ回帰では変数選択（特定の特徴量を除外すること）が自動的に行われ，モデルの解釈性が向上します。λ の適切な値は，クロスバリデーションなどの手法を用いて決定されます。

　Iris データに対して，最小二乗法，最小絶対値法，リッジ回帰，ラッソ回帰を適用し，回帰モデルの切片と傾きの違いを確認しましょう。以下のプログラムで実行できます。アルゴリズムごとに，得られる傾きと切片が異なることが確認できます。

コード 9.11　最小二乗法，最小絶対値法，リッジ回帰，ラッソ回帰

```
1   # iris データセットを読み込む
2   iris = datasets.load_iris()
3   X = iris.data[:, 2].reshape(-1, 1) # 花弁の長さ
4   y = iris.data[:, 3] # 花弁の幅
5
6   # 最小二乗法による回帰モデル
7   lr = LinearRegression()
8   lr.fit(X, y)
9   y_pred_lr = lr.predict(X)
10
```

9.4 重回帰分析（最小二乗法，最小絶対値法，リッジ回帰，ラッソ回帰）

```python
11  # 最小絶対値法による回帰モデル（Huber 回帰と呼ばれる回帰モデルを使うことで近似的に実現）
12  # epsilon を大きく設定して，最小絶対値法に近づける
13  huber = HuberRegressor(epsilon=1.35)
14  huber.fit(X, y)
15  y_pred_huber = huber.predict(X)
16
17  # リッジ回帰モデル
18  ridge = Ridge(alpha=1.0)
19  ridge.fit(X, y)
20  y_pred_ridge = ridge.predict(X)
21
22  # ラッソ回帰モデル
23  lasso = Lasso(alpha=0.1)
24  lasso.fit(X, y)
25  y_pred_lasso = lasso.predict(X)
26
27  # 品種ごとにデータを分割
28  setosa = iris.data[iris.target == 0]
29  versicolor = iris.data[iris.target == 1]
30  virginica = iris.data[iris.target == 2]
31
32  # 傾きと切片を抽出
33  lr_slope = lr.coef_[0]
34  lr_intercept = lr.intercept_
35  huber_slope = huber.coef_[0]
36  huber_intercept = huber.intercept_
37  ridge_slope = ridge.coef_[0]
38  ridge_intercept = ridge.intercept_
39  lasso_slope = lasso.coef_[0] if lasso.coef_.size > 0 else 0
40  lasso_intercept = lasso.intercept_
41
42  print(f"最小二乗法による傾き：  {lr_slope:.3f}")
43  print(f"最小二乗法による切片：  {lr_intercept:.3f}")
44  print(f"絶対誤差法による傾き：  {huber_slope:.3f}")
45  print(f"絶対誤差法による切片：  {huber_intercept:.3f}")
46  print(f"リッジ回帰による傾き：  {ridge_slope:.3f}")
47  print(f"リッジ回帰による切片：  {ridge_intercept:.3f}")
48  print(f"ラッソ回帰による傾き：  {lasso_slope:.3f}")
49  print(f"ラッソ回帰による切片：  {lasso_intercept:.3f}")
50
51  # 散布図を品種ごとに色分けしてプロット
52  plt.figure(figsize=(10, 6))
53  plt.scatter(setosa[:, 2], setosa[:, 3], color="lightblue", label="Setosa")
54  plt.scatter(versicolor[:, 2], versicolor[:, 3], color="lightgreen",
55              label="Versicolor")
56  plt.scatter(virginica[:, 2], virginica[:, 3], color="lightpink",
57              label="Virginica")
58
59  # 最小二乗法による回帰線
60  plt.plot(X, y_pred_lr, color="cyan", label="Least Squares Regression Line")
61  # 最小絶対値法による回帰線
62  plt.plot(X, y_pred_huber, color="magenta",
```

195

```
63              label="Least Absolute Deviations Regression Line")
64  # リッジ回帰線
65  plt.plot(X, y_pred_ridge, color="blue", label="Ridge Regression Line")
66  # ラッソ回帰線
67  plt.plot(X, y_pred_lasso, color="red", label="Lasso Regression Line")
68
69  plt.xlabel("Petal length")
70  plt.ylabel("Petal width")
71  plt.title("Regression Lines with Least Squares, Least Absolute Deviations, "
72            "Ridge, and Lasso by Species")
73  plt.legend()
74  plt.show()
```

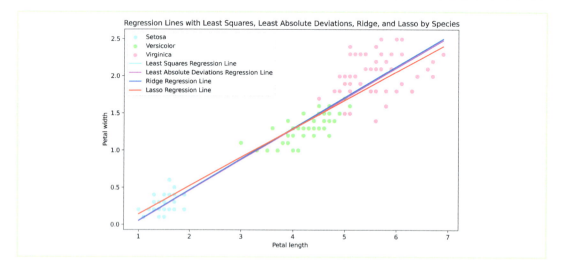

9.5 サポートベクトルマシン（SVM）

　サポートベクトルマシン（support-vector machine，SVM）は，教師あり学習の一種で，特に分類問題や回帰問題において広く使用されている機械学習の手法です。SVM はデータポイントを分類するための最適な境界線（または境界面）を見つける際に用いられることが多いです。この境界は，異なるクラス間で最大のマージンをもつように選択されます。マージンは，境界線から最も近いデータポイント（サポートベクトルと呼ばれる）までの距離のことをいいます。以降でサポートベクトルとマージンについて詳しく説明しますが，まずは SVM を損失関数の観点から説明していきます。

9.5.1　SVM の損失関数

　前節で説明したとおり，損失関数はモデルの予測と実際のラベルとの誤差を定量化し，モデルの予測精度を評価します。SVM では，特にマージンを最大化することで，クラスをより明確に分離することを目指します。このマージン最大化は，損失関数を最小化することで実現されます。

SVM の損失関数は，正しいクラスから予測が一定のマージン以上離れている場合には損失を 0 とし，マージン未満であればその差に応じて損失を増加させるというものです。このように，損失関数は SVM が最適な境界を見つけ，分類問題におけるモデルの性能を向上させるための重要な要素となります。

ここでも Iris データセットをもとに，Iris のがく片などの説明変数から品種を分類する場合を考えます。分類の場合，各品種に数字（**クラスラベル**）を割り当て，このクラスラベルをうまく分類できるような回帰線を作成することになります。

ここでは，説明を簡単にするため，setosa と virginica の 2 種類を分類することを例に考えます。クラスラベルは setosa を −1，virginica を +1 とし，閾値は 0 とします。この場合，予測値が 0.5 の場合は virginica であると分類されます。このとき，「予測値が正解しているかどうか」を確認するために「予測値×クラスラベル」の値を導入すると便利です。これにより，分類に成功した試料では setosa と virginica ともに「予測値×クラスラベル」の値が正となるためです（setosa は予測値が負で分類が正しく，予測値×クラスラベル（−1）の値が正となる。virginica は予測値が正で分類が正しく，予測値×クラスラベル（+1）の値が正となる）。また，誤判別された試料では，setosa と virginica ともに「予測値×クラスラベル」の値が負となります。

図 9.6 には，横軸に「予測値×クラスラベル」の値，縦軸に損失値をとった損失関数のグラフと，損失関数ごとの損失値のイメージを示しています。これをもとに SVM について説明していきます。

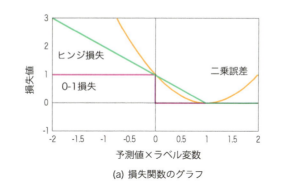

(a) 損失関数のグラフ

(b) 損失値のイメージ

図 9.6　損失関数のグラフと損失値

第 9 章　機械学習の基礎知識

　分類問題では，各データポイントが特定のクラスに属しているかどうかを正確に識別することが重要です。一般的な回帰分析で用いられる最小二乗法では，予測値とクラスラベルの誤差を二乗し，その和を損失値としています。しかし，最小二乗法は分類分析には必ずしも適していません。なぜなら，外れ値（予測値がクラスラベルから大きく離れたデータ）では，損失値が非常に大きな値となることで，モデルが外れ値を過度に重視してしまい，結果として全体としての分類精度が低下するリスクがあるからです。

　このことについて，さらに具体的に説明していきます。部分的最小二乗判別分析（PLS discrimination analysis，PLS–DA）という手法では，クラスラベルを目的変数として使用し，PLS回帰を用いて分類分析を行います。たとえば，setosa を-1，virginica を $+1$ として，それらに基づいて検量線を作成します。PLS 回帰では，スペクトル空間と目的変数空間で分解を行うため複雑に感じますが，最終的にはそれぞれの空間のスコア間で最小二乗法を用います。

　PLS–DA の結果，ある virginica の試料に対して予測値が $+4$ となった場合を考えます。感覚的には，この試料は「virginica としての特性を強く有している」と考えられますが，その損失値は$(1-4)^2 = 9$ と大きな値となります。「予測値×クラスラベル」の値は$1 \times 4 = 4$ と正の値で分類は正しく，かつ閾値から離れた予測値であるにもかかわらず，この試料は損失値が大きいため，「ダメな試料（外れ値）」という評価になります（図 (b)）。さらに，4.2 節で説明したように，微分可能とするために誤差を二乗しているため，外れ値の影響は非常に大きくなってしまいます。

　そこで，分類モデルを作成するうえで理想的な損失関数として，0–1 損失があります。これは，図 (a)の紫色の関数のように，分類が正しい試料では損失値を 0，誤った試料では損失値を 1 とするものです。しかし，0–1 損失の関数は「予測値×クラスラベル」の値が 0 の位置で微分不可能なため，この損失関数を用いた線形回帰は扱いが困難です。

　このため，分類分析ではヒンジ損失がよく使用されます。ヒンジ損失は，「予測値×クラスラベル」の値が 1 以上であれば損失値は 0，「予測値×クラスラベル」の値が 1 未満であれば，損失値は 1−（予測値×クラスラベル）となる関数です。

　SVM は，このヒンジ損失を損失関数に採用している分類手法です。これにより，SVM は外れ値の影響が小さく，かつ効率的な線形分類モデルを作成できます。ただし，ヒンジ損失を用いる場合，回帰の最適化は容易ではなくなります。次項では，SVM がどのように分類を行い，どのようにして非線形な分類が可能となるかについて説明します。

9.5.2　SVM（ハードマージン）の条件

　SVM の分類方法を説明するために，まずはサポートベクトルとマージンについてあらためて説明します。図 9.7 には，2 変数 (x_1, x_2) をもつクラス A と B の 2 種類のデータの散布図を示しています。ここから，緑色とオレンジ色のプロットを分類する線形モデルの構築を行います。

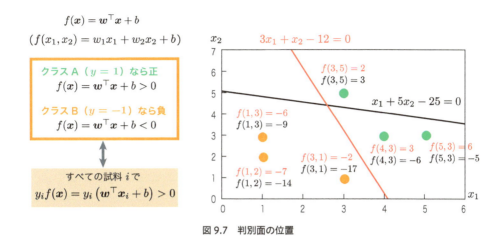

図 9.7 判別面の位置

次の式 (9.4) のような関数によって，クラスラベル（緑色プロットが 1，オレンジ色プロットが −1）を予測します。なお，第 6 章〜第 8 章では，スペクトルデータ $\boldsymbol{x}$ は「行方向が試料軸，列方向が波長軸」でした。しかし，SVM の説明では慣例を踏襲して，$\boldsymbol{x}$ の「行方向が変数軸，列方向が試料軸」となるように表記しました。

$$f(\boldsymbol{x}) = \boldsymbol{w}^\top \boldsymbol{x} + b, \qquad f(x_1, x_2) = w_1 x_1 + w_2 x_2 + b \tag{9.4}$$

散布図に示したように，$f(x_1, x_2) = 0$ の線（面）は判別面となります。仮に，黒色の線のように，$w_1 = 1$，$w_2 = 5$，$b = -25$ を採用したモデルを考えてみます。このモデルをクラス A（クラスラベル 1）である，$x_1 = 4$，$x_2 = 3$ の試料に当てはめてみます。結果は，$f(4,3) = 1 \cdot 4 + 5 \cdot 3 - 25 = -6$ とマイナスになり，判別は誤りとなります。一方，赤色の線のように，$w_1 = 3$，$w_2 = 1$，$b = -12$ を採用したモデルでは，すべての試料で正しく判別できます。すなわち，すべての試料で「予測値 × クラスラベル」の値が正となります。これを数式で表すと次式のようになります。

$$y_i f(\boldsymbol{x}) = y_i \left(\boldsymbol{w}^\top \boldsymbol{x} + b \right) > 0 \tag{9.5}$$

図 9.7 では，赤色の判別面を用いるとすべての試料で正しく判別できることがわかりましたが，正しく判別できる判別面はほかにも多くありそうです。図 9.8 に示した緑色と水色の判別面も，すべての試料で正しく判別できることがわかります。これらの判別面の中から最適のモデルを選ぶために用いるのが**サポートベクトル**です。繰り返しになりますが，サポートベクトルは判別面から最も近い距離にあるデータポイントのことを指し，この距離のことを**マージン**と呼びます。

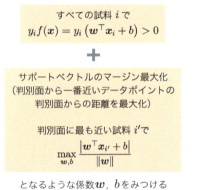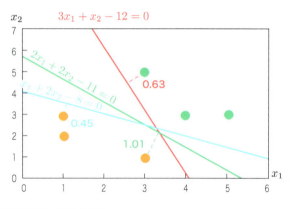

図 9.8 最適な判別面を選ぶ方法

図 9.9 に示すように，マージンは次式で計算できます．

$$\frac{|\boldsymbol{w}^\top \boldsymbol{x} + b|}{\|\boldsymbol{w}\|} \tag{9.6}$$

図 9.8 の 3 つの判別面でマージンを計算すると，それぞれ赤色が 0.63，水色が 0.45，緑色が 1.01 となります．この中で最も堅牢性の高そうな判別面は，マージンが最も大きい緑色の判別面となります．SVM では，このように無数に存在する判別面の中から，マージンが最大となる判別面を見つけます．

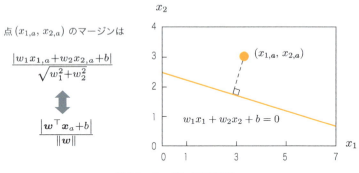

図 9.9 マージンの計算方法

図 9.8 では，緑色の判別面のマージンが最大でした．ここで，この判別面は関数 $f(x_1, x_2) = 2x_1 + 2x_2 - 11$ ですが，この関数に 2 を掛けた関数 $f(x_1, x_2) = 4x_1 + 4x_2 - 22$ も，2 で割った関数 $f(x_1, x_2) = x_1 + x_2 - 5.5$ もまったく同じ判別面をもちます．これらの関数では，図 9.10 に示すようにマージンの値も同じになります．

9.5 サポートベクトルマシン（SVM）

$f(x)$	$f(3,1)$	$\|w\|$	マージン
$2x_1 + 2x_2 - 11$	-3	$\sqrt{8}$	1.01
$4x_1 + 4x_2 - 22$	-6	$\sqrt{32}$	1.01
$x_1 + x_2 - 5.5$	-1.5	$\sqrt{2}$	1.01
$\frac{2}{3}x_1 + \frac{2}{3}x_2 - \frac{22}{3}$	-1	$\sqrt{\frac{8}{9}}$	1.01

同じ判別面でも，係数の組み合わせは無限にある

↓

$f(x)$ が1になる係数の組み合わせが必ずある

$f(x) = 1$ の条件で探すと，マージン最大化は右の式で表される

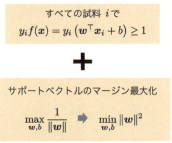

図 9.10 サポートベクトルの値が1におけるマージン最大化

　このように，同じ判別面であっても係数の組み合わせは無限にありえます。ただし，サポートベクトルの $f(x_1, x_2)$ の値は係数の組み合わせで異なるため，その値（絶対値）が1になる組み合わせが必ずあります。この「サポートベクトルの $f(x_1, x_2)$ の値が1」という条件下では，図9.8に示すマージン最大化の条件は図9.10のように変形できます。

　サポートベクトルは，判別面までの距離が最も小さいデータポイントのことでした。つまり，サポートベクトル以外のデータポイントと判別面の距離は，必ずマージンよりも大きいということになります。そのため，$y_i f(x) = y_i (w^\top x_i + b) > 0$ という条件は，$y_i f(x) = y_i (w^\top x_i + b) \geq 1$ に修正できます。さらに，サポートベクトルの $f(x_1, x_2)$ は1のため，式 (9.6) の分子が1となり，マージン最大化は $\max_{w,b} \frac{1}{\|w\|}$ となります。この関数が最大になるということは，$\|w\|$ が最小になるということであるため，$\min_{w,b} \|w\|$ とも書けます。ここではあえて $\min_{w,b} \|w\|^2$ と二乗にします。$\|w\|^2$ が最小のときには $\|w\|$ も最小です。なぜわざわざ二乗にするかというと，二乗にしておくとこの後の解法が簡単になるからです。SVMでは，ここまで示したこの2つの条件を満たす w を見つけます。

　ここまで説明してきたSVMは**ハードマージン**と呼ばれ，「1つのデータポイントも誤判別がないように判別面を作る」ことを指します。しかし，データセットによっては，すべてのデータポイントを正しく分類できる判別面を作ることが難しい場合があります。また，複雑な判別面をつくってしまうと，新しいデータへの適用力が低下（堅牢性が悪化）する可能性もあります。そのため，通常は「ちょっとくらいなら間違えてもよい」という条件のもと，判別面を作成するソフトマージンが用いられます。

9.5.3 SVM（ソフトマージン）の条件

「ちょっとくらいなら間違えてもよい」という**ソフトマージン**の条件は，**スラック変数**と呼ばれる変数を導入することで達成します。図 9.11 では，判別面として $f(x_1, x_2) = 2.5x_1 + 1.5x_2 - 10$ が示されています。これは，緑色とオレンジ色それぞれのデータポイントを判別するための判別面で，$f(x_1, x_2) = 1$ 上にあるデータポイントがサポートベクトルです。この判別面では誤判別されている試料が 2 つあります。これを表現するためにスラック変数 ξ_i を導入します。

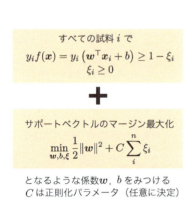
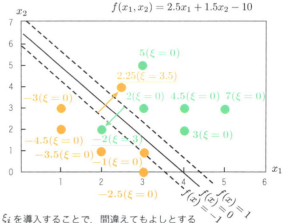

図 9.11 ソフトマージンの判別面

SVM の条件の 1 つは，$y_i f(\bm{x}) = y_i (\bm{w}^\top \bm{x}_i + b) \geq 1$ でした。これにスラック変数 ξ_i を導入した，$y_i f(\bm{x}) = y_i (\bm{w}^\top \bm{x}_i + b) \geq 1 - \xi_i$ が，ソフトマージンの条件です。これにより，「試料によっては，$y_i (\bm{w}^\top \bm{x}_i + b)$ が 1 より小さくなってもよい（誤判別してもよい）」という意味となります。$y_i (\bm{w}^\top \bm{x}_i + b)$ が 0 より小さい場合は誤判別となるため，スラック変数 ξ_i は 0 以上でなければなりません。また，ソフトマージンとはいえ，「なるべく多くの試料で正しく判別する」という目的は変わらないため，ほとんどの試料でスラック変数 ξ_i は 0 となります。

また，スラック変数 ξ_i の全試料での合計値 $\sum_i^n \xi_i$ は，なるべく小さくする必要があります。そのため，マージン最大化の条件である $\min_{\bm{w},b} \|\bm{w}\|^2$ にスラック変数の合計値を足した $\min_{\bm{w},b} \left(\frac{1}{2} \|\bm{w}\|^2 + C \sum_i^n \xi_i \right)$ が，ソフトマージンのもう 1 つの条件となります。$\|\bm{w}\|^2$ に $\frac{1}{2}$ を掛けるのは，$\|\bm{w}\|$ を二乗にしたこととあわせて，以降の計算を簡単にするためのテクニックです。最適化の過程で $\|\bm{w}\|^2$ の微分をとる際に，$\|\bm{w}\|^2$ の微分は $2\bm{w}$ となるため，$\frac{1}{2}$ があることで最終的な導関数は単純に $\bm{w}$ となります。なお，二乗にすることや $\frac{1}{2}$ を掛けることは，最適化の結果には影響しません。

スラック変数の合計値 $\sum_i^n \xi_i$ に掛けている C は**正則化パラメータ**と呼ばれ，マージンの幅とスラック変数の影響のバランスを制御するパラメータです。図 9.11 に示すように，正しく判別されているデータポイントでは ξ_i が 0 となり，誤判別されているデータポイントでは ξ_i の値が正になります。

正則化パラメータ C の値が大きいほど誤判別を避けるように厳しくなり，C の値が小さくなるほど多少の誤判別を許容するように柔軟になります。

たとえば，C が無限大の場合では，$\min_{\boldsymbol{w},b}\left(\frac{1}{2}\|\boldsymbol{w}\|^2 + C\sum_i^n \xi_i\right)$ のスラック変数の合計値 $\sum_i^n \xi_i$ が 0 でない限り，$C\sum_i^n \xi_i$ の項は無限大になってしまいます。そのため，C が無限大の場合はすべての試料で ξ_i が 0 である必要があります。これはハードマージンです。したがって，C が大きくなるほどハードマージンに近づき，小さくなるほど誤判別を許容するソフトマージンの判別となります。

9.5.4 主問題と双対問題（カーネル化と非線形判別分析）

ここまでの長い説明を経て，ソフトマージンの SVM の条件を得ることができました。本項では，この条件からどのように係数 $\boldsymbol{w}$ を見つけるかについて説明します。通常，SVM ではこの問題を直接解くことはせず，あえて問題を変形してから解きます。もとの条件のことを **主問題** と呼び，変形後の条件を **双対問題** と呼びます。

双対問題に変形する理由は，双対問題を解くメリットがきわめて大きいからです。そのおもなメリットは，以下の 3 点です。

① **数学的な取り扱いやすさ**：双対問題は最適化アルゴリズムを適用しやすく，計算が簡単になる。
② **スパース行列であること**：双対問題で得られる行列は，要素のほとんどが 0 であるスパース行列になる。この性質により，計算効率が向上する。
③ **カーネルトリック**：双対問題を利用することで，特徴空間を高次元または無限次元に拡張することなく，非線形の分類器や回帰器を構築することが可能になる。

図 9.12 に主問題と双対問題の関係を示します。通常，SVM では正則化パラメータ C と RBF カーネル（後ほど説明する）中の **スケールパラメータ** γ が **ハイパーパラメータ** であり，これらの値をバリデー

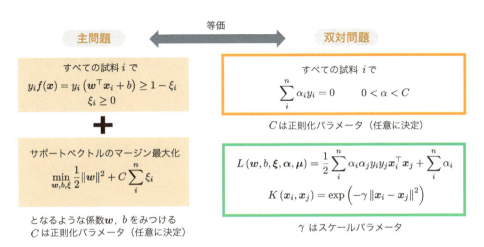

図 9.12 主問題と双対問題の関係

ションによって最適化します。図9.13に示すように，γが小さいと判別面は単純なものとなり，γが大きいと判別面は複雑に設定されることになります。また，前項で説明したように，正則化パラメータCはその値が大きいほどハードに，小さいほどソフトに判別することになります。

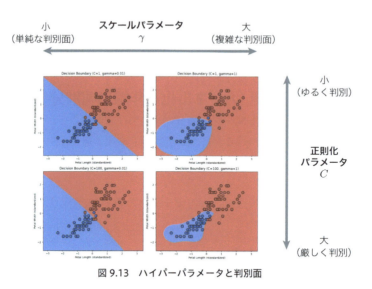

図9.13 ハイパーパラメータと判別面

主問題から双対問題に変形する際には，**ラグランジュの未定乗数法**（7.1.4項参照）を用います。ラグランジュの未定乗数法は「ある制約条件において，関数の最小（最大）値を見つける」際に用います。具体的には，ラグランジュ関数を定め，各変数によって偏微分を行い，これらが0となる係数を見つけるという方法で最小（最大）値を見つけます。ラグランジュ関数はラグランジュ乗数λを含む次式で定義されます。このラグランジュ関数をλおよび各変数で偏微分し，これらが0となる条件を見つけます。

$$f(x) - \lambda g(x) \tag{9.7}$$

ここで，$f(x)$は最小（最大）値を見つけたい関数で，$g(x)$は制約条件です。

ラグランジュ関数を定めるために，まずは制約条件がないときの関数の最大（最小）値を見つけることを考えます。図9.14のように，x_1とx_2の関数である関数$f(x_1, x_2) = (x_1 - 40)^2 + (x_2 - 60)^2$の最小値は，結論からいうと$f(40, 60) = 0$であることがわかります。このとき，関数$f(x_1, x_2)$が最小（最大）値となる位置では，$x_1$軸方向と$x_2$軸方向の傾きが0になります。つまり，$x_1$と$x_2$による偏微分が0となるはずです。そこで，関数$f(x_1, x_2)$をそれぞれの変数で偏微分し，これが0となる場合を考えると，$x_1 = 40$と$x_2 = 60$となることがわかります。この点で傾きが0となるため，この点で関数$f(x_1, x_2)$は最小値あるいは最大値をとります。

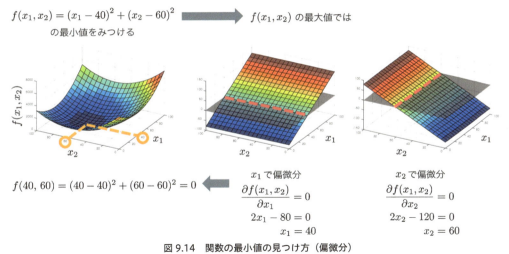

図 9.14 関数の最小値の見つけ方（偏微分）

次に、x_1 と x_2 に**制約条件**を課した場合、関数 $f(x_1, x_2)$ の最小（最大）値をどのように計算するかを考えます。**図 9.15** は、$x_1 - x_2 = 0$ という条件下（x_1 と x_2 が同じ値）における関数 $f(x_1, x_2)$ の最小（最大）を見つける場合の例を表しています。

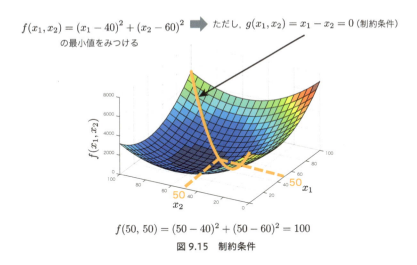

図 9.15 制約条件

このような問題を考える際には、まず**勾配**（grad）を理解する必要があります。ある関数の勾配を計算すると、各座標において「傾きが最大の方向の勾配ベクトル」が計算されます。**図 9.16**(a)に示すように、勾配は grad あるいは ∇ を使って表します。定義式は、各座標において偏微分を行い、その座標の**単位ベクトル**（絶対値が 1）を掛けたものです。図 (b) では、関数 $\psi(x_1, x_2) = (x_1 - 5)^2 + (x_2 - 5)^2$ に対して勾配を計算し、結果である $\nabla \psi = 2(x_1 - 5)\boldsymbol{i} + 2(x_2 - 5)\boldsymbol{j}$ を図示しています。ここで、$\boldsymbol{i}$ と $\boldsymbol{j}$ が単位ベクトルです。図 (b) 右には、もとの関数 $\psi(x_1, x_2)$ の各座標において、勾配ベクトルが矢印で表記されています。

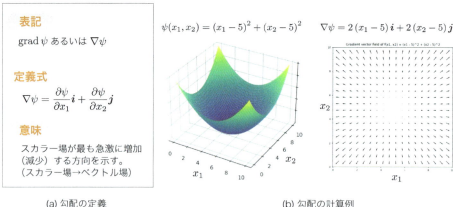

(a) 勾配の定義　　　(b) 勾配の計算例

図 9.16　勾配の定義と計算例

　ここから，ようやくラグランジュの未定乗数法の説明に移ります。図 9.17 に示すように，関数 $f(x_1, x_2)$ が制約条件 $g(x_1, x_2) = 0$ のもとで最小（最大）となるときには，関数 f と制約条件の関数 g の勾配の方向が一致します。「勾配の方向が一致する」ことを式で表わすと，$\nabla f = \lambda \nabla g$ となります。つまり，関数 g の勾配の λ 倍が関数 f の勾配と同じ値になるということです。$\nabla f = \dfrac{\partial f}{x_1}i + \dfrac{\partial f}{x_2}j$ および $\lambda \nabla g = \lambda \dfrac{\partial g}{x_1}i + \lambda \dfrac{\partial g}{x_2}j$ であるため，各座標で一致することを考えると，x_1 軸方向では $\dfrac{\partial f}{x_1} - \lambda \dfrac{\partial g}{x_1} = 0$ を満たす場合，x_2 軸方向では $\dfrac{\partial f}{x_2} - \lambda \dfrac{\partial g}{x_2} = 0$ を満たす場合に関数 f は最小（最大）値になります。

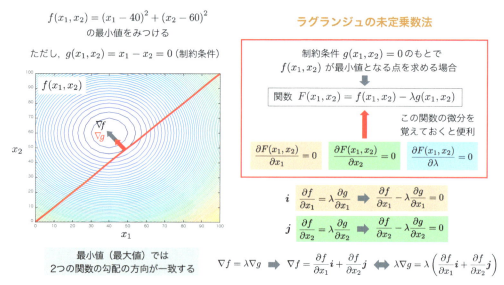

図 9.17　ラグランジュの未定乗数法（制約条件が等式）

この2つの関数はラグランジュ関数 $f(x_1, x_2) - \lambda g(x_1, x_2)$ をそれぞれの変数で偏微分した際に出てくる関数です。本来は「勾配の方向が一致する」という条件から2つの式が導出されますが、それを覚えておくのは少々大変です。そこで、「ラグランジュ関数を定義し、これを偏微分した関数が0になる」というように考えると覚えておきやすくなります。これがラグランジュ関数の意味です。

ここでの目的は SVM の主問題をラグランジュの未定乗数法を用いて双対問題に変換することでした。SVM の主問題の場合、$y_i f(\boldsymbol{x}) = y_i (\boldsymbol{w}^\top \boldsymbol{x}_i + b) \geq 1 - \xi_i$ という制約条件のもと、$\frac{1}{2}\|\boldsymbol{w}\|^2 + C \sum_i^n \xi_i$ の最小値を見つけるということになります。図 9.17 の場合、制約条件は等式の $g(x_1, x_2) = 0$ でしたが、ラグランジュの未定乗数法を主問題に適用するためには、図 9.18 のように制約条件を不等式の $g(x_1, x_2) \geq 0$ に拡張する必要があります。

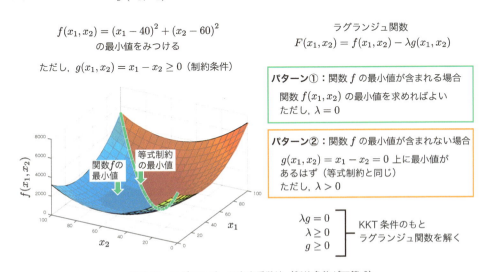

図 9.18 ラグランジュの未定乗数法（制約条件が不等式）

制約条件が不等式の場合には、以下のように場合分けして考える必要があります。

パターン①：関数 $f(x_1, x_2)$ 全体での最小値が $g(x_1, x_2) \geq 0$ の範囲にある場合（図の青色の範囲にある場合）には、制約条件は関係なく（ラグランジュ関数の λ は 0 として）、単純に関数の最小値を見つければよい。

パターン②：関数 $f(x_1, x_2)$ 全体での最小値が $g(x_1, x_2) \geq 0$ の範囲にない場合（図の赤色の範囲にある場合）には、最小値は必ず $g(x_1, x_2) = 0$ 上で見つかるはずである。この場合、等式の制約条件下で最小値を見つければよく、λ は 0 より大きくなるはずである（λ が負の場合は勾配の方向が逆になってしまい、λ が 0 の場合には制約条件がなくなってしまう）。

以上の①と②を統合します。①では $\lambda = 0$、②では $g(x_1, x_2) = 0$ というように、いずれの場合であってもどちらかは 0 なので、$\lambda g = 0$ となります。また、①と②のどちらの場合でも、$\lambda \geq 0$, $g \geq 0$ とな

ります。これら3つの条件は，**カルーシュ・クーン・タッカー（KKT）条件**と呼ばれます。まとめると，不等式の制約条件下で関数 $f(x_1, x_2)$ の最小（最大）値を求めるときには，KKT 条件下で等式の制約条件のラグランジュ関数を解くということです。

主問題が KKT 条件下のラグランジュ未定乗数法によって，どのように双対問題に変形されるかについては，章末の Appendix で説明します。ここでは，本項の冒頭で述べた双対問題の3点のメリット（①数学的な取り扱いやすさ，②スパース行列であること，③カーネルトリック）について，詳しく説明します。

(1) 数学的な取り扱いやすさ

この双対問題は**凸二次最適化問題**に帰着させることができます。凸二次最適化問題は，目的関数が2次式であり，制約条件が線形または凸である最適化問題のことをいいます。凸二次最適化問題でも，反復計算によって解を最適化します。

図 9.19 では，横軸に最適化したい変数，縦軸にそのときの損失値の合計を表示しています。9.4 節で説明した最小絶対値法の場合，横軸は係数 a と b，縦軸は絶対誤差の合計となります。

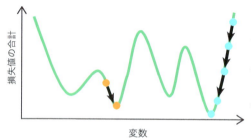

図 9.19　反復計算による最適解の計算（勾配降下法）

例えば，勾配降下法の場合，反復計算は以下の手順で行われます。

① はじめに初期値を設定する。
② 初期値から変数を少しだけ変化し，変化させたことで損失値が減少したかどうかを確認する。
③ 損失値が減少したのであれば，②で変化させた方向にさらに変数を変化させ，損失値を再度評価する。損失値が増加した場合は，②で変化させた方向とは別の方向に変数を変化させる。

①〜③を損失値が変化しなくなるまで繰り返していき，最適な変数を決定します。この手法では，図 9.19 のように損失値の合計が複数の極値をもつ場合，変数の初期値をオレンジ色のプロットのように誤って設定すると，損失値の和の最小値（**大域的最適解**）ではなく，局所的な極値（**局所的最適解**）で収束してしまう場合があります。しかし，双対問題の場合はどのような初期値から始めても，大域的最適解にたどり着くことが保証されています。

(2) スパース行列であること

図 9.20 をもとに，スパース行列のメリットについて説明します。双対問題での制約条件は $\sum_i^n \alpha_i y_i = 0$ となります。α_i は主問題から双対問題に変換する際に用いるラグランジュ変数です。α_i はマージンの外側（正しく判別されているデータポイント）では，その値が 0 になります。また，マージン上のデータポイント（サポートベクトル）では，α_i の値は 0 より大きく，正則化パラメータ C より小さくなります。さらに，マージンの内側（誤判別されたデータポイント）では，α_i の値は C になります。

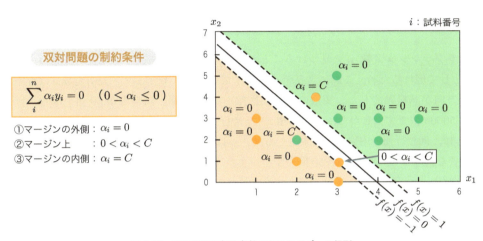

図 9.20　双対問題の制約条件におけるスパース行列

繰り返しになりますが，正則化パラメータ C の値が大きいほど，ハードマージンの SVM に近づきます。SVM の目的はできるだけ多くのデータポイントを正しく判別することです。したがって，ほとんどのデータポイントで $\alpha_i = 0$ となることを目指すということです。この場合，α_i から構成される行列は，ほとんどの要素が 0 になります。このように要素の多くが 0 である行列のことを**スパース（疎）行列**と呼びます。これにより，スパース行列では最適化計算が非常に早く終わります。

(3) カーネルトリック

SVM で非線形の判別や回帰分析が可能になる理由は，**カーネルトリック**にあります。このカーネルトリックは，SVM の最も重要な利点であり，本書で SVM を詳しく説明している理由でもあります。第 6 章と第 7 章で学んだアルゴリズムはいずれも線形回帰でした。ランダムフォレストや後述するニューラルネットワーク（NN）でも，ある程度の非線形関係を捉えることができますが，これらのアルゴリズムはブラックボックス的な側面があります。筆者は，スペクトル解析において非線形解析が必要な場合，SVM を推奨します。その理由は，SVM では非線形回帰に至る過程が明確であり，ブラックボックスの度合いが低いからです。これは，検量線（モデル）の堅牢性を担保するうえでは非常に重要な要素です。

双対問題では，図 9.21 に示すように，ラグランジュ関数 $-\frac{1}{2}\sum_{i,j}^n \alpha_i \alpha_j y_i y_j x_i^\top x_j + \sum_i^n \alpha_i$ を最

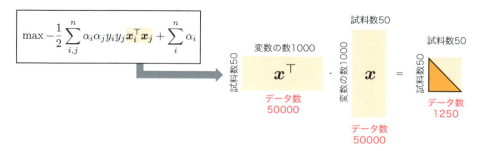

図 9.21 双対問題のデータサイズ

大化するラグランジュ変数 α_i を見つけることが目的です。この関数では，説明変数のデータが内積 $x_i^\top x_j$ として現れるため，これによりデータサイズを小さくできます。説明変数 x は行方向が変数軸，列方向が試料軸でした。変数の数（波長数）が1000個，試料数が50個の場合，行列 x の要素数は50000個です。しかし，その内積 $x_i^\top x_j$ は行数と列数ともに50となります（要素数2500個）。さらに，同じ行列の内積を計算するため，$x_i^\top x_j$ は対称行列であり，対角要素が同じです。そのため，必要な情報はその半分の1250個です。つまり，$x_i^\top x_j$ のデータサイズはもとのデータの2.5%（1250/50000）と非常に小さくなります。サイズが小さければ計算速度もその分速くなります。

図 9.22 左下に示した散布図では，データラベルが1の試料を緑色，データラベルが2の試料をオレンジ色で表示しています。このようにデータが分散している場合，これら2種類のデータをきれいに分ける線形の判別面はないように思われます。

しかし，単に横軸に x_1，縦軸に x_2 をプロットするのではなく，これらの積である $x_1 x_2$ を用いると，線形で判別できるようになることがわかります。このように，もとのデータを掛けたり割ったりして新しい行列 $\phi(x)$ を導入することで，判別が可能となる場合があります。このように，データを高次元に射影し，線形問題に置き換えることをカーネル化といいます。

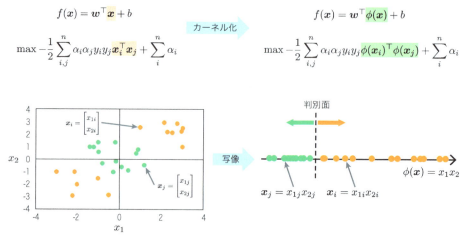

図 9.22 カーネル化

9.5 サポートベクトルマシン（SVM）

　図 9.22 のように，もとの説明変数をそのまま用いるのではなく，新しい行列 $\phi(\boldsymbol{x})$ の積を導入すれば，非線形の判別も可能になることがあります。これがカーネル化の基本的な考え方です。さらに，この新しい行列 $\phi(\boldsymbol{x})$ を用いる際，その内積を求める過程で**カーネルトリック**を活用できます。カーネルトリックは，高次元の特徴空間での計算を効率的に行うための手法であり，通常，線形分離が困難なデータセットを非線形な決定境界で分類することを可能にします。

　カーネルトリックの中心にあるのが**カーネル関数**です。カーネル関数は，与えられた 2 つのデータポイント（ベクトルなど）の類似度や内積を計算するためのものです。

　カーネルトリックを導入することで，行列 $\phi(\boldsymbol{x})$ を定義し，その内積を計算する必要がなくなります。その理由を説明していきます。図 9.23 に示すように，i 番目の試料の説明変数を $x_i = [x_{1i}, x_{2i}]^\top$，$j$ 番目の試料の説明変数を $x_j = [x_{1j}, x_{2j}]^\top$ とします。このとき，カーネル関数として $K(\boldsymbol{x}_i, \boldsymbol{x}_j) = \left(1 + \boldsymbol{x}_i^\top \boldsymbol{x}_j\right)^2$ を導入します。この式を展開すると，図左下に示すように，すべての項が変数 $\boldsymbol{x}_i$ と変数 $\boldsymbol{x}_j$ の積で表されていることがわかります。これらの項は図右の行列 $\phi(\boldsymbol{x})$ を定義して，その内積を計算した結果と一致します。つまり，カーネル関数を計算するだけで，$[1, x_1^2, x_2^2, x_1, x_2, x_1x_2]$ というデータの内積を計算したことになります。

図 9.23　カーネル関数（多項式）

　今回は，カーネル関数として二乗の式 $\left(1 + \boldsymbol{x}_i^\top \boldsymbol{x}_j\right)^2$ を用いましたが，この累乗を 3 乗や 4 乗にすることで，扱える変数の種類も増えていきます。また，多項式だけでなく，指数関数を用いる方法もあります。たとえば，SVM では，図 9.24 に示す **RBF**（radial basis function）**カーネル**と呼ばれる手法がよく用いられています。その理由は，RBF カーネルをテイラー展開することで理解できます。テイラー展開は，ある点（通常は原点）の周りで関数を導関数の値に基づいて多項式で近似する手法ですが，RBF カーネルのテイラー展開では，さまざまな次数の多項式を同時に評価できます。これにより，SVM では効率的に非線形の判別面を作成することができます。

図 9.24　カーネル関数の種類

211

9.5.5　SVM による非線形判別分析の実践

　SVM の実装は簡単です。9.2 節の k 近傍法で作成した判別面作成用の plot_decision_boundaries 関数を用いて SVM を実装します。ここでは，正則化パラメータ C と RBF カーネルのスケールパラメータ γ を変化しながら，その判別面を表示します。図 9.13 で説明したとおり，γ（正の値）が大きいほど，カーネルの影響範囲が狭くなり，トレーニングセットの個々のデータポイントが予測に大きな影響を与えます。これにより，モデルはトレーニングセットに対して非常に敏感になり，過学習のリスクが高まります。一方，γ が小さいと，カーネルの影響範囲が広がり，モデルはより滑らかな予測を行いますが，訓練データへの適合度が低下する可能性があります。

　以下のプログラムで，正則化パラメータ C と RBF カーネルのスケールパラメータ γ の変化による判別面の変化を確認できます。ここでは，$C = 0.01$，$\gamma = 0.1$（はじめの 6 つの図）と $C = 100$，$\gamma = 10$（後の 6 つの図）の結果のみを示しています。

コード 9.12　SVM による非線形判別分析

```python
for C in [0.01, 1, 100]:
    for gamma in [0.1, 1, 10]:
        clf = SVC(C=C, gamma=gamma)
        print(f"C：{C},gamma：{gamma}")
        plot_decision_boundaries(clf,df.iloc[:, 0:4], iris.target)
```

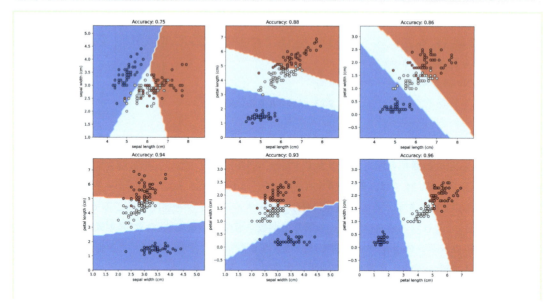

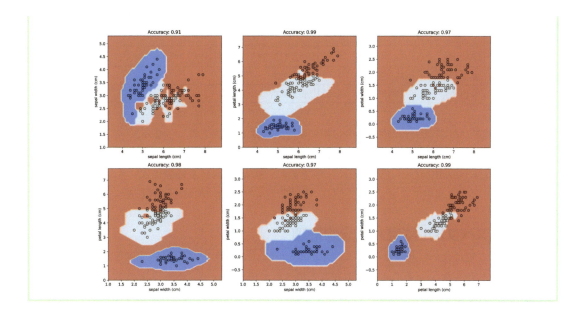

C が大きいと Accuracy（正解率）が高く，γ が大きいと判別面が複雑になっていることが図からわかります。ただし，正則化パラメータ C と RBF カーネルのスケールパラメータ γ は，新しいデータへの堅牢性を高めるために，バリデーションなどによって決定する必要があります。

9.5.6　サポートベクトル回帰（SV 回帰）

本項では SVM を用いた回帰分析である，サポートベクトル回帰（support vector regression，SV 回帰）について説明します。SV 回帰は ε 不感損失関数をもとに回帰を行っており，この損失関数に特徴があります。図 9.25 と表 9.2 に最小絶対値法，最小二乗法の損失関数と比較した ε 不感損失関数の特徴を示します。

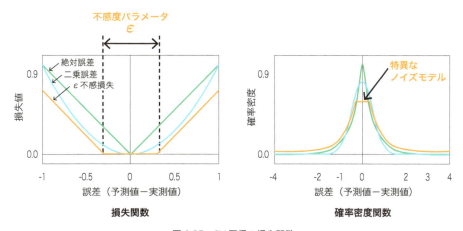

図 9.25　SV 回帰の損失関数

表 9.2 回帰分析の損失関数の比較

回帰分析	損失関数	式
SV 回帰	ε 不感損失	$\max\{0, |y - f(x)| - \varepsilon\}$ ($\varepsilon > 0$)
最小二乗法	二乗誤差	$(y_i - ax_i - b)^2$
最小絶対値法	絶対誤差	$|y_i - ax_i - b|$

ε 不感損失関数は，誤差が ε 以内の場合は損失値を 0 とする関数です．つまり，「少しぐらいのずれなら許容する」というモデルといえます．なお，SVM を分類に用いる場合は，**サポートベクトル分類** (support vector classification, **SV 分類**) と呼びます．SVM における特徴（カーネルトリック）は，SV 回帰でもそのまま適用できます．SV 回帰の実装については第 10 章で説明します．

9.5.7 スペクトルに現れる非線形項

分光法による定量分析の基礎はランベルト・ベール則（6.1 節）にあり，吸光度と濃度が比例関係であることを利用します．そのため，第 6 章と第 7 章で扱ったケモメトリクスのアルゴリズムはすべて線形回帰分析です．しかし，スペクトル中に非線形な要素が現れることもあります．

8.3.2 項で説明した光散乱がその代表です．また，光散乱が問題とならない場合でも非線形効果が生じることがあります．たとえば，強い光場による分子の非線形応答である非線形光学効果（二次高調波発生や差周波発生など）や溶液中の相互作用による非線形効果などです．

このような非線形効果は，純物質で測定した濃度と吸光度を比較することで確認できますが，混合物や固体試料のスペクトルに非線形項が含まれているかどうかを特定するのは容易ではありません．その場合，図 9.26 のように実測値と回帰線による予測値の散布図を確認すると，非線形項が含まれているかどうかを確認できる場合があります．実測値が小さい領域では予測値が実際より大きく，実測値が大きい領域では予測値が実際より小さい場合，スペクトルに非線形項が含まれている可能性があります．この場合には，試料の前処理も含めたスペクトル測定方法の最適化や，第 8 章で説明したスペクトルデータの前処理を検討しましょう．

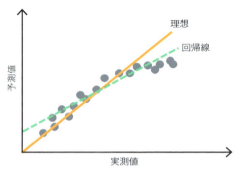

図 9.26　実測値と予測値の関係

9.6 ニューラルネットワーク (NN)

本章の最後で，**ニューラルネットワーク**（neural network，**NN**）について簡単に説明します。1.6 節で述べたように，NN はブラックボックスであり，それゆえにモデルの堅牢性を保証するのはデータ量が膨大（ビッグデータ）であることです。しかし，通常のスペクトル解析では，データ数は最大でも数百～数千程度です。そのため，スペクトル解析において無条件に NN を利用することには注意が必要です。NN については多くの書籍で説明されているため，ここでは概要のみを示します。

NN は，人間の脳神経細胞の仕組みを模倣した人工知能技術です。人工ニューロンと呼ばれる個々の計算単位が層状に連結され，情報伝達と処理を行います。人工ニューロンにおける出力を決定する重要な役割を**活性化関数**が担います。Iris データセットのがく片の幅と長さから品種を予測する回帰線を例に，活性化関数について説明していきます。

まず，品種のデータラベルを予測するため，図 9.27 に示すようにバイアスとがく片の幅と長さを用います。バイアスとは，モデルが学習した係数だけでなく，固定的なオフセットを加えることで，モデルがデータの特徴を柔軟に表現できるようにするものです。

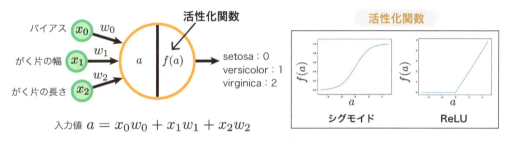

図 9.27　活性化関数

具体的には，バイアスと，がく片の幅と長さのそれぞれに係数をかけた値 a を算出します（重回帰分析と同様の手法）。この値 a を**シグモイド関数**や **ReLU**（rectified linear unit）**関数**などの活性化関数の入力値として使用し，その出力値を次の層に伝達させます。ReLU 関数は図に示したような形状の関数であり，入力値 a が 0 以下では出力値が 0，a が 0 以上では出力が a となります。NN では，このような計算単位が層状に連結され，情報伝達と処理を行います。

各層は，NN の根幹をなす要素であり，それぞれ異なる役割を担います。おもに，入力層，中間層，出力層の 3 つの主要な層があり，さらに情報処理の種類や目的に応じて，さまざまな種類の層が追加されます。以下に，代表的な層の種類を示します。

① **非線形層**：活性化関数を用いて非線形な関係性を表現する。
② **畳み込み層**：画像処理に特化し，画像の特徴を抽出する。
③ **プーリング層**：画像の縮小と特徴量抽出を行う。
④ **バッチ正規化層**：学習の安定化を図る。

⑤ **リカレント層**：シーケンシャルデータ（音声やテキスト）処理に特化。

⑥ **ドロップアウト層**：過学習防止のために，ニューロンをランダムに無効化する。

このように，複数の層と非線形の活性化関数をもつことで，非常に複雑な非線形関係をモデル化することができます。これにより，NN は理論上，任意の非線形関数を近似することが可能です（普遍近似定理）。

なお，画像処理分野における**畳み込みニューラルネットワーク**（convolutional neural network, **CNN**）では，**転移学習**がよく用いられます。転移学習とは，ある領域で事前に学習されたモデルを別の領域のタスクに適用する手法です。大規模データで訓練された事前学習モデルを，別のタスク向けに調整することで，最初から学習を行うよりも短時間でモデルを構築でき，かつ小さなデータセットでも高い精度を実現できます。有名な事前学習されたモデルとしては，ResNet や DenseNet などがあります。

NN をベースとしたアルゴリズムによって，物体検出，画像分類，画像キャプション（画像の内容を文章で説明する），顔認識，医療画像診断などが学習されています。また，スペクトルデータにおいても，8.2 節で挙げたように，論文の補足データとして GitHub 上にデータやモデルが公開されているケースがあります。

他のアルゴリズムと同様，Python では NN の実装も簡単です。ここでも Iris データセットを用いて NN で品種の推定を行います。2.4.2 項の `requirements.txt` を用いたライブラリのインストール時にインストールされているはずですが，TensorFlow がインストールされていない場合には，次のように anaconda prompt などでインストールしてください。

```
pip install tensorflow
```

TensorFlow は，Google 社が開発したオープンソースの機械学習ライブラリです。深層学習モデルの構築や訓練に広く用いられ，高い柔軟性とスケーラビリティをもっています。グラフベースの計算や自動微分機能を備え，多様なプラットフォームで動作します。以下のプログラムで NN を実装していきます。

コード 9.13　NN を用いた Iris の品種の推定

```python
1   # iris データセットの読み込み
2   iris = load_iris()
3   X = iris.data
4   y = iris.target
5
6   # データの前処理
7   scaler = StandardScaler()
8   X_scaled = scaler.fit_transform(X)
9   # ① OneHote エンコーディング
10  encoder = OneHotEncoder(sparse_output=False)
11  y_encoded = encoder.fit_transform(y.reshape(-1, 1))
12
```

```
13  # ②ニューラルネットワークの構築
14  model = Sequential()
15  model.add(Dense(10, input_dim=4, activation="relu"))
16  model.add(Dense(10, activation="relu"))
17  model.add(Dense(3, activation="softmax"))
18
19  # ③モデルの層構造を表示
20  model.summary()
21
22  # ④モデルのコンパイル
23  model.compile(loss="categorical_crossentropy", optimizer="adam",
24              metrics=["accuracy"])
25
26  # ⑤モデルの訓練
27  history=model.fit(X_scaled,y_encoded , epochs=100, batch_size=10, verbose=1)
28
29  # ⑥モデルの評価
30  loss, accuracy = model.evaluate(X_scaled,y_encoded )
31  print(f"Loss: {loss:.3f}, Accuracy: {accuracy.3f}")
```

```
Epoch 97/100
15/15 [==============================] - 0s 637us/step - loss: 0.0564 - accuracy:
0.9800
Epoch 98/100
15/15 [==============================] - 0s 643us/step - loss: 0.0527 - accuracy:
0.9867
Epoch 99/100
15/15 [==============================] - 0s 643us/step - loss: 0.0530 - accuracy:
0.9800
Epoch 100/100
15/15 [==============================] - 0s 572us/step - loss: 0.0529 - accuracy:
0.9800
5/5 [==============================] - 0s 1ms/step - loss: 0.0515 - accuracy:
0.9867
Loss: 0.051, Accuracy: 0.987
```

　NN の特徴的な部分をアルゴリズムと比較して説明します。まず，NN ではラベルをそのまま目的変数に用いるのではなく，**One-Hot エンコーディング**という形式に変換します。One-Hot エンコーディングは，カテゴリ変数（ラベルなどの質的データ）をバイナリ形式（0 と 1 のみの形式）に変換する手法です。

　Iris データセットのように 3 つの品種がある場合，①で各品種は品種 0：[1, 0, 0]，品種 1：[0, 1, 0]，品種 2：[0, 0, 1] のようにエンコードされます。次に，②で NN の層構造を定義しています。Sequential は，Keras を用いた NN において，層を順番に積み重ねたモデルを構築するためのクラスです。層が一方向に連なっている**線形スタック**となっており，各層が次の層に順番に出力を渡していきます。

　Keras は，ディープラーニングモデルを簡単につくるためのライブラリで，TensorFlow に統合された公式の API です。操作は簡単で直感的に使える API が特徴です。初心者でも使いやすく，素早

くモデルを作成できます。

　次に，②の`model.add(Dense(10, input_dim=4, activation="relu"))`では，10個のニューロンをもつ密結合（**Dense**）層を追加しています。`input_dim=4`は，入力値の特徴量の次元が4であることを意味し，Irisデータセットの4つの特徴（がく片の長さと幅，花弁の長さと幅）を受け取ることを示しています。`activation="relu"`は，活性化関数としてReLU関数を使用することを指定しています。

　次に`model.add(Dense(10, activation="relu"))`では，さらに10個のニューロンをもつ別のDense層を追加しています。この層でも同様にReLU関数を指定しています。最後に，`model.add(Dense(3, activation="softmax"))`でモデルの出力層を定義しています。ここでは3個のニューロンがあり，これはIrisデータセットの3つの異なる品種を表しています。`activation="softmax"`は，出力層の活性化関数としてソフトマックス関数を使用することを指定しており，出力を確率に変換し，最も高い確率のクラスが予測結果となるようにしています。

　つまり，このモデルは，入力層，2つの中間層，出力層の計4層で構成されており，各層はすべて結合されています。この構造は，単純な分類タスクに広く使用されており，Irisデータセットのような小さくてシンプルなデータの分類に適しています。この層構造は，③の`model.summary()`を使って確認することができます。

　次に，④でモデルをコンパイルしています。`model.compile`は，Kerasでモデルをトレーニングする前に必要な設定を行うメソッドです。ここで設定するおもなパラメータには，損失関数，オプティマイザー，評価指標が含まれます。

　損失関数`loss`は，モデルの予測値が実際のデータからどれだけ離れているかを測る関数です。`"categorical_crossentropy"`は，多クラス分類問題でよく使われる損失関数で，予測された確率分布と真のラベルの分布との違い（距離）を計算します。この関数は，モデルの予測値が真のラベルにどれだけ近いかに基づいて損失を計算し，その損失を最小化するようにトレーニング中にモデルの重みが調整されます。

　オプティマイザー`optimizer`は，損失関数の値を最小化するために，モデルの重みを調整する方法を決定します。`"adam"`オプティマイザーは，適応的な学習率をもち，さまざまな問題に対して効果的に機能するため，広く使われています。

　評価指標`metrics`は，モデルを評価するために使用されます。`["accuracy"]`を指定すると，分類の正確度（accuracy），つまり正しく分類されたサンプルの割合が計算されます。モデルのトレーニング中，繰り返し学習するなかで各学習（エポック）の終わりに正確度が出力され，モデルの進捗を確認するのに役立ちます。

　これでモデルの設定が完了したので，⑤で学習を行います。`model.fit`メソッドは，モデルのトレーニングを行う際に使用されます。ここでは，標準化されたIrisデータ`X_scaled`とエンコードされた目的変数`y_encoded`を使ってモデルをトレーニングしています。NNのトレーニングでは，エポックとバッチサイズが重要なパラメータとなります。

エポックは，トレーニングデータ全体が NN の学習に 1 回使用される単位です。多くのエポックを実行することで，データが何度もモデルに学習されますが，エポックが多すぎると過学習のリスクが高まります。

バッチサイズは，一度のトレーニングに使用されるデータのサンプル数です。小さなバッチサイズはメモリの消費を抑え，より速い計算が可能ですが，トレーニングが不安定になることがあります。大きなバッチサイズは，安定したエラーグラディエント（損失関数の勾配）と，より効率的なハードウェア利用を可能にした学習が行えますが，より多くのメモリを必要とし，各ステップの計算が遅くなる場合があります。

コード 9.13 では，データセットを 100 回利用して学習を行っています（epochs=100）。また，10個のサンプルごとに重みが更新されます（batch_size=10）。さらに，verbose を設定することで，トレーニングの進捗状況を確認できます。verbose=0 は表示なし，verbose=1 は進捗バーを表示，verbose=2 はエポックごとに 1 行のログを表示します。⑤を実行することで，指定されたエポック数とバッチサイズでモデルがトレーニングされます。

以下のプログラムを実行すると，設定したエポック数ごとの正確度と損失関数の変化を図示できます。ここから，学習の進捗状況，過学習の検出（検証データあるいはテストデータの精度が低下し始める点），学習率の調整，収束の確認が可能となり，これにより最適なエポック数を選定します。

コード 9.14　エポック数による正確度と損失関数

```python
plt.figure(figsize=(12, 5))

# Accuracy plot
plt.subplot(1, 2, 1)
plt.plot(history.history["accuracy"], label="Accuracy")
plt.title("Accuracy over epochs")
plt.xlabel("Epochs")
plt.ylabel("Accuracy")
plt.legend()

# Loss plot
plt.subplot(1, 2, 2)
plt.plot(history.history["loss"], label="Loss")
plt.title("Loss over epochs")
plt.xlabel("Epochs")
plt.ylabel("Loss")
plt.legend()

plt.tight_layout()
plt.show()
```

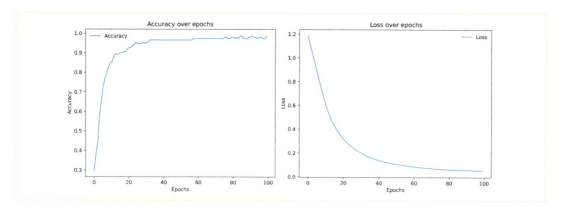

　本章で説明した機械学習と NN は，いずれもスペクトル解析において重要なアルゴリズムですが，この書籍では検量線の評価は「精度」のみを指標としてはいけません。その検量線が将来の未知試料にも適用可能であることを担保する必要があります（堅牢性）。

Appendix
SVM の主問題から双対問題への変換

　SVM の主問題は KKT 条件下におけるラグランジュ未定乗数法により双対問題に変換されます。ここではその過程を説明します。主問題の制約条件は次式で表されます。

$$y_i f(\boldsymbol{x}) = y_i\left(\boldsymbol{w}^\top \boldsymbol{x}_i + b\right) \geq 1 - \xi_i \qquad (\xi_i \geq 0) \tag{9.8}$$

この条件のもと，次式のようなマージン最大化を行います。

$$\min_{\boldsymbol{w}, b, \boldsymbol{\xi}} \frac{1}{2} \|\boldsymbol{w}\|^2 + C \sum_{i}^{n} \xi_i \tag{9.9}$$

これを解くために，ラグランジュの未定乗数法を用います。ラグランジュ関数を次式のように定義します。

$$L(\boldsymbol{w}, b, \boldsymbol{\xi}, \boldsymbol{\alpha}, \boldsymbol{\mu}) = \frac{1}{2}\|\boldsymbol{w}\|^2 + C\sum_{i}^{n}\xi_i - \sum_{i}^{n}\alpha_i\left\{y_i\left(\boldsymbol{w}^\top\boldsymbol{x}_i + b\right) - 1 + \xi_i\right\} - \sum_{i}^{n}\mu_i\xi_i \tag{9.10}$$

ここで，α_i と μ_i はラグランジュ変数です。式 (9.10) を各変数で偏微分すると以下のようになります。

$$\frac{\partial L}{\partial \boldsymbol{w}} = \boldsymbol{w} - \sum_{i}^{n} \alpha_i y_i \boldsymbol{x}_i = 0 \tag{9.11}$$

$$\frac{\partial L}{\partial b} = -\sum_{i}^{n} \alpha_i y_i = 0 \tag{9.12}$$

$$\frac{\partial L}{\partial \xi_i} = C - \alpha_i - \mu_i = 0 \tag{9.13}$$

ここで，式 (9.10) の順番を入れ替えて次式とします。

$$L\left(\boldsymbol{w}, b, \boldsymbol{\xi}, \boldsymbol{\alpha}, \boldsymbol{\mu}\right) = \frac{1}{2} \left\|\boldsymbol{w}\right\|^2 - \sum_i^n \alpha_i y_i \boldsymbol{w}^\top \boldsymbol{x}_i - b \sum_i^n \alpha_i y_i + \sum_i^n \alpha_i + \sum_i^n \left(C - \alpha_i - \mu_i\right) \xi_i \tag{9.14}$$

式 (9.14) の第 2 項は式 (9.11)，第 3 項は式 (9.12)，第 5 項は式 (9.13) で現れるものです。そのため，これらを代入すると次式が得られます。

$$L\left(\boldsymbol{w}, b, \boldsymbol{\xi}, \boldsymbol{\alpha}, \boldsymbol{\mu}\right) = -\frac{1}{2} \sum_{i,j}^n \alpha_i \alpha_j y_i y_j \boldsymbol{x}_i^\top \boldsymbol{x}_j + \sum_i^n \alpha_i \tag{9.15}$$

なお，式 (9.12) が満たされた条件でなければなりません。また，式 (9.13) から

$$0 \le \alpha_i \le C \tag{9.16}$$

という条件が現れます。式 (9.15) が双対問題における最大化問題，その制約条件が式 (9.12) と式 (9.16) ということになります。

第10章 スペクトル操作の実践

　スペクトルにケモメトリクスや機械学習を適用する前に，本章では，必要最小限のスペクトル操作として，箱ひげ図を用いた目的変数の把握，スペクトルの確認，ピーク検出，目的変数との相関スペクトルの作成，ベースライン補正，ピークフィッティングの実践を学びます。なお，本章では各プログラムの説明は要所部のみ行います。さらに詳細を知りたい場合はChatGPTにプログラムの説明を聞いてみましょう。

10.1 スペクトルデータの読み込み

　8.1節では，1つのCSVファイルに1つのスペクトルデータが保存されている場合に，複数のファイルを一括で読み込む方法を説明しました。ここでは，複数のスペクトルデータがまとめて保存されている`spectra.csv`ファイルと，スペクトルデータに対応する目的変数が格納されている`prop.csv`ファイルがある場合のデータの読み込みから説明していきます。

　スペクトルデータが1つのファイルに1つずつ保存されているか，まとめて保存されているかは，測定器やソフトによって異なります。また，保存されるファイルの拡張子もさまざまな種類があり，たとえば以下のものなどがあります。

① `.spc`：光スペクトル
② `.d`：クロマトグラフィーなど
③ `.mzXML`：質量分析データなど
④ `.dx`：NMRや分光スペクトルなど
⑤ `.spy`：スペクトルデータに関連する形式

　これらの拡張子は，測定器に付属のソフトウェアを使用して，より汎用性の高い形式（例：.csv，.xml，.jsonなど）にエクスポート（変換）することができます。たとえば，.csv形式は多くのソフトウェアやスクリプトでそのまま使用可能です。また，.xmlや.json形式は，構造化データとして保存されるため，スクリプトやプログラムでの利用が容易です。さらに，これらの拡張子のデータは，専用のライブラリを使用することで直接読み込むことができます，たとえば以下のライブラリがあります。

- `.spy`：SPy（Spectral Python）ライブラリ

- **.mzXML**：Pyteomics ライブラリ
- **.dx**：JCAMP ライブラリ

このように，各形式に対応するライブラリを活用することで，データの取り扱いが効率的になります。

それでは，GitHub からダウンロードしたスペクトルデータセットを使って実践していきましょう。このデータセットには，木材の含水率を変化させながら測定した一連の近赤外スペクトルが含まれています。GitHub からダウンロードしたフォルダ dataChapter10-11 が ipynb ファイルと同じフォルダに保存されていることを確認してください。

以降で，このスペクトルデータにさまざまな操作を行っていきますが，10.2 〜 10.9 節で説明するスペクトル操作は，どのようなスペクトルデータであっても適用可能，かつ重要な操作です。なお，10.6 節ではベースライン補正について説明しています。近赤外スペクトルデータは，8.1 節で説明したように試料をそのままの状態で測定することからベースライン変動が生じることが多いですが，同様に質量分析スペクトルデータなどでもベースライン補正（10.6 節）とカーブフィッティング（10.7 節）を組み合わせることで，各ピークの面積強度をより正確に取得できることがあります。

spectra.csv の A 列には測定波長，1 行目には試料名が格納されています。ここでは，Aga（アガチス：*Agathis*）と Kiri（桐：*Paulownia tomentosa*）で始まる試料名で，それぞれ 53 点の測定データが保存されています。木材ごとに 1 〜 53 番目まで含水率を変化させながら近赤外スペクトルを測定しています。また，prop.csv の A 列には試料名，B 列には重量から測定した含水率の実測値が格納されています。それでは，以下のプログラムで CSV ファイルを読み込みましょう。

コード 10.1　CSV ファイルの読み込み

```
1  file_spe = "dataChapter10-11/spectra.csv"
2  file_prop = "dataChapter10-11/prop.csv"
3  # CSV ファイルを読み込み，A 列をカラム名，1 行目をインデックス名とする
4  spectra = pd.read_csv(file_spe, index_col=0, header=0)
5  spectra=spectra.T
6  prop = pd.read_csv(file_prop, index_col=0, header=0)
```

次に，prop というデータフレームに樹種を区別するラベルを新たに加えます。以下のプログラムのように，インデックスの最初の文字が Aga の場合はラベルとして 0 を，最初の文字が Kiri の場合はラベルとして 1 を設定します。また，最後に **describe()** メソッドを用いてデータの概要を表示します。

コード 10.2　データフレームへのラベルの追加とデータの概要の確認

```
1  # prop というデータフレームの新しい列 "label" を作成し，初期値として None を設定
2  prop["label"] = None
3  # prop データフレームのインデックスが "Aga" で始まる行の "label" 列に 0 を設定
4  prop.loc[prop.index.str.startswith("Aga"), "label"] = 0
5  # prop データフレームのインデックスが "Kiri" で始まる行の "label" 列に 1 を設定
6  prop.loc[prop.index.str.startswith("Kiri"), "label"] = 1
```

第 10 章　スペクトル操作の実践

```
 7    # prop データフレームの "label" 列のデータ型を整数型 (int) に変換
 8    prop["label"] = prop["label"].astype(int)
 9    # prop データフレームの要約統計量を表示
10    prop.describe()
```

	mc	label
count	106.000000	106.000000
mean	50.780579	0.500000
std	19.649163	0.502375
min	0.000000	0.000000
25%	37.557799	0.000000
50%	54.073725	0.500000
75%	67.231813	1.000000
max	81.967213	1.000000

10.2
箱ひげ図による目的変数の分布の把握

データの分布を視覚的に把握するためのグラフには，箱ひげ図とヒストグラムがあります。

- **箱ひげ図**：箱ひげ図を用いると，データのばらつきや全体の傾向を簡潔に把握することができる。
- **ヒストグラム**：ヒストグラムでは，データの頻度分布を把握することができる。データの範囲を一定の区間（ビン）に分け，各区間に含まれるデータの個数を棒グラフとして表す。これにより，データの形状を視覚的に理解することができる。

以下のプログラムでは，Matplotlib の boxplot 関数を用いて箱ひげ図を作成し，データのばらつきを視覚化します。また，ヒストグラムを作成し，データの分布を確認します。さらに，箱ひげ図で表現される各種の値も出力しています。

コード 10.3　箱ひげ図とヒストグラムを表示する関数

```
 1    def plot_boxplot_and_histogram(prop_data, bins=10):
 2        """
 3        Parameters:
 4        prop_data (array-like): プロットするデータ
 5        bins (int): ヒストグラムのビン数 (デフォルトは 10)
 6
 7        Returns:
 8        None
 9        """
10        plt.figure(figsize=(8, 5))
11
```

10.2 箱ひげ図による目的変数の分布の把握

```python
12    # ボックスプロット
13    plt.subplot(1, 2, 1)
14    boxplot_dict = plt.boxplot(prop_data, whis=1.5, patch_artist=True)
15    plt.title("Boxplot")
16
17    # ヒストグラム
18    plt.subplot(1, 2, 2)
19    plt.hist(prop_data, bins=bins, color="blue", alpha=0.7)
20    plt.title("Histogram")
21    plt.tight_layout()
21    plt.show()
22
23    # 四分位数 (Q1, Q3) と IQR の計算
24    Q1 = np.percentile(prop_data, 25)
25    Q3 = np.percentile(prop_data, 75)
26    IQR = Q3 - Q1
27
28    # 最大, 最小の範囲
29    whiskers = [item.get_ydata() for item in boxplot_dict["whiskers"]]
30    lower_whisker = whiskers[0][1]
31    upper_whisker = whiskers[1][1]
32
33    # 外れ値
34    fliers = [item.get_ydata() for item in boxplot_dict["fliers"]]
35    outliers = fliers[0] if fliers else []  # 外れ値がない場合は空のリスト
36
37    # 結果の出力
38    print(f"Q1 (第1四分位数): {Q1:.2f}")
39    print(f"Q3 (第3四分位数): {Q3:.2f}")
40    print(f"IQR (四分位範囲): {IQR:.2f}")
41    print(f"最小: {lower_whisker:.2f}")
42    print(f"最大: {upper_whisker:.2f}")
43    print(f"外れ値: {outliers}")
```

以下のプログラムで実行します。

コード 10.4 `plot_boxplot_and_histogram` 関数の実行

```python
1    mc_0 = prop[prop["label"] == 0]["mc"]
2    mc_1 = prop[prop["label"] == 1]["mc"]
3    plot_boxplot_and_histogram(mc_0, bins=15)
4    plot_boxplot_and_histogram(mc_1, bins=15)
```

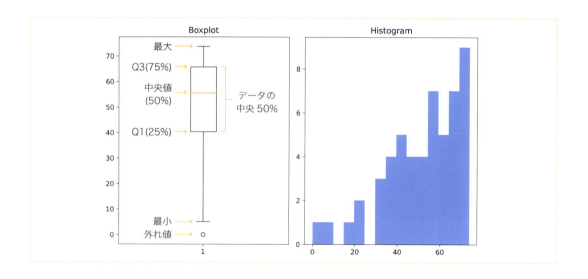

```
Q1（第1四分位数）: 40.32
Q3（第3四分位数）: 65.72
IQR（四分位範囲）: 25.40
最小: 5.06
最大: 73.86
外れ値: [0.]
```

　コード 10.4 では，label をもとに含水率のデータを分割し，それぞれの樹種で箱ひげ図とヒストグラムを作成しています。箱ひげ図からは以下の情報を確認できます。

① **中央値**：箱の中にある線。データを 50% ずつに分ける値。
② **四分位範囲**（interquartile range, **IQR**）：箱の上限から下限の端で示され，中央の 50% のデータをカバーする範囲。**第 1 四分位数**（**Q1**）はデータの下から 25% の位置にある値（箱の下端）。**第 3 四分位数**（**Q3**）はデータの下から 75% の位置にある値（箱の上端）。IQR は Q3 から Q1 を引いた値となる。
③ **ひげ**：箱から上下に伸びた線。上側の「最大」と書かれた部分は Q3 から $1.5 \times$ IQR を超えない範囲内での**最大値**。下側の「最小」と書かれた部分は Q1 から $1.5 \times$ IQR を下回らない範囲内での**最小値**。
④ **外れ値**：丸で表示されたプロット。最大値と最小値の範囲外にあるデータ。

　定量分析を行う場合，目的変数の分布として理想的なのは，データが一様に分布していることです。これは，回帰分析において各目的変数の値に対する重みづけが均等になり，モデルがさまざまな目的変数に対して偏りなく学習できるためです。しかし，実際の測定データは正規分布となることが多く，非常に悩ましい問題です。
　目的変数が正規分布となる場合，目的変数の分布を均等化するために**データ変換**（データをランク

に変換する）を行うことが考えられます。たとえば，低等度に 1，中等度に 2，高等度に 3 を割り当てる**整列ランク変換**などが一般的です（今回の場合，含水率の低い試料のラベルを 1，中程度の試料のラベルを 2，高い試料のラベルを 3 とし，このラベルを予測する）。しかし，このデータ変換により情報の損失が生じる可能性があります。さらに，吸光度は化学成分量と比例関係にあるため，変換後のモデルの解釈が難しくなることがあります。

この問題に対しては，**実験計画法**が導入できる場合もあります。実験計画法は，実験の設計やデータ分析に関する一連の手法であり，因果関係の特定や変数間の相互作用の解明，最適な条件の特定などを通じて，実験結果から有意義な情報を効率的に抽出することを目的としています。これにより，目的変数の分布の不均衡による問題を軽減し，より正確なモデルの構築が可能となります。

実験計画法で用いられる主要な用語として以下のものなどがあります。

① **因子**：実験で操作または調査される変数。たとえば，温度，圧力，濃度など。
② **水準**：因子がとりうる値。たとえば，温度を 20℃，30℃，40℃の 3 水準とするなど。
③ **応答変数**：実験の結果として測定される変数。たとえば，反応速度，収量など。
④ **実験単位**：実験が実施される個々の対象。たとえば，試験管，試料，実験動物など。
⑤ **反復**：同じ条件で複数回実施される実験。反復により，実験誤差の推定と信頼性の向上が図られる。
⑥ **ランダム化**：実験条件の割り当てをランダムに行うこと。偏りを防ぎ，実験誤差を均一化する。

実験計画法は因子と水準の影響を効率的に評価し，最適な条件を特定するための方法です。その手法には，以下のものなどがあります。

① **完全無作為化計画**：実験単位に対して実験条件を完全にランダムに割り当てる基本的な計画法。
② **ランダム化ブロック計画**：実験単位にあらかじめ存在する変動（ブロック）を考慮し，その中でランダムに実験条件を割り当てる計画法。
③ **因子計画**：2 つ以上の因子を同時に検討し，それぞれの因子の効果および因子間の相互作用を評価する計画法。
④ **分割プロット計画**：2 つの異なるランダム化レベルをもつ実験で，因子間に階層構造がある場合に用いられる計画法。
⑤ **反応曲面法**：応答変数と因子の関係を数学的なモデルで表し，最適条件を探索する方法。

これらの実験計画法を適切に適用することで，必要な実験回数を最小限に抑えつつ，信頼性の高い結果を得ることができます。

たとえば，トマトの近赤外スペクトルからその糖度を予測するモデルを作成する場合を考えます。はじめにトマトの生育環境（因子）である，光照射時間，水やりの頻度，肥料の種類，土壌の種類をさまざまな水準で用意して育成します。この因子と水準を実験計画法（因子計画）で決定すれば，同因子かつ同水準で栽培されたトマトの糖度の分布は一様になることが期待されます。一方，市場で 1,000 個のトマトを購入して実験を行う場合，その糖度分布は正規分布に従う可能性が高いです。

第 10 章　スペクトル操作の実践

目的変数の分布が一様でない場合の対策としては，①実験計画法を用いる，②目的変数のラベル化，③目的変数の分布を一様にするため一部の結果を削除する，④目的変数をそのまま用いる，などが考えられます。どの手法を用いるかは研究目的によって判断する必要があります。いずれにしても，スペクトルの定量分析では目的変数の分布にも十分注意を払う必要があります。

10.3
スペクトル表示

スペクトルを扱ううえで，ピーク位置の強度（縦軸）や波長（横軸）を把握することは重要です。そこで，Python を用いてスペクトルを表示するプログラムを関数化します。

コード 10.5　スペクトルをプロットする関数

```python
def plot_spectra(wave, spec):
    """
    Parameters:
    wave (numpy.ndarray): 波長の配列
    spec (numpy.ndarray): 吸収スペクトルの配列（行がサンプル，列が波長）

    Returns:
    None
    """

    fig, ax = plt.subplots(figsize=(8, 6))
    ax.plot(wave, spec.T)
    ax.set_xlabel("Wavelength")
    ax.set_ylabel("Absorbance")
    ax.set_title("Spectra")

    plt.show()
```

関数が準備できたので，以下のように plot_spectra 関数を実行するとスペクトルが表示されます。引数には spectra データフレームを用います。

コード 10.6　plot_spectra 関数の実行

```python
plot_spectra(spectra.columns, spectra)
```

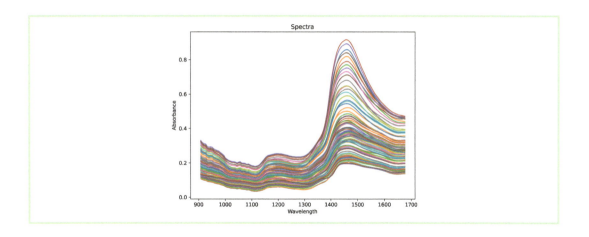

10.4 ピーク検出

次に**ピーク検出**の実装を行います。ここでは **SciPy**（おもにスペクトルデータの処理や解析を行うための Python ライブラリ）の `singal` モジュールを用います。このモジュールは信号処理に関連する機能を提供し，ピーク検出のほか，フィルタリングなどの機能が含まれており，スペクトル解析において非常に有用なモジュールです。まずは，Anaconda Prompt から以下で SciPy をインストールしてください。

```
pip install scipy
```

signal モジュールには `find_peaks` というピーク検出用の関数が用意されています。パラメータとして以下のものがあり，これらはすべてオプション値です。これらのパラメータを適切に設定することで，データに応じた柔軟なピーク検出が可能です。

① `height`：ピークの高さのしきい値
② `threshold`：ピーク認識のためのしきい値
③ `distance`：ピークどうしの最小距離
④ `prominence`：ピークの突起の高さのしきい値
⑤ `width`：ピークの幅のしきい値
⑥ `wlen`：ピーク検出の際の窓幅

この find_peaks 関数を用いて，もとの吸光度スペクトルと二次微分スペクトルでピークの検出を行います。二次微分スペクトルを用いることで吸収ピークを分離・強調できることは 8.4.1 項で説明しました。なお，二次微分の値はもとのスペクトルのピーク位置で極小値になるため，プログラム内では負のピークを見つけるように調整しています。以下のようにピーク検出の関数を作成します。

第 10 章　スペクトル操作の実践

コード 10.7　スペクトルデータからピークを検出する関数

```python
def detect_peaks(wave, spec, num_smooth):
    """
    Parameters:
    wave (numpy.ndarray): 波長データ
    spec (numpy.ndarray or pandas.DataFrame): スペクトルデータ
    num_smooth (int): スペクトルデータを平滑化するための窓幅

    Returns:
    None
    """

    # スペクトルデータを配列に変換
    spec_array = spec.values if not isinstance(spec, np.ndarray) else spec
    # ①スペクトルデータの二次微分を取得
    derispec_array = signal.savgol_filter(spec_array, num_smooth, 2, 2)
    # ②もとの吸光度スペクトルデータからピークを検出
    spec_peaks_posi, _ = signal.find_peaks(spec_array)
    # ③二次微分スペクトルデータから負のピークを検出
    derispec_peaks_posi, _ = signal.find_peaks(-derispec_array)
    # もとの吸光度スペクトルデータとそのピークをプロット
    plt.figure(figsize=(12, 6))
    plt.subplot(2, 1, 1)
    plt.plot(wave, spec_array, color="cyan", label="Spectra")
    plt.plot(wave[spec_peaks_posi], spec_array[spec_peaks_posi],
             "o", label="Positive Peaks")
    for i, txt in enumerate(spec_peaks_posi):
        plt.text(wave[txt], spec_array[txt], f"{wave[txt]:.2f}",
                 fontsize=8, verticalalignment="bottom")
    plt.title("Spectra and Positive Peaks")
    plt.xlabel("Wavelength")
    plt.legend()

    # 二次微分スペクトルとその負のピークをプロット
    plt.subplot(2, 1, 2)
    plt.plot(wave, derispec_array, color="cyan", label="Derispec")
    plt.plot(wave[derispec_peaks_posi], derispec_array[derispec_peaks_posi],
             "o", label="Negative Peaks")
    for i, txt in enumerate(derispec_peaks_posi):
        plt.text(wave[txt], derispec_array[txt], f"{wave[txt]:.2f}",
                 fontsize=8, verticalalignment="bottom")
    plt.title("Derispec and Negative Peaks")
    plt.xlabel("Wavelength")
    plt.legend()
    plt.show()
```

①の signal.savgol_filter で二次微分スペクトルを算出し，②と③の signal.find_peaks を用いてピークを検出します。以下のプログラムでは，spectra データフレーム内の 1 番目のスペクトルに関数を適用しています。また，detect_peaks の引数として二次微分算出時のスムージングポイントの数を指定します。

コード 10.8　detect_peaks 関数の実行

```
1  detect_peaks(spectra.columns,spectra.iloc[0,:],5)
```

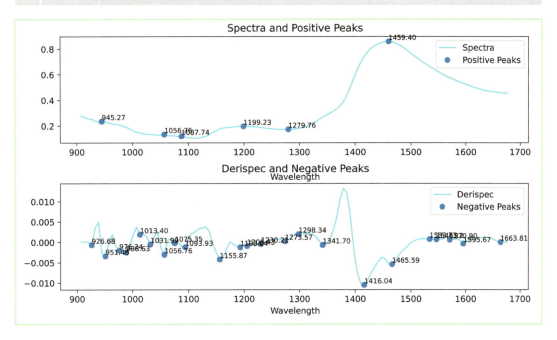

　図の上段がもとの吸光度スペクトルとそのピーク位置，下段が二次微分スペクトルのものです。吸光度スペクトルでは，1459 nm に 1 つのピークが検出されていますが，二次微分スペクトルから，この吸収が 1416 nm と 1465 nm の 2 つの吸収が重なったものであることがわかります。このように，信号の半値全幅（ピークの最大値の半分の高さでの幅）が広い場合，二次微分は有効な手法です。

10.5 相関スペクトル

　各波長（横軸）において，吸光度（縦軸）と目的変数との相関係数を計算し，これをスペクトル状に表示したものを**相関スペクトル**と呼びます。これにより，スペクトルの各波長と目的変数との関係性を把握できます。ここでは，もとの吸光度スペクトルと二次微分スペクトルの両方で，目的変数との相関スペクトルを図示する関数を以下のように作成します。

コード 10.9　スペクトルデータと目的関数の相関スペクトルをプロットする関数

```
1  def plot_correlation_spectrum(wave, spec, num_smooth, propdata):
2      """
3      Parameters:
4      wave (numpy.ndarray)：波長データ
5      spec(pandas.DataFrame)：スペクトルデータ
6      num_smooth (int)：平滑化のための窓幅
```

第 10 章　スペクトル操作の実践

```
 7      propdata (numpy.ndarray): 目的変数（プロパティ）データ
 8
 9  Returns:
10  numpy.ndarray: 二次微分スペクトルと目的変数の相関係数
11  """
12
13      # スペクトルデータの二次微分を計算
14      derispec = signal.savgol_filter(spec, num_smooth, 2, 2)
15
16      # ①各波長における吸光度スペクトルと目的変数の相関係数を計算
17      spec_corr = np.array([
18          np.corrcoef(spec.iloc[:, i], propdata)[0, 1]
19          for i in range(spec.shape[1])
20      ])
21
22      # ②各波長における二次微分スペクトルと目的変数の相関係数を計算
23      derispec_corr = np.array([
24          np.corrcoef(derispec[:, i], propdata)[0, 1]
25          for i in range(derispec.shape[1])
26      ])
27
28      # 相関スペクトルをプロット
29      plt.figure(figsize=(10, 8))
30
31      # 吸光度スペクトルと目的変数との相関スペクトルをプロット
32      plt.subplot(4, 1, 1)
33      plt.plot(wave, spec.T, label="Spectra")
34
35      plt.subplot(4, 1, 2)
36      plt.plot(wave, spec_corr)
37      plt.title("Correlation Spectrum for Spectra")
38      plt.xlabel("Wavelength")
39      plt.ylabel("Correlation Coefficient")
40      plt.ylim(-1, 1)
41      plt.legend()
42
43      # 二次微分スペクトルと目的変数との相関スペクトルをプロット
44      plt.subplot(4, 1, 3)
45      plt.plot(wave, derispec.T, label="Derispectra")
46
47      plt.subplot(4, 1, 4)
48      plt.plot(wave, derispec_corr) # 二次微分スペクトルの波長調整
49      plt.title("Correlation Spectrum for Derispectra")
50      plt.xlabel("Wavelength")
51      plt.ylabel("Correlation Coefficient")
52      plt.ylim(-1, 1)
53      plt.legend()
54
55      plt.tight_layout()
56      plt.show()
57      return derispec_corr
```

関数内の①と②では，for 文を用いて，各波長における相関係数を算出しています．引数には，スペクトル，二次微分のスムージングポイントの数，目的変数を指定します．以下では，スムージングポイントの数を 9，目的変数を含水率として関数を実行して，相関スペクトルを作成します．

コード 10.10 `plot_correlation_spectrum` 関数の実行

```
1  derispec_corr=plot_correlation_spectrum(spectra.columns,spectra,9,prop["mc"])
```

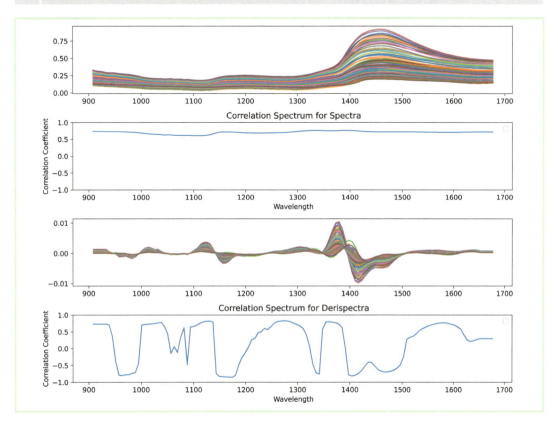

図は上段から順に，吸光度スペクトル，吸光度スペクトルと含水率の相関スペクトル，二次微分スペクトル，二次微分スペクトルと含水率の相関スペクトルです．2 段目の相関スペクトルの値（相関係数）が正であることは，「含水率が増加すると吸光度スペクトルの値も増加する」ということを意味します．すべての波長で相関係数が正となっていることから，これは含水率の変化に伴うスペクトル全体のベースライン変動によるものと考えられます．したがって，含水率が高くなるほど，吸光度スペクトルの値は全体的に増加しています．

少し専門的な話になりますが，含水率が高くなると木材中での光散乱が減少します．これは細胞壁の内腔部に水が満たされることで，細胞壁と内腔の境界面での反射が抑えられるためです．このスペクトルは反射方式で測定しているため，含水率の増加によって反射率が減少すると，それだけ光が戻ってこないことになります．そのため，含水率の増加によってベースライン変動が生じます（8.1 節）．

二次微分処理を行った3段目の二次微分スペクトルでは，ベースライン変動が補正できています。4段目の二次微分スペクトルの相関スペクトルは，読み解くのが少し複雑です。二次微分スペクトルでは，吸光度が高いほどその位置における二次微分の値は小さく（負の方向に大きく）なります。そのため，「相関係数が負の波長」は「含水率が高いほど吸光度が高くなる波長」といえます。二次微分スペクトルの相関係数スペクトルでは，1150 nm 付近と 1400 nm 付近で負になっています。これらの波長では，OH 基に帰属される吸収が現れます。水の OH 基の増加にともない，この波長の吸光度が増加し，これにより二次微分の値が小さくなります。そのため，この領域での相関係数が負になっているというわけです。

10.6 ベースライン補正

本節では，指定した2点の波長間で，①波長と吸光度で一次近似を行い，②この近似線をスペクトルから引き算することで行う，線形の**ベースライン補正**について説明します。図 10.1(a) のように，1381 nm と 1641 nm の吸光度を波長の関数として一次近似し，これをスペクトルから引くことで，図 (b) のようなデータが得られます。図 (b) では，1381 nm と 1641 nm における吸光度は 0 になっています。

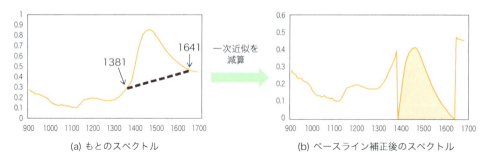

(a) もとのスペクトル　　　　　　(b) ベースライン補正後のスペクトル

図 10.1　ベースライン補正

ベースライン補正後の各波長における吸光度を積算した値は，面積強度と呼ばれることもあります。ランベルト・ベール則によると，1つの波長の吸光度のみでも，濃度と比例関係がありますが，測定条件によってはノイズの影響が大きくなる場合があります。そのため，連続する複数の波長の面積強度をとることで，ノイズの影響を小さくできる場合があります。

ベースライン補正用の関数は以下のプログラムのように作成します。今回は 1381 nm と 1641 nm でベースライン補正を行います。さらに，ここでは補正後のスペクトルの面積強度の計算も行っています。

10.6　ベースライン補正

コード 10.11　ベースライン補正とスペクトルの面積を計算する関数

```python
def baseline_shift(wave, spec, wave1, wave2):
    """
    Parameters:
    wave (numpy.ndarray): 波長データ
    spec (pandas.DataFrame): スペクトルデータ
    wave1 (float): ベースライン補正の開始波長
    wave2 (float): ベースライン補正の終了波長

    Returns:
    numpy.ndarray: ベースライン補正後の波長データ
    pandas.DataFrame: ベースライン補正後のスペクトルデータ
    pandas.Series: ベースライン補正後のスペクトルデータの面積
    """

    # 指定された 2 つの波長に最も近い波長のインデックスを見つける
    wave1_col = np.abs(wave - wave1).argmin()
    wave2_col = np.abs(wave - wave2).argmin()

    # 一次関数の傾きと切片を計算
    slope = (spec.iloc[:, wave2_col] - spec.iloc[:, wave1_col]) \
            / (wave[wave2_col] - wave[wave1_col])
    intercept = spec.iloc[:, wave1_col] - slope * wave[wave1_col]

    # スペクトルデータのコピーを作成し，ベースライン補正を実行
    shifted_spec = spec.copy()
    for ind in range(len(spec)):
        shifted_spec.iloc[ind, wave1_col:wave2_col + 1] \
            = spec.iloc[ind, wave1_col:wave2_col + 1] \
              - (slope.iloc[ind] * wave[wave1_col:wave2_col + 1]
                 + intercept.iloc[ind])

    # ベースライン補正後のスペクトルデータの抽出
    shifted_spec = shifted_spec.iloc[:, wave1_col:wave2_col + 1]
    shifted_wave = wave[wave1_col:wave2_col + 1]

    # ベースライン補正後のスペクトルデータの面積を計算
    integ_spec = shifted_spec.sum(axis=1)

    # もとのスペクトル，ベースライン補正後のスペクトル，スペクトルの面積をプロット
    plt.figure(figsize=(10, 10))

    plt.subplot(3, 1, 1)
    plt.plot(wave, spec.T)
    plt.xlabel("Wavelength")
    plt.ylabel("Absorbance")
    plt.title("Spectra")

    plt.subplot(3, 1, 2)
    plt.plot(shifted_wave, shifted_spec.T)
    plt.xlabel("Wavelength")
    plt.ylabel("Absorbance")
```

235

```
52          plt.title("Shifted Spectra")
53
54          plt.subplot(3, 1, 3)
55          plt.scatter(range(1, len(integ_spec) + 1), integ_spec)
56          plt.xlabel("Sample Number")
57          plt.ylabel("Integrated Absorbance")
58          plt.title("Integrated Spectra")
59
60          plt.tight_layout()
61          plt.show()
62
63          return shifted_wave, shifted_spec, integ_spec
```

コード 10.12　`baseline_shift` 関数の実行

```
1   shifted_wave,shifted_spec,integ_spec=baseline_shift(
2       spectra.columns,spectra,1381,1641)
```

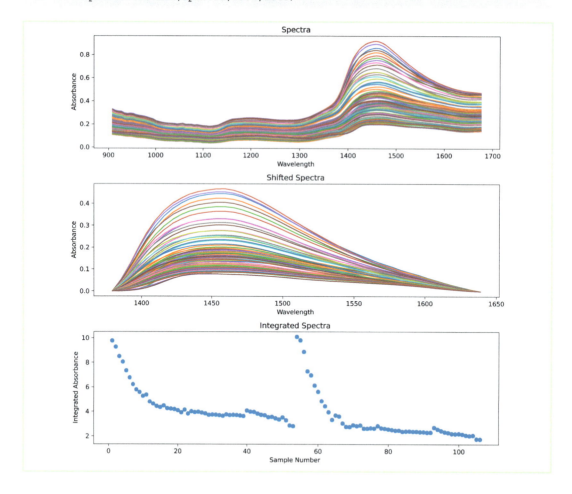

図の1段目はもとの吸光度スペクトル，2段目はベースライン補正後の1381〜1641 nmの範囲のスペクトル，3段目は横軸に試料番号，縦軸にベースライン補正後の面積強度をプロットしたものです。今回はアガチス（1〜53番目）と桐試料（54〜106番目）の含水率を減少させながら測定したスペクトルを並べているため，水の吸収帯が存在するこの波長領域の面積強度は，試料番号の増加にともなって減少していることがわかります。

10.7 カーブフィッティング

　スペクトルデータにおける信号強度の変化を示す曲線（カーブ）を数学的な関数で近似し，そのパラメータを求める解析手法を**カーブフィッティング**といいます。カーブフィッティングを用いることで，ピークの位置や高さ，幅などの特性を定量的に評価することができます。近似を行う関数には，おもにガウス関数（正規分布），ローレンツ関数，**フォークト関数**（ガウス関数とローレンツ関数の畳み込み）などが使用されます。

　分光分析での測定に用いられる電磁波は，その固有の線スペクトルにローレンツ分布を畳み込んだ幅をもっています。また，これを分光器で観察する場合，原子の熱振動などのランダムな事象による分布が加わります。これに対応するため，分光スペクトルのカーブフィッティングには，フォークト関数が用いられることがあります。ここでは，前節で計算したベースライン補正後のスペクトルに対して，フォークト関数でカーブフィッティングを行います。まずは，補正後のスペクトルのピーク位置を確認するために，以下のように10.4節で作成した`detect_peaks`関数を，ベースライン補正後のスペクトルに適用します。

コード10.13　補正後のスペクトルのピーク位置

```
1  detect_peaks(shifted_wave,shifted_spec.iloc[0,:],5)
```

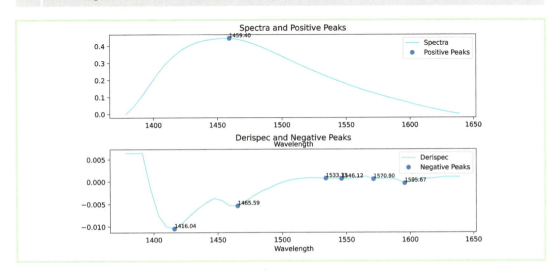

第 10 章　スペクトル操作の実践

　図の上段が補正後の吸光度スペクトル，下段が二次微分スペクトルです。二次微分スペクトルを見ると，1416 nm と 1466 nm に大きなピークがあることがわかります。1533 nm 以降にもいくつかピークがありますが，今回は 1416 nm と 1466 nm に絞り，この 2 波長の周辺にピークをもつ，2 つのフォークト関数でフィッティングを行います。以下のプログラムがその関数です。

コード 10.14　フォークト関数によるカーブフィッティング

```python
# ①1 つのフォークト関数の定義
def voigt(x, amplitude, mean, sigma, gamma):
    z = ((x - mean) + 1j * gamma) / (sigma * np.sqrt(2))
    return amplitude * np.real(wofz(z)) / (sigma * np.sqrt(2 * np.pi))

# ②2 つのフォークト関数の合成
def voigt_double(x, amp1, mean1, sigma1, gamma1,
                 amp2, mean2, sigma2, gamma2):
    return (voigt(x, amp1, mean1, sigma1, gamma1)
            + voigt(x, amp2, mean2, sigma2, gamma2))

# 2 つのフォークト関数でフィッティングする関数
def fit_voigt_double(wavelength, spectra, initial_peak_positions):
    """
Parameters:
wavelength (numpy.ndarray): 波長データ
spec (numpy.ndarray): スペクトルデータ（各行が 1 つのスペクトル）
initial_peak_positions (list): ピーク位置の初期値のリスト

Returns:
list: フィッティング結果のリスト（各要素はピーク位置, 面積, 半値全幅のタプル）
    """

    results = []
    plt.figure(figsize=(12, 8))

    # ③各スペクトルに対してフィッティングを行う
    for i, spec in enumerate(tqdm(spectra, desc="Fitting progress")):
        max_index1 = np.argmin(np.abs(wavelength - initial_peak_positions[0]))
        max_index2 = np.argmin(np.abs(wavelength - initial_peak_positions[1]))
        initial_guess = [spec[max_index1], initial_peak_positions[0], 100, 1,
                         spec[max_index2], initial_peak_positions[1], 100, 1]

        # ④探索するパラメータの下限と上限を設定
        lower_bounds = [0, wavelength[0], 0, 0, 0, wavelength[0], 0, 0]
        upper_bounds = [np.inf, wavelength[-1], np.inf, np.inf, np.inf,
                        wavelength[-1], np.inf, np.inf]

        # ⑤curve_fit でカーブフィッティングを実行
        popt, pcov = curve_fit(
            voigt_double, wavelength, spec, p0=initial_guess,
            bounds=(lower_bounds, upper_bounds)
        ))
        perr = np.sqrt(np.diag(pcov))
```

```python
        # フィッティング結果からピーク位置，面積，半値全幅を計算
        peak_position1 = popt[1]
        peak_position2 = popt[5]
        area1 = popt[0] * (np.sqrt(2 * np.pi) * np.abs(popt[2])
                            + 2 * np.abs(popt[3]))
        area2 = popt[4] * (np.sqrt(2 * np.pi) * np.abs(popt[6])
                            + 2 * np.abs(popt[7]))
        fwhm1 = 2 * np.sqrt(2 * np.log(2)) * (np.abs(popt[2])
                                            + np.abs(popt[3]))
        fwhm2 = 2 * np.sqrt(2 * np.log(2)) * (np.abs(popt[6])
                                            + np.abs(popt[7]))

        results.append((peak_position1, area1, fwhm1,
                        peak_position2, area2, fwhm2, perr))

        # 最初のスペクトルとフィッティング結果をプロット
        if i == 0:
            plt.subplot(4, 2, 1)
            plt.plot(wavelength, spec, "k-", label="Original Spectrum")
            plt.plot(wavelength,
                    voigt(wavelength, popt[0], popt[1], popt[2], popt[3]),
                    "c--", label="Voigt Fit 1")
            plt.plot(wavelength,
                    voigt(wavelength, popt[4], popt[5], popt[6], popt[7]),
                    "m--", label="Voigt Fit 2")
            plt.plot(wavelength, voigt_double(wavelength, *popt),
                    "r--", label="Double Voigt Fit")
            plt.xlabel("Wavelength")
            plt.ylabel("Absorbance")
            plt.legend()

# フィッティング結果のプロット
sample_numbers = range(1, len(results) + 1)
peak_positions1 = [result[0] for result in results]
peak_positions2 = [result[3] for result in results]
areas1 = [result[1] for result in results]
areas2 = [result[4] for result in results]
fwhms1 = [result[2] for result in results]
fwhms2 = [result[5] for result in results]
errors = [np.mean(result[6]) for result in results]

plt.subplot(4, 2, 3)
plt.scatter(sample_numbers, peak_positions1, c="m")
plt.xlabel("Sample Number")
plt.ylabel("Peak Position 1")

plt.subplot(4, 2, 4)
plt.scatter(sample_numbers, peak_positions2, c="c")
plt.xlabel("Sample Number")
plt.ylabel("Peak Position 2")

plt.subplot(4, 2, 5)
```

第 10 章　スペクトル操作の実践

```
 98
 99        plt.scatter(sample_numbers, areas1, c="m")
100        plt.xlabel("Sample Number")
101        plt.ylabel("Area 1")
102
103        plt.subplot(4, 2, 6)
104        plt.scatter(sample_numbers, areas2, c="c")
105        plt.xlabel("Sample Number")
106        plt.ylabel("Area 2")
107
108        plt.subplot(4, 2, 7)
109        plt.scatter(sample_numbers, fwhms1, c="m")
110        plt.xlabel("Sample Number")
111        plt.ylabel("FWHM 1")
112
113        plt.subplot(4, 2, 8)
114        plt.scatter(sample_numbers, fwhms2, c="c")
115        plt.xlabel("Sample Number")
116        plt.ylabel("FWHM 2")
117
118        plt.subplot(4, 2, 2)
119        plt.scatter(sample_numbers, errors, c="k")
120        plt.xlabel("Sample Number")
121        plt.ylabel("Average Fitting Error")
122
123        plt.tight_layout()
124        plt.show()
125        return results
```

　①は 1 つのフォークト関数，②は 2 つのフォークト関数を合成したカーブを出力する関数です。③から for 文を用いて各試料のピクセルに対してカーブフィッティングを行います。fit_voigt_ double 関数の引数として initial_peak_positions を指定しました。ここに，二次微分で検出した 2 つのピークの波長の情報を入力し，これらの値をカーブフィッティングの初期値として指定します。また，タスクの進捗状況を可視化するためにプログレスバーを表示するためのライブラリ tqdm を導入しています。

　カーブフィッティングでは，フォークト関数のピークの位置，高さ，幅を変化させながら，実測のスペクトルとの誤差が最も小さくなる位置，高さ，幅を計算しますが，④のように各パラメータで「探索する」最小値と最大値を設定することができます。これをしっかり設定しないと，負の幅や高さが最適値として採用されてしまう場合があります。④ではすべてのパラメータが正となるように範囲を指定しています。⑤で scipy.optimize モジュールのカーブフィッティング関数 curve_fit を用いてカーブフィッティングを行っています。その後，subplot 関数を用いて各パラメータを表示しています。以下のように関数を実行します。

240

コード 10.15　`fit_results` 関数の実行

```
1  fit_results = fit_voigt_double(shifted_wave, shifted_spec.values,[1410,1450])
```

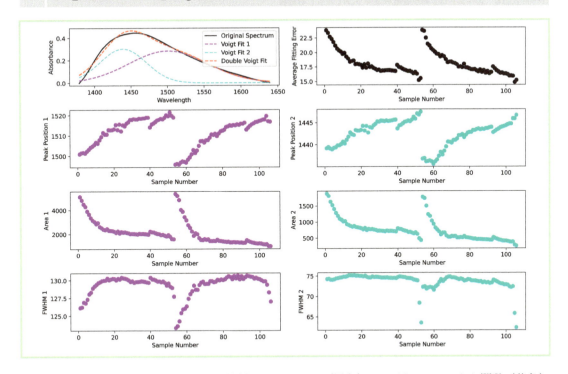

　図の左上段には，入力した1番目の試料のスペクトル（黒色），1つ目のフォークト関数（紫色），2つ目のフォークト関数（水色），2つのフォークト関数を合わせたカーブ（赤色）が表示されています。この要領でカーブフィッティングを全試料で行い，計算されたカーブフィッティングとの誤差が右上段のプロットです。また，紫色と水色のフォークト関数のピーク位置（2段目），面積（3段目），半値全幅（4段目）がそれぞれ表示されています。近赤外スペクトルでは，ピーク位置は振動エネルギーを，面積は濃度を，半値全幅は分子の相互作用を反映しています。横軸は試料番号です。近赤外分光法では非常に多くの倍音と結合音(1.6節)が重なって存在するため，これらを明確にカーブフィッティングすることは難しいですが，MSスペクトルやNMRスペクトルでは，このカーブフィッティングは非常に有用です。

10.8 ヒートマップによるスペクトル表示

　物質の特定の分子構造や化学組成に関連するスペクトルの領域を**指紋スペクトル**と呼びます。物質に特徴的なスペクトル特性を示し，その物質を同定する指紋として機能するため，この名前が付けられています。指紋スペクトルは，特に赤外分光法（IRスペクトル）やラマン分光法で重要な役割を果たします。そこで，ここではその指紋を視覚的にわかりやすくするため，スペクトルを**ヒートマッ**

第 10 章　スペクトル操作の実践

プで表示するプログラムを作成します。

コード 10.16　スペクトルデータをヒートマップで表示する関数

```python
def plot_spectra_heatmap(wave,spec,vmin=None, vmax=None):
    """
    Parameters:
    wave (pandas.Index or list): 波長データ
    spec (pandas.DataFrame): スペクトルデータ (行が試料, 列が波長)
    vmin (float, optional): ヒートマップの最小値
    vmax (float, optional): ヒートマップの最大値
    Returns:
    None
    """
    plt.figure(figsize=(10, 5))
    plt.subplot(2, 1, 1)
    plt.plot(wave,spec.T)
    plt.xlabel("Wavelength")
    plt.ylabel("spectra")
    plt.title("Spectra")
    # ヒートマップの作成
    plt.subplot(2, 1, 2)
    sns.heatmap(spec, cmap="RdBu_r", vmin=vmin, vmax=vmax, yticklabels=False,
                cbar_kws={"label": "Absorbance"}, xticklabels=[], cbar=False)
    # 二次微分用に cmap="RdBu_r" を用いているが, IR などでは cmap="Reds" がおすすめです
    plt.xlabel("Wavelength")
    plt.ylabel("Sample")
    plt.show()
```

　sns の heatmap 関数を用いてヒートマップを表示します。sns は, **seaborn** というデータ可視化ライブラリの略称です。seaborn は Matplotlib をベースにしており, 色分けやグループ分け, データ分布の視覚化など, 複雑なグラフィックスも直感的なインターフェースで簡単に描画できます。seaborn がインストールされていない場合は, Anaconda Prompt から以下のようにインストールしてください。

```
pip install seaborn as sns
```

　ここで扱う近赤外スペクトルでは, 二次微分スペクトルでピークが明確になっているため, 二次微分スペクトルに対してこの関数を適用します。

コード 10.17　plot_spectra_heatmap 関数の実行

```python
derispec = signal.savgol_filter(spectra,9, 2, 2)
plot_spectra_heatmap(spectra.columns,derispec,-0.01,0.01)
```

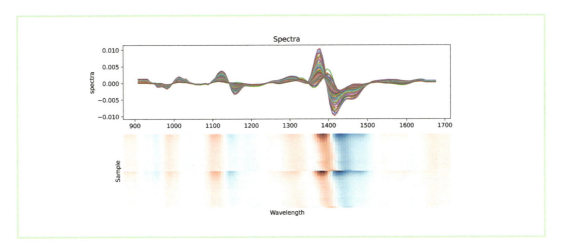

　図の上段が二次微分スペクトル，下段がヒートマップです。それぞれの見た目は，ずいぶんと印象が変わります。ヒートマップでは試料番号が縦方向に並んでいます。指紋領域を視覚的に比較・観察したい場合はヒートマップが便利ですが，今回の結果でも 1416 nm 付近の二次微分ピークが含水率の増減によってピークシフトしている様子がわかります。ヒートマップの上方向から順に，試料 1 〜 53 がアガチス，試料 54 〜 106 が桐の結果で，各樹種で試料番号が大きいほど含水率が小さくなっています。

第11章 ケモメトリクスと機械学習の実践

　前章では，スペクトルの特徴を把握するために行う基本的なスペクトル操作を実践しました．本章では，スペクトル解析の実践として，ケモメトリクスや機械学習を用いて定量分析を行います．はじめに，アウトライヤー（異常値）の検出をした後，PLS回帰やSVMといったケモメトリクスおよび機械学習アルゴリズムを活用した回帰分析を行います．また，クロスバリデーションとグリッドサーチを利用して，モデルの最適化も行います．さらに，機械学習の前処理とモデルの訓練を組み合わせるパイプラインの構築や，モデルの保存と再利用を行うためのモジュール pickle を活用する方法についても説明します．なお，本章でも各プログラムの説明は重要な部分のみ解説します．詳細を知りたい場合は ChatGPT に質問してみましょう．

11.1 アウトライヤーの検出と除去

　データセット内で他のデータポイントと大きく異なる値をもつ観測点を<u>アウトライヤー</u>（外れ値）と呼びます．アウトライヤーは分析結果の信頼性や精度に影響を与えるため，適正に除去することが重要です．

　スペクトルの定量分析においては，アウトライヤーはスペクトル側と目的変数側の両方で生じる可能性があります．スペクトル側の問題としては，測定誤差，装置の不具合，外部環境の変化などが考えられます．また，目的変数側の問題としては，サンプルの異常，誤ったラベル付け，サンプルの汚染などが考えられます．

　これらの原因を特定するために，目的変数側の統計評価とスペクトル側の統計評価（主成分分析（PCA）を組み合わせた評価など）を行うことが考えられます．PCAによるスペクトルデータの次元削減は，データの構造を把握しやすくし，アウトライヤーの特定に役立ちます．

　アウトライヤーの検出に有用なアルゴリズムの一つに，<u>Isolation Forest</u> があります．Isolation Forest は，データセットをランダムに分割する木構造を複数作成し，それぞれのデータポイントが孤立するまでに必要な分割回数を基にアウトライヤーを検出します．

　具体的には，Isolation Forest は次の手順でアウトライヤーを検出します．①ランダムに選択した特徴量に基づいて，データセットを分割する木構造（孤立木）を複数作成します．次に，②各データポイントが孤立するまでに必要な分割回数（パス長）を記録します．アウトライヤーは通常，正常なデータポイントよりも早く孤立するため，③平均パス長が短いデータポイントをアウトライヤーとして検出します．

11.1 アウトライヤーの検出と除去

　Isolation Forest は，高次元データや大規模データセットに対しても効率的にアウトライヤーを検出できるため，スペクトルデータの分析にも適しているといえます。まず，10.1 節と同様にスペクトルデータと含水率データを読み込みます。その後，以下のプログラムを用いてスペクトルデータにPCA を行い，第 4 主成分までのスコアを計算し，スコアと目的変数のそれぞれに Isolation Forest を適用して，アウトライヤーの検出を行います。

コード 11.1　アウトライヤーの検出

```python
def remove_outliers_and_plot(spec, prop_data, contamination):
    """
    Parameters:
    spec (pandas.DataFrame): スペクトルデータ
    prop_data (pandas.Series): 目的変数
    contamination (float or "auto"): アウトライヤーの割合または "auto" を指定

    Returns:
    None
    """
    # ①主成分分析 (PCA) を適用して次元削減
    pca = PCA(n_components=4) # はじめの 4 つの主成分を取得
    spectra_pca = pca.fit_transform(spec)

    # ②Isolation Forest モデルを作成して適用（スペクトルデータ）
    model_spec = IsolationForest(contamination=contamination, random_state=0)
    predict_spec = model_spec.fit_predict(spectra_pca)

    # ③Isolation Forest モデルを作成して適用（目的変数）
    model_prop = IsolationForest(contamination=contamination, random_state=0)
    predict_prop = model_prop.fit_predict(prop_data.values.reshape(-1, 1))

    # ④アウトライヤーと判断されたサンプルのインデックスを取得
    outlier_idx_spec = np.where(predict_spec == -1)[0]
    outlier_idx_prop = np.where(predict_prop == -1)[0]
    outlier_idx = np.union1d(outlier_idx_spec, outlier_idx_prop)
    print("スペクトルからのアウトライヤーは ",outlier_idx_spec)
    print("目的変数からのアウトライヤーは ",outlier_idx_prop)

    # アウトライヤーを除去したスペクトルデータと目的変数を返す
    spectra_isolated = spec.iloc[predict_spec == 1, :]
    prop_isolated = prop_data.iloc[predict_prop == 1]
    # プロット（散布図）
    plt.figure(figsize=(6,6))
    plt.subplot(3, 1, 1)
    plt.scatter(range(len(prop_data)), prop_data, color="black",
                label="Normal")
    plt.scatter(outlier_idx, prop_data.iloc[outlier_idx], color="red",
                label="Outlier")
    plt.xlabel("Sample Number")
    plt.ylabel("Property")
    plt.legend()
```

245

第 11 章　ケモメトリクスと機械学習の実践

```
44        plt.subplot(3, 1, 2)
45        plt.scatter(spectra_pca[:, 0], spectra_pca[:, 1], color="black",
46                    label="Normal")
47        plt.scatter(spectra_pca[outlier_idx, 0], spectra_pca[outlier_idx, 1],
48                    color="red", label="Outlier")
49        plt.xlabel("PC1 Score")
50        plt.ylabel("PC2 Score")
51        plt.legend()
52
53        plt.subplot(3, 1, 3)
54        plt.scatter(spectra_pca[:, 2], spectra_pca[:, 3], color="black",
55                    label="Normal")
56        plt.scatter(spectra_pca[outlier_idx, 2], spectra_pca[outlier_idx, 3],
57                    color="red", label="Outlier")
58        plt.xlabel("PC3 Score")
59        plt.ylabel("PC4 Score")
60        plt.legend()
61
62        # プロット (PCA ローディング)
63        plt.figure(figsize=(8, 4))
64        loadings = pca.components_
65        for i in range(4):
66            plt.subplot(2, 2, i + 1)
67            plt.plot(loadings[i, :])
68            plt.title(f"PC{i + 1} Loadings")
69            plt.xlabel("Wavelength Index")
70            plt.ylabel("Loading Value")
71
72        plt.figure(figsize=(8, 4))
73        for i in range(4):
74            plt.subplot(2, 2, i + 1)
75            plt.scatter(spectra_pca[:, i],prop_data, color="black",
76                        label="Normal")
77            plt.scatter(spectra_pca[outlier_idx, i], prop_data.iloc[outlier_idx],
78                        color="red", label="Outlier")
79            plt.title(f"PC{i + 1} score vs prop")
80            plt.xlabel("score")
81            plt.ylabel("prop")
82
83        plt.tight_layout()
84        plt.show()
85        return spectra_isolated,prop_isolated
```

　まず，①でスペクトルに対して PCA を行った後，②と③でスペクトルの PCA スコアと目的変数から
アウトライヤーを検出しています。Isolation Forest のパラメータである contamination は，データセッ
トに含まれると予想されるアウトライヤーの割合を表します。たとえば，contamination=0.05 と設
定すると，データセットの 5% がアウトライヤーであると予測されます。この関数を以下で実行します。

11.1 アウトライヤーの検出と除去

コード 11.2 `remove_outliers_and_plot` 関数の実行

```
1  spectra_isolated,prop_isolated = remove_outliers_and_plot(
2      spectra, prop["mc"], contamination=0.05)
```

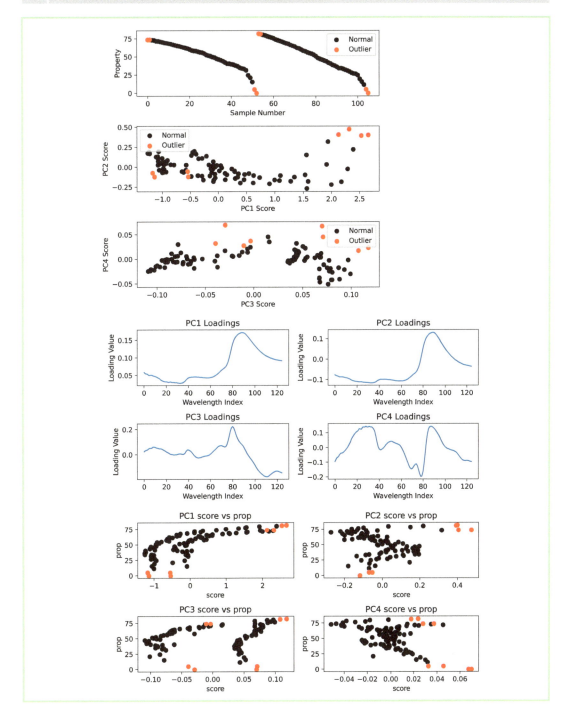

第 11 章　ケモメトリクスと機械学習の実践

　上段の 3 つの図は，上段から順番に，試料番号と目的変数，PC1 スコアと PC2 スコア，PC3 ス
コアと PC4 スコアの散布図です。赤色のプロットは，アウトライヤーとして検出されたデータポイ
ントです。ここでは，含水率が大きい（あるいは小さい）データポイント，あるいは PC4 スコアが
大きいデータポイントがアウトライヤーとして検出されていることがわかります。

　中段の 4 つの図は，PCA ローディングです。ローディングがノイジーな場合，これに基づくス
コアには科学的な特性が現れていないため，アウトライヤーの検出には適していません。そのため，よ
り小さい成分数でアウトライヤーを評価する必要があります。今回は 4 つの成分ともノイジーではあ
りません。さらに，下段の 4 つの図は，目的変数と各 PCA スコアの散布図です（赤色のプロットは
アウトライヤー）。

　なお，Isolation Forest でアウトライヤーが検出されたからといって，これらを無条件に除去し
てはいけません。今回の場合，含水率，PC1 スコア，PC2 スコアが大きい（あるいは小さい）デー
タポイントと，PC4 スコアが大きいデータポイントがアウトライヤーとして検出されていますが，
PC1 スコアと含水率には有意な相関関係があります。したがって，これらの試料がアウトライヤー
として検出された理由は，含水率が他と極端に異なっているためであると考えられます。

　含水率は他の試料と極端に異なっているものの，PC1 スコアを観察すると，その含水率の違いが
スペクトルにしっかりと反映されていることがわかります。この場合には，これらの試料もモデルの
作成に含めたほうが良いことがあります。なぜなら，これらのデータポイントを含めることで，含水
率のばらつきを反映したより頑健なモデルが構築でき，予測精度が向上する可能性があるからです。

　なお，スペクトルの前処理によって測定ノイズやベースライン変動を低減できますが，これはアウ
トライヤーとして判別されるデータポイントを減らすことにも寄与します。スペクトルの定量分析に
おいては，モデルによる予測値と実測値の差が大きいデータポイントはアウトライヤーである可能性
があります。しかし，この差が大きいからといってすぐにアウトライヤーと判断するのではなく，そ
の原因を正確に把握することが大切です。

11.2
各モジュールでの標準化自由度

　第 10 章では，データの確認（箱ひげ図，ヒートマップ），スペクトルデータと目的変数の関係性
の把握（ピーク検出，相関スペクトル，ベースライン補正，カーブフィッティング）について説明し
ました。スペクトル解析を行う際は，無条件に定量分析や定性分析を行うのではなく，まずスペクト
ルデータと目的変数データを「よく観る」ことが重要です。第 10 章のこれらのツールは，データを「よ
く観る」ためのツールでした。

　本節からは，スペクトルから目的変数（ここでは含水率）を PLS 回帰で予測します。その前にも
う一度，スペクトルの標準化について確認しておきましょう。標準化スペクトルは，各波長ごとに試
料全体の平均値を引き，次に試料全体の標準偏差で割ることで計算されます（7.1.6 項参照）。また，
3.7 節で説明したように，標準偏差を計算する際の `ddof`（**自由度**）は，ddof=0 の場合は試料が母集
団であると仮定して標準偏差が計算され，ddof=1 の場合は試料が標本であると仮定し，不偏分散（母

集団の標準偏差の推定値）として計算されます。**表 11.1** には，各モジュールにおける ddof のデフォルト値を示します。

表 11.1　各モジュールにおける ddof のデフォルト値

モジュール（ライブラリ）	デフォルト値	注意点
データフレーム（pandas）：df	ddof=1	—
配列（NumPy）：array	ddof=0	—
StandardScaler（scikit-learn）	ddof=0	ddof=1 での計算はできない。with_std=False とすると平均スペクトルが出力される。
PCA（scikit-learn）	平均化	つねに平均化を行う。生スペクトルあるいは標準化スペクトルを処理したい場合は7.1.6項を参照。
PLSRegression（scikit-learn）	説明・目的変数ともに標準化（ddof=1）	scale=False とすると説明・目的変数ともに平均化を行う。なお，標準化で ddof の変更はできない（ソースの 142, 145 行参照）

　表からわかるように，各モジュールによって ddof のデフォルト値は異なります。pandas を用いる場合のデフォルト値は ddof=1（不偏標準偏差）ですが，NumPy の場合のデフォルト値は ddof=0 です。どちらもパラメータとして ddof を指定することで自由度を変更可能です。また，データの標準化でよく用いられる StandardScaler では，デフォルト値は ddof=0 です。このモジュールを用いる場合，自由度の変更はできません。そのため，ddof=1 で標準化を行いたい場合は，pandas が NumPy を用いる必要があります。それでは，スペクトルデータに対して，pandas，NumPy，StandardScaler を用いて，以下のプログラムで標準化スペクトルを計算してみましょう。

コード 11.3　スペクトルデータの標準化

```
1  # pandas で標準化スペクトル計算
2  spectra_std_pd = (spectra - spectra.mean()) / spectra.std(ddof=0)
3  # NumPy で標準化スペクトル計算
4  spectra_array=spectra.values
5  spectra_std_np = (spectra_array - np.mean(spectra_array, axis=0)) \
6                   / np.std(spectra_array, axis=0, ddof=0)
7  # StandardScaler で標準化スペクトル計算
8  from sklearn.preprocessing import StandardScaler
9  scaler = StandardScaler()
10 spectra_std_scaler = scaler.fit_transform(spectra_array)
11 # それぞれが同じであるかを確認（最初の行の，最初の複数列）
12 print(spectra_std_pd.iloc[0,:5].values)
13 print(spectra_std_np[0,:5])
14 print(spectra_std_scaler[0,:5])
```

```
[1.45725553 1.40420156 1.37666445 1.3653331  1.28847642]
[1.45725553 1.40420156 1.37666445 1.3653331  1.28847642]
[1.45725553 1.40420156 1.37666445 1.3653331  1.28847642]
```

第 11 章　ケモメトリクスと機械学習の実践

　出力の結果から，各値が一致していることが確認できます。なお，表 11.1 で示したように，scikit-learn の PCA では，デフォルトで平均化を行ってから PCA の処理が行われます。このモジュールで標準化スペクトルを処理したい場合は，StandardScaler などで標準化を行ってから，そのデータを引数として指定する必要があります。また，scikit-learn の PLSRegression では，デフォルトで説明変数と目的変数ともに標準化が行われ，その際の自由度は ddof=1 です。パラメータで scale=False とすると，説明変数と目的変数ともに平均化のみが適用されます。データを適正に扱うために自由度を把握しておくことは非常に重要です。

● 11.3
PLS 回帰のウェイトローディング，ローディング，回帰係数

　7.2 節で説明したように，PLS 回帰にはウェイトローディングとローディングという 2 つのローディングがあります。ウェイトローディングは，主成分が目的変数との相関を最大化するように，スペクトルの線形結合を決定する重みです。ウェイトローディングの絶対値が大きい波長は，その主成分が目的変数に対して高い寄与度をもつと解釈できます。また，ウェイトローディングは直交規格化されています。

　一方，ローディングは，主成分がスペクトル空間内でどのように再構成されているかを示し，主成分とスペクトルとの相関を反映しています。ローディングの絶対値が大きい波長は，主成分がその波長の変動を大きく説明していることを意味します。ただし，ローディングは直交規格化されていません。

　以下のプログラムを用いて，ウェイトローディングとローディングの違いを確認してみましょう。

コード 11.4　ウェイトローディングとローディングの表示

```
 1  pls=PLSRegression(n_components=5)
 2  pls.fit(spectra,prop["mc"])
 3  weight=pls.x_weights_  # ウェイトローディング，直交規格化されている
 4  loading=pls.x_loadings_  # ローディング，直交規格化されていない
 5  fig, axes = plt.subplots(5, 1, figsize=(8,8))
 6  for i in range(5):
 7      axes[i].plot(weight[:, i], "r-", linewidth=2) # 赤色がウェイトローディング
 8      axes[i].plot(loading[:, i], "k-", linewidth=2) # 黒色がローディング
 9      axes[i].set_title(f"Component {i + 1}")
10      axes[i].set_xlabel("Wavelength")
11      axes[i].set_ylabel("Value")
12      axes[i].legend()
13  plt.tight_layout()
14  plt.show()
```

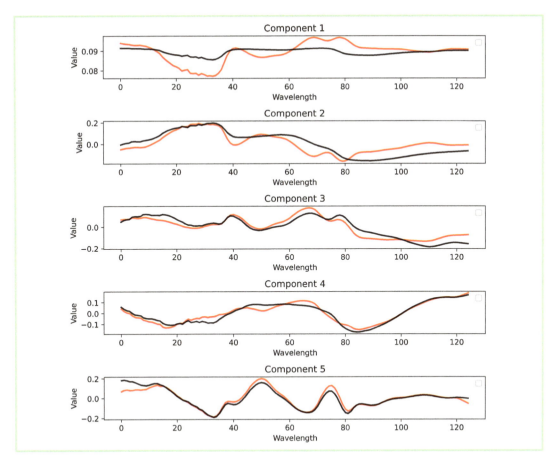

図は上段から，第 1 主成分から第 5 主成分までのウェイトローディング（赤色）とローディング（黒色）の値です．特に第 1 成分において，ウェイトローディングとローディングの値の差が大きくなっていることがわかります．ローディングはスペクトルの分散を説明するために用いられ，ウェイトローディングは目的変数との相関を最大化するために用いられます．

ここで，PLSRegression のアトリビュート（クラスがもつ変数）には**回帰係数（`coef_`）**が含まれています．この回帰係数を用いることで，行列の内積から目的変数の予測値を計算することが可能です．具体的には，スペクトルデータと回帰係数の内積で計算されます．

PLSRegression のデフォルト設定では，説明変数と目的変数の両方に標準化を行ってからモデルが作成されます．sikit-learn のソースコードより，403 行目の self.coef_ = (self.coef_ * self._y_std).T/self._X_std や 534 行目の pred = X @ self.coef_.T + self.intercept_ から，属性の回帰係数（coef_）は目的変数の標準偏差が掛けられた形であることがわかります（scikit-learn の GitHub リポジトリを参照：https://github.com/scikit-learn/scikit-learn/blob/f07e0138b/sklearn/cross_decomposition/_pls.py）．

したがって，スペクトルデータと回帰係数の内積を計算し，そこに目的変数の平均値を足すと目的変数の予測値が得られます．以下のプログラムを実行すると，「pls.predict メソッドを用いる予

第 11 章　ケモメトリクスと機械学習の実践

測値」と「スペクトルデータと回帰係数の内積を用いる予測値」が一致していることを確認できます。

コード 11.5　メソッドの予測値と内積からの予測値の比較

```
1  # 標準化スペクトル算出 (ddof=1)
2  spectra_std_pd = (spectra - spectra.mean()) / spectra.std(ddof=1)
3  mc_mean=np.mean(prop["mc"])  # 目的変数（含水率）の平均値
4  regression=pls.coef_  # 回帰係数の抽出（目的変数の標準偏差が掛けられたもの）
5  pred_cal=np.dot(spectra_std_pd ,regression.T)  # スペクトルと回帰係数の内積
6  pred_cal=pred_cal+mc_mean  # 目的変数（含水率）の平均値を足す
7  pred=pls.predict(spectra)  # メソッドを用いて予測
8  print(np.round(pred[:6].T,3))
9  print(np.round(pred_cal[:6].T,3))
```

```
[[82.312 74.267 76.628 70.795 68.234 74.5  ]]
[[82.312 74.267 76.628 70.795 68.234 74.5  ]]
```

11.4
ウェイトローディングと寄与率

　ここまで何度か説明してきたように，PLS 回帰では，ウェイトローディングを観察することで，目的変数への寄与度が高い波長を知ることができます。あわせて，重要な指標として寄与率があります。寄与率は，モデルがデータのどの程度を捉えているかを評価するための指標として使用されます。

　PLS 回帰モデルでは，寄与率は通常，説明変数（スペクトルなど）と目的変数（物性値など）の両方に対して計算されます。これにより，モデルが説明変数と目的変数の関係をどれだけ効果的に捉えているかを評価できます。具体的には，スペクトルの寄与率は「算出されたスコアの分散」と「スペクトル全体の分散」との比率で計算できます。また，目的変数の寄与率は「予測された目的変数の分散」と「実際の目的変数の分散」との比率で求められます。

　本節では，for 文を用いて各成分で PLS 回帰モデルを作成し，その際に寄与率を計算し，結果を保存していきます。

コード 11.6　PLS 回帰モデルのクロスバリデーションと寄与率の分析

```
1  def pls_cv_check(spec, prop_data, n_folds=5, max_components=10,
2                   scaleset=True):
3      """
4      Parameters:
5      spec (pandas.DataFrame): スペクトルデータ（行が試料, 列が波長）
6      prop_data (pandas.Series): 目的変数
7      n_folds (int): クロスバリデーションの分割数
8      max_components (int): 試行する最大の PLS 回帰の成分数
9      scaleset (bool): スペクトルデータを標準化するかどうか
10
11     Returns:
12     dict: 結果をまとめた辞書
13     """
14     scores_cv = []
15     scores_train = []
```

11.4 ウェイトローディングと寄与率

```python
16    explained_var_spec = []
17    explained_var_prop = []
18    coefficients = []
19    pred = []
20
21    # スペクトルデータの標準化 (scaleset が False の場合は中心化 )
22    if scaleset:
23        spec_normalized = (spec - spec.mean()) / spec.std(ddof=1)
24    else:
25        spec_normalized = spec - spec.mean()
26
27    # ① PLS 回帰の成分数を増やしながら計算
28    for n in range(1, max_components + 1):
29        pls = PLSRegression(n_components=n, scale=scaleset)
30        # ② クロスバリデーションの決定係数の算出
31        score_cv = cross_val_score(pls, spec, prop_data, cv=n_folds,
32                                   scoring="r2").mean()
33        pls.fit(spec, prop_data)
34        # ③ train すべて使った場合の決定係数の算出
35        score_train = pls.score(spec, prop_data)
36        scores_cv.append(score_cv) # ④ append で追加していく
37        scores_train.append(score_train)
38        # ⑤ 主成分スコアの算出（引数は spec）
39        transformed_spec = pls.transform(spec)
40        # ⑥ 主成分スコアの分散合計 / もとのスペクトルの分散合計＝スペクトルの寄与率
41        explained_var_spec.append(np.var(transformed_spec, axis=0).sum()
42                                  / np.var(spec_normalized, axis=0).sum())
43        # ⑦ 予測値の算出（引数は spec）
44        predicted = pls.predict(spec)
45        # ⑧ 予測値の分散合計 / 目的変数の分散合計＝目的変数の寄与率
46        explained_var_prop.append(np.var(predicted, axis=0).sum()
47                                  / np.sum(np.var(prop_data, axis=0)))
48        # ⑨ 各主成分における回帰係数を保存
49        coefficients.append(pls.coef_)
50        # ⑩ 各主成分における回帰係数を保存
51        pred.append(predicted)
52
53    optimal_n = np.argmax(scores_cv) + 1
54    loadings = pls.x_loadings_
55    weights = pls.x_weights_
56    print("最適な主成分数は ",optimal_n)
57    # ⑪ 重要な変数を辞書として出力
58    results = {
59        "optimal_n_components": optimal_n,
60        "pred_value": pred,
61        "r2_scores_train": scores_train,
62        "r2_scores_cv": scores_cv,
63        "explained_variances_spec": explained_var_spec,
64        "explained_variances_prop": explained_var_prop,
65        "loadings": loadings,
66        "weights": weights,
67        "regression_coefficients": coefficients
```

第 11 章　ケモメトリクスと機械学習の実践

```python
67          }
68      # 図の作成
69      plt.figure(figsize=(8, 8))
70
71      # スペクトルのプロット
72      plt.subplot(3, 2, 1)
73      plt.plot(spec.columns, spec_normalized.T, color="k", linewidth=0.5)
74      plt.xlabel("Wavelength")
75      plt.ylabel("Normalized Absorbance")
76      plt.title("Normalized Spectra")
77
78      # 主成分数と決定係数の関係
79      plt.subplot(3, 2, 3)
80      plt.plot(range(1, max_components + 1), scores_train, "k-o",
81              label="Train")
82      plt.plot(range(1, max_components + 1), scores_cv, "r-o", label="CV")
83      plt.xlabel("Number of PLS Components")
84      plt.ylabel("R2 Score")
85      plt.title("PLS Components vs R2 Score")
86      plt.legend()
87
88      # 主成分数と寄与率の関係
89      plt.subplot(3, 2, 5)
90      plt.plot(range(1, max_components + 1), explained_var_spec, "m-o",
91              label="Spectra")
92      plt.plot(range(1, max_components + 1), explained_var_prop, "c-o",
93              label="Property")
94      plt.xlabel("Number of PLS Components")
95      plt.ylabel("Explained Variance")
96      plt.title("PLS Components vs Explained Variance")
97      plt.legend()
98
99      # ウェイトローディングのプロット (コンポーネント 1 〜 3)
100     plt.subplot(3, 2, 2)
101     for i in range(3):
102         plt.plot(spec.columns, weights[:, i], label=f"Component {i + 1}")
103     plt.xlabel("Wavelength")
104     plt.ylabel("Weightloading ")
105     plt.title("Weightloading (Components 1-3)")
106     plt.legend()
107
108     # ウェイトローディングのプロット (コンポーネント 4 〜 6)
109     plt.subplot(3, 2, 4)
110     for i in range(3, 6):
111         plt.plot(spec.columns, weights[:, i], label=f"Component {i + 1}")
112     plt.xlabel("Wavelength")
113     plt.ylabel("Weightloading")
114     plt.title("Weightloading (Components 4-6)")
115     plt.legend()
116
117     # ウェイトローディングのプロット (コンポーネント 7 〜 10)
118     plt.subplot(3, 2, 6)
```

```
119        for i in range(6, 10):
120            plt.plot(spec.columns, weights[:, i], label=f"Component {i + 1}")
121        plt.xlabel("Wavelength")
122        plt.ylabel("Weightloading ")
123        plt.title("Weightloading (Components 7-10)")
124        plt.legend()
125
126        plt.tight_layout()
127        plt.show()
128
129        return results
```

コード 11.6 のプログラムの説明を行う前に，作成した pls_cv_check 関数を以下のプログラムで実行して，出力を確認します．はじめに train_test_split 関数を用いて，データセットをトレーニングセットとテストセットに分割します．test_size=0.2 は，データセットの 20% をテストセットに割り当てることを意味し，残りの 80% はトレーニングセットに使用されます．random_state=2 は，分割の再現性を確保するための乱数シードです．

コード 11.7 pls_cv_check 関数の実行

```
1  X_train, X_test, y_train, y_test = train_test_split(
2      spectra, prop["mc"], test_size=0.2, random_state=2)
3  result=pls_cv_check(X_train, y_train, n_folds=5, max_components=10,
4                     scaleset=True)
```

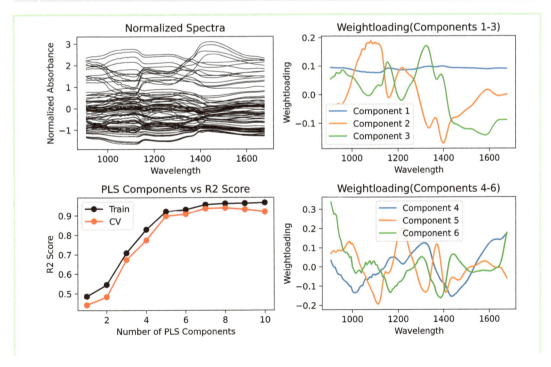

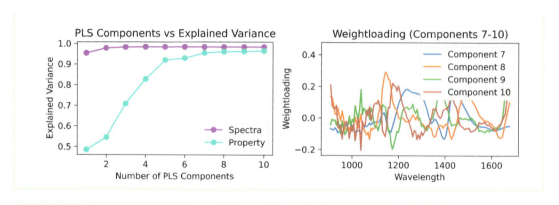

最適な主成分数は 8

　図は，左上段が標準化スペクトル，左中段が主成分数ごとの決定係数（R^2），左下段が主成分数ごとのスペクトルと目的変数（ここでは含水率）の寄与率を示しています．右側には，上段から主成分数 1～3，4～6，7～10 におけるウェイトローディングが示されています．

　左中段のグラフを見ると，トレーニングデータすべてを用いた場合（黒色）には，主成分数の増加にともない決定係数も増加しています．しかし，クロスバリデーションの結果（赤色）では，主成分数が 8 のときに決定係数が最大となり，それ後は減少に転じます．したがって，主成分数が 8 以上の場合はオーバーフィッティングが発生していると判断できます．

　左下段のグラフからは，第 1 主成分ではスペクトルの寄与率が非常に高い（約 95%）のに対して，目的変数である含水率の寄与率は約 49% と低いことがわかります．右上段に示された第 1 主成分のウェイトローディングを確認すると，全波長で正の値が得られています．これは，第 1 主成分のスコアがスペクトルのベースライン変動を強調する成分であることを示しています．

　左上段の標準化スペクトルを見ると，試料間の大きな違いはおもにベースライン変動によるものであることがわかります．ベースライン変動はスペクトル全体の変動に影響を与えるため，スペクトルの寄与率が高いにもかかわらず，目的変数（含水率）の寄与率が約 49% と低いのはこのためです．

　一方で，PLS 回帰の主成分数が 2～5 の範囲では，目的変数の寄与率はそれぞれ約 10～20% ずつ増加しています．これらの成分のスペクトルの寄与率はそれほど大きくありませんが，含水率の予測には大きく寄与しています．ウェイトローディングを確認すると，それぞれの成分が特徴的なピークの情報を抽出していることがわかります．

　PLS 回帰の主成分数が 6 以上になると，スペクトルの寄与率と目的変数の寄与率はともに小さくなり，ウェイトローディングにノイズ成分（ギザギザ）が現れることも確認できます．ここでは，主成分数が 8 のときにクロスバリデーションの決定係数が最大となりましたが，これらの解析を考慮すると，主成分数を 6 としたほうが新たなデータへの適応性を高める可能性も考えられます．

それでは，コード11.6のプログラムの内容を見ていきます。①でfor文を用いて，PLS回帰の主成分数を1から増やしながら，都度モデルを作成します。②でcross_val_score関数を用いてクロスバリデーションによる決定係数を計算します。次に，③でトレーニングセットのすべてのデータを用いた場合の決定係数を計算します。④でappendを用いて，score_cvを保存しています。

さらに，⑤で主成分スコアを計算します。この際，モジュールのメソッドtransformを用いて関数内で標準化あるいは中心化を行うため，引数として標準化あるいは中心化を行っていないspecを指定します。⑥で寄与率を計算しており，スペクトルの寄与率は主成分スコアの分散の合計と，もとのスペクトルの分散の合計で計算から求められます。スペクトルの分散は標準化スペクトル（spec_normalized）から計算しています。

次に，⑦でメソッドを用いて目的変数の予測値を算出し，⑧で目的変数の寄与率を計算します。また，⑨と⑩で回帰係数と目的変数の予測値を保存し，⑪で重要なパラメータを辞書として保存します。PLS回帰を行う際には，各主成分のウェイトローディングや寄与率などを観察することがモデルの堅牢性を確認するために非常に重要です。

この関数を使用して得られる戻り値としてresultsを得た後，このresultから各変数を抽出する際には下記のように出力します。

コード11.8　各変数の抽出

```
1  result["r2_scores_train"]
```

最後に，以下のプログラムで先ほどのクロスバリデーションで決定された最適な主成分数を用いてインスタンスを作成し，これをテストセットに当てはめて，実測値と予測値の比較を行います。

コード11.9　実測値と予測値の比較

```
1  # 最適な主成分数を用いてインスタンスを作成
2  pls = PLSRegression(n_components=result["optimal_n_components"], scale=True)
3  pls.fit(X_train,y_train)
4  y_pred = pls.predict(X_test)
5  # 横軸は実測値 y_test, 縦軸は予測値の散布図を作成
6  plt.figure(figsize=(4, 4))
7  plt.scatter(y_test, y_pred,c="m",label="opt")
8  plt.xlabel("Measured")
9  plt.ylabel("Predicted")
10 plt.title("Measured vs Predicted")
11 plt.show()
12 # 決定係数 (R²) を計算
13 r2 = r2_score(A, y_pred)
14 print("R²:", np.round(r2,3))
```

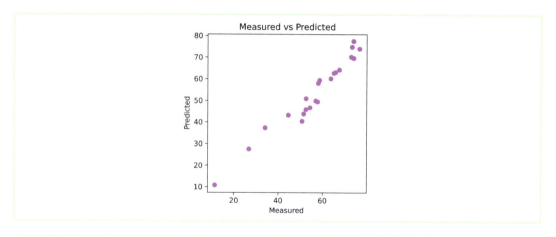

R²: 0.913

　出力結果から，テストセットでも決定係数 0.91 というそれなりの精度で予測できることが確認できました。通常，プログラムは実行が終了すると，メモリ上に存在するデータは削除されます。そのため，構築したモデルを後から簡単に呼び出せるように `pickle` を用いてモデルを保存します。

　`pickle` は，Python オブジェクトを保存し，後でそのオブジェクトを再生成するための標準的な方法を提供するモジュールです。これにより，訓練済みのモデルなどのオブジェクトをファイルに保存し，後から読み込んで再利用することが可能になります。

コード 11.10　pickle によるモデルの保存

```python
# モデルを pickle 形式で保存
with open("pls_model.pkl", "wb") as file:
    pickle.dump(pls, file)
```

　ここでは，訓練済みのモデルを `pickle.dump` 関数を用いてファイルに保存しています。この関数では，保存するデータ（オブジェクト）と保存先のファイルを指定します。"wb" は「バイナリ書き込みモード」を意味します。これを実行すると SpeAna11_1-6_practicaluse.ipynb が保存されているフォルダに，"pls_model.pkl" が保存されます。保存済みのモデルを読み込むには，以下のようにプログラムします。

コード 11.11　保存されたモデルの読み込み

```python
# モデルを読み込む
with open("pls_model.pkl", "rb") as file:
    loaded_pls = pickle.load(file)
loaded_y_pred = loaded_pls.predict(X_test)
```

　保存されたモデルを使用するには，`pickle.load` 関数を用いてファイルから読み込みます。この関数には，読み込み先を指定します。ここで，"rb" は「バイナリ読み込みモード」を意味します。

pickle でモデルを保存することの利点は，訓練に時間がかかるモデルを再度訓練する必要がないことや，異なるプログラムや環境でモデルを使用できることです。

11.5
GridSearchCV によるクロスバリデーション

前節では for 文と cross_val_score を組み合わせてクロスバリデーションを行いましたが，これをより簡単に行うためのクラスとして GridSearchCV が用意されています。GridSearchCV は，scikit-learn ライブラリの model_selection モジュールに含まれるクラスで，機械学習モデルの**ハイパーパラメータ**を最適化するために，クロスバリデーションを使用した**グリッドサーチ**を行います。

グリッドサーチは，指定したハイパーパラメータのすべての組み合わせを試し，最適な組み合わせを見つける手法です。探索するハイパーパラメータの範囲を指定することで，これらのパラメータの組み合わせに対してクロスバリデーションを行い，最適なハイパーパラメータを特定します。

PLS 回帰を行う場合，ハイパーパラメータは PLS 回帰の主成分数となります。一方，（RBF カーネル）サポートベクトル回帰（SV 回帰）の場合，ハイパーパラメータは正則化パラメータ C と RBF カーネルのスケールパラメータ γ となります。それでは，PLS 回帰と SV 回帰に対して以下のプログラムでグリッドサーチを行いましょう。

コード 11.12　グリッドサーチの実行

```
1   # ① PLS 回帰のグリッドサーチ
2   pls_params = {"n_components": list(range(1, 16))} # ①-1 ハイパーパラメーターを設定
3   pls_grid = GridSearchCV(PLSRegression(), param_grid=pls_params, cv=5,
4                           scoring="r2") # ①-2 インスタンス作成
5   pls_grid.fit(X_train, y_train)# ①-3 fit メソッド
6   print(f"Best PLS components: {pls_grid.best_params_['n_components']}")
7
8   # ② SV 回帰のグリッドサーチ
9   svr_params = {
10      "C": [0.1, 1, 10, 100],
11      "gamma": [0.001, 0.01, 0.1, 1]
12  }
13  svr_grid = GridSearchCV(SVR(kernel="rbf"), param_grid=svr_params, cv=5,
14                          scoring="r2")
15  svr_grid.fit(X_train, y_train)
16  print(f"Best SVR parameters: {svr_grid.best_params_}")
17
18  # ③最適化されたモデルでテストセットの予測
19  pls_predicted = pls_grid.predict(X_test)
20  svr_predicted = svr_grid.predict(X_test)
21
22  # PLS 回帰の性能評価
23  pls_r2 = r2_score(y_test, pls_predicted)
24  pls_mse = mean_squared_error(y_test, pls_predicted)
25  print(f"PLS R²: {pls_r2}, RMSE: {np.sqrt(pls_mse)} ")
26
```

第 11 章　ケモメトリクスと機械学習の実践

```python
27   # SV 回帰の性能評価
28   svr_r2 = r2_score(y_test, svr_predicted)
29   svr_mse = mean_squared_error(y_test, svr_predicted)
30   print(f"SVR R²: {svr_r2}, RMSE: {np.sqrt(svr_mse)} ")
31
32   # PLS 回帰の散布図
33   plt.figure(figsize=(5, 5))
34   plt.scatter(y_test, pls_predicted, edgecolors=(0, 0, 0))
35   plt.plot([y_test.min(), y_test.max()], [y_test.min(), y_test.max()],
36           "k-", lw=1)
37   plt.xlabel("Measured")
38   plt.ylabel("Predicted")
39   plt.title("PLS: Measured vs Predicted")
40   plt.show()
41
42   # SV 回帰の散布図
43   plt.figure(figsize=(5,5))
44   plt.scatter(y_test, svr_predicted, edgecolors=(0, 0, 0))
45   plt.plot([y_test.min(), y_test.max()], [y_test.min(), y_test.max()],
46           "k-", lw=1)
47   plt.xlabel("Measured")
48   plt.ylabel("Predicted")
49   plt.title("SVR: Measured vs Predicted")
50   plt.show()
```

```
Best PLS components: 8
Best SVR parameters: {'C': 100, 'gamma': 1}
PLS R²: 0.9133610015099756, RMSE: 4.678549694560221
SVR R²: 0.8191319809330573, RMSE: 6.7598245827176315
```

　まず，①で PLS 回帰のグリッドサーチを行います。GridSearchCV 関数を用いることで，わずか 3 行でクロスバリデーションが完了します。このクラスにより，指定されたハイパーパラメータの組み合わせに対してクロスバリデーションを行い，最適なパラメータセットを見つけることができます。

　①–1 では，最適化を行いたいハイパーパラメータを設定します。ここでは，n_components を 1 から 15 まで設定しています。①–2 では，PLSRegression() を使って PLS 回帰モデルのインスタンスを作成しています。param_grid=pls_params はハイパーパラメータの範囲を指定する辞書で，pls_params は「探索するパラメータとその値のリストを含む辞書」である必要があります。cv=5 でクロスバリデーションの分割数（ここでは 5）を指定し，scoring="r2" でモデルの評価指標（ここでは決定係数）を指定しています。インスタンスの作成後，①–3 で fit メソッドを使ってクロスバリデーションを実行しています。属性やメソッドの詳細は，scikit-learn の公式ドキュメントを確認してください（https://scikit-learn.org/stable/modules/generated/sklearn.model_selection.GridSearchCV.html）。

　次に，②で SV 回帰のグリッドサーチを同様に実行します。最後に，③で最適化されたモデルでのテストセットの予測を行います。ここでは，PLS 回帰のほうが，正確度がより高いことがわかります。また，PLS 回帰の最適な主成分数とテストセットの決定係数は，11.4 節で解析した値と一致してい

11.6 パイプラインを用いたモデルの最適化

ることが確認できます。

11.6
パイプラインを用いたモデルの最適化

　前節では，GridSearchCV を用いてハイパーパラメータを最適化しましたが，ここからはスペクトルの前処理も最適化していきましょう。スペクトルに一次微分と二次微分を適用し，それぞれについてクロスバリデーションで最適化した PLS 回帰を行い，モデルの比較を行います。また，一次微分と二次微分のスムージングポイントを変化させながら，最適なスムージングポイントの数も決定します。これらは以下のプログラムで行います。

コード 11.13　微分スペクトルを用いた PLS 回帰モデルの最適化

```python
# ①Savitzky-Golay フィルタで微分スペクトルを計算
def differentiate_spectra(spectra, order, window_length):
    return savgol_filter(spectra, window_length=window_length, polyorder=2,
                         deriv=order)

# ②微分スペクトルの作成
X_train_1st_derivative = [
    differentiate_spectra(X_train, order=1, window_length=i)
    for i in range(3, 14, 2)
]
X_train_2nd_derivative = [
    differentiate_spectra(X_train, order=2, window_length=i)
    for i in range(3, 14, 2)
]

# ③PLS 回帰モデルの最適な主成分数を決定し，クロスバリデーションで評価
def optimize_pls(X, y, max_components=15):
    pls_params = {"n_components": range(1, max_components + 1)}
    pls_grid = GridSearchCV(PLSRegression(scale=True), param_grid=pls_params,
                            cv=5, scoring="r2")
    pls_grid.fit(X, y)
    return pls_grid.best_estimator_, pls_grid.best_score_

# ④もとのスペクトルと微分スペクトルで PLS 回帰モデルを最適化
models = [optimize_pls(X_train, y_train)] \
        + [optimize_pls(X, y_train) for X in X_train_1st_derivative] \
        + [optimize_pls(X, y_train) for X in X_train_2nd_derivative]

# 結果の表示
results = pd.DataFrame({
    "Model": ["Original"]
    + [f"1st Derivative (window={i})" for i in range(3, 14, 2)]
    + [f"2nd Derivative (window={i})" for i in range(3, 14, 2)],
    "Optimal Components": [model[0].n_components for model in models],
    "R² (CV)": [round(model[1], 3) for model in models]
})
```

261

第11章 ケモメトリクスと機械学習の実践

```
37    print(results)
```

```
                        Model  Optimal Components  R² (CV)
0                    Original                   8    0.937
1    1st Derivative (window=3)                 10    0.944
2    1st Derivative (window=5)                  9    0.944
3    1st Derivative (window=7)                 11    0.941
4    1st Derivative (window=9)                 12    0.935
5   1st Derivative (window=11)                  8    0.936
6   1st Derivative (window=13)                  8    0.937
7    2nd Derivative (window=3)                  7    0.907
8    2nd Derivative (window=5)                  8    0.932
9    2nd Derivative (window=7)                  8    0.939
10   2nd Derivative (window=9)                  8    0.938
11  2nd Derivative (window=11)                  8    0.941
12  2nd Derivative (window=13)                  8    0.940
```

　はじめに，①で微分用の differentiate_spectra 関数を定義し，②で for 文を用いてさまざまなスムージングポイントで微分スペクトルを算出します。その後，③で PLS 回帰モデルの最適な主成分数を決定し，クロスバリデーションで評価する optimize_pls 関数を定義します。最後に，④でもとのスペクトルと微分スペクトルを用いて PLS 回帰モデルを最適化し，それぞれのモデルの予測精度を比較します。

　また，以下のプログラムで，スムージングポイントごとの一次微分および二次微分スペクトルの変化を確認できます。8.4.2 項で説明したとおり，スムージングポイントの数が大きければデータは平滑になりますが，その反面，小さいピークはノイズとして除去されてしまいます。スムージングポイントの数はデータの種類や目的によって適宜最適化する必要があります。

コード 11.14　スムージングポイントの数による微分スペクトルの変化

```
1   fig, axes = plt.subplots(6, 2, figsize=(7,14))
2   for i, (X_1st, X_2nd) in enumerate(
3       zip(X_train_1st_derivative, X_train_2nd_derivative)):
4       axes[i, 0].plot(X_train.columns,X_1st.T, color="blue", alpha=0.5)
5       axes[i, 0].set_title(f"1st Derivative (window={3 + 2*i})")
6       axes[i, 1].plot(X_train.columns,X_2nd.T, color="red", alpha=0.5)
7       axes[i, 1].set_title(f"2nd Derivative (window={3 + 2*i})")
8   plt.tight_layout()
9   plt.show()
```

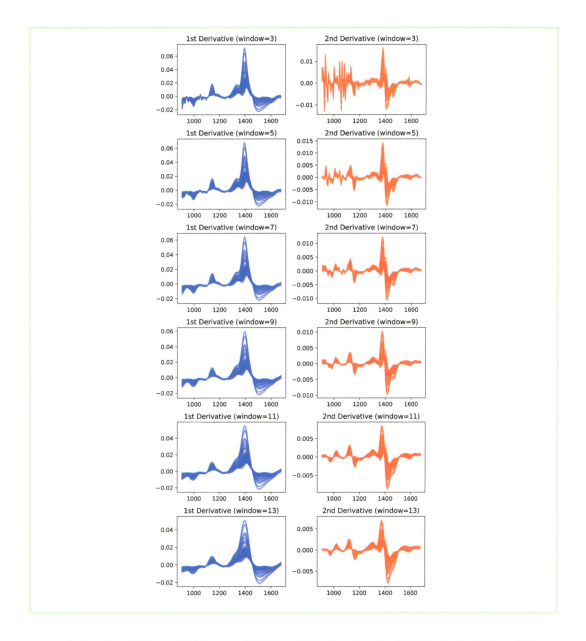

　ここまでのプログラミングでは，for 文を用いて異なるスムージングポイントでの微分スペクトルを算出しましたが，**パイプライン**（`Pipeline`）を用いることでより簡単に行うことができます。パイプラインは，機械学習の前処理とモデルの訓練を一連のステップとして組み合わせるためのツールです。これにより，コードを簡潔に保ち，データの前処理とモデルの訓練を１つのオブジェクトとして扱えるようになります。

　パイプラインでは，fit メソッドを呼び出すことですべてのステップを順番に実行し，predict メソッドを使って予測を行うことができます。パイプラインの各ステップは，（" ステップ名 "，変換

第 11 章　ケモメトリクスと機械学習の実践

器または推定器）というタプルで定義されます。変換器（`Transformer`）はデータの前処理を行い，推定器（`Estimator`）はモデルの訓練や予測を行います。パイプラインの最後のステップは推定器でなければなりませんが，それ以外のステップには変換器を使用します。たとえば，スペクトルデータに対する前処理として，平滑化（スムージング）と次元削減（PCA）を行いたい場合，以下のようにパイプラインを構築できます。

コード 11.15　パイプラインの定義

```
1   # パイプラインの定義
2   pipeline = Pipeline([
3       ("smoothing", FunctionTransformer(
4           savgol_filter, kw_args={"window_length": 5, "polyorder": 2}
5       )),
6       ("pca", PCA()),
7       ("regression", LinearRegression())
8   ])
```

この例では，FunctionTransformer を使用して Savitzky–Golay フィルタによる平滑化を行い，PCA で次元削減を行った後，`LinearRegression` で回帰モデルを訓練しています。また，以下のプログラムのように GridSearchCV と組み合わせることで，パイプライン全体の**ハイパーパラメータチューニング**を行うことも可能です。

ハイパーパラメータチューニングとは，モデルの性能を最適化するために，モデルの設定パラメータ（ハイパーパラメータ）を調整するプロセスです。これらのパラメータは学習プロセスの前に設定され，モデルの性能に大きな影響を与える可能性があります。具体的には以下のようなハイパーパラメータがあります。

- Savitzky–Golay フィルタのウィンドウサイズや多項式の次数
- PCA の主成分数
- 回帰モデルの正則化パラメータ

ハイパーパラメータチューニングを行うことで，これらのパラメータの最適な組み合わせを見つけ出し，モデルの予測精度を向上させることができます。

コード 11.16　ハイパーパラメータチューニングのためのパラメータグリッドの定義

```
1   # パラメータグリッドの定義
2   param_grid = {
3       "smoothing__kw_args": [
4           {"window_length": w, "polyorder": 2} for w in [5, 7, 9]
5       ],
6       "pca__n_components": range(1, 16),
7   }
```

11.6 パイプラインを用いたモデルの最適化

```python
 8  # GridSearchCV のインスタンス作成
 9  grid_search = GridSearchCV(pipeline, param_grid, cv=5, scoring="r2")
10
11  # グリッドサーチの実行
12  grid_search.fit(X_train, y_train)
13
14  # 最適なパラメータの表示
15  print("Best parameters:")
16  print(grid_search.best_params_)
17
18  # 最適なモデルのスコアの表示
19  print("Best cross-validation score: {:.2f}".format(grid_search.best_score_))
```

```
Best parameters:
{'pca__n_components': 10, 'smoothing__kw_args': {'window_length': 9, 'polyorder':
2}}
Best cross-validation score: 0.94
```

この例では，GridSearchCV にパイプラインとパラメータグリッドを渡しています。パラメータ
グリッドは，各ハイパーパラメータがとることが可能な値をリストで指定し，それらのすべての組み
合わせを試すための設定です。これにより，モデルの性能を最大化する最適なハイパーパラメータの
組み合わせを見つけることができます。

　具体的には，パラメータグリッドでは以下の要素を調整しています。

- 平滑化のウィンドウサイズ（window_length）
- PCA の主成分数（n_components）
- 線形回帰の切片の有無（fit_intercept）

GridSearchCV はこれらのパラメータの組み合わせを試し，クロスバリデーションによるスコア
（ここでは決定係数 r2）が最も高い組み合わせを最適なパラメータとして選択します。最終的に，最
適なパラメータとそのスコアを表示します。

　このように，パイプラインとグリッドサーチを組み合わせることで，さまざまなモデルをきわめて
簡単に試すことができます。出力結果から，PCA の主成分数は 10，スムージングポイントの数が 9
のときにモデルの正確度が最も高く，そのときのクロスバリデーションの決定係数は 0.94 であるこ
とがわかります。

　さらに，モデルの性能を評価するためにテストセットを使用する必要があります。以下にそのプロ
グラムを示します。テストセットでの決定係数 0.91 は，クロスバリデーションを行った際の決定係
数 0.94 よりも低いことがわかります。モデルは，トレーニングセットを説明するために最適化され
るため，テストセットの予測精度はトレーニングセットよりも低くなることが一般的です。

265

第 11 章　ケモメトリクスと機械学習の実践

コード 11.17　テストセットを用いた性能評価

```
1  # 最適化されたモデルでテストセットの予測
2  predicted = grid_search.predict(X_test)
3  # 性能評価
4  r2_predicted= r2_score(y_test, predicted)
5  mse_predicted = mean_squared_error(y_test,predicted)
6  print(f"PLS R²: {r2_predicted:.2f}, RMSE: {np.sqrt(mse_predicted):.2f}")
```

```
PLS R²: 0.91, RMSE: 4.11
```

このパイプラインを用いれば，以下のプログラムのようにして，さまざまな回帰アルゴリズムを一度に試すことができます。ここでは，PCR, PLS 回帰, SV 回帰, ランダムフォレスト, 勾配ブースティング，XGBoost の各手法を試し，いずれもクロスバリデーションを行っています。Pipeline に前処理も組み込むことで，さらに多様なモデルの作成が可能になります。

コード 11.18　さまざまな回帰アルゴリズムを使用したパイプラインの定義とハイパーパラメータの最適化

```
1  # パイプラインの定義
2  pipelines = {
3      "PCR": Pipeline([
4          ("pca", PCA()),
5          ("regressor", LinearRegression())
6      ]),
7      "PLS": Pipeline([
8          ("regressor", PLSRegression())
9      ]),
10     "SVR": Pipeline([
11         ("regressor", SVR())
12     ]),
13     "RandomForest": Pipeline([
14         ("regressor", RandomForestRegressor())
15     ]),
16     "GradientBoosting": Pipeline([
17         ("regressor", GradientBoostingRegressor())
18     ]),
19     "XGB": Pipeline([
20         ("regressor", XGBRegressor())
21     ])
22 }
23
24 # ハイパーパラメータの設定
25 param_grids = {
26     "PCR": {"pca__n_components": range(1, 11)},
27     "PLS": {"regressor__n_components": range(1, 11)},
28     "SVR": {"regressor__C": [0.1, 1, 10], "regressor__gamma": ["scale",
29 "auto"]},
```

```python
30      "RandomForest": {"regressor__n_estimators": [10, 50, 100],
31      "regressor__max_depth": [None, 5, 10]},
32      "GradientBoosting": {"regressor__n_estimators": [100, 200],
33      "regressor__learning_rate": [0.01, 0.1]},
34      "XGB": {"regressor__n_estimators": [100, 200], "regressor__learning_
35  rate": [0.01, 0.1]}
36  }
37
38  # 各パイプラインに対して GridSearchCV を実行
39  results = {}
40  for name, pipeline in pipelines.items():
41      grid = GridSearchCV(pipeline, param_grids[name], cv=5, scoring="r2")
42      grid.fit(X_train, y_train)
43      results[name] = {
44          "Best Parameters": grid.best_params_,
45          "Best Score": grid.best_score_
46      }
47
48  # 結果の表示
49  for name, result in results.items():
50      print(f"{name}:")
51      print(f"Best Parameters: {result['Best Parameters']}")
52      print(f"Best Score: {result['Best Score':.2f]}\n")
```

```
PCR:
Best Parameters: {'pca__n_components': 10}
Best Score: 0.94

PLS:
Best Parameters: {'regressor__n_components': 8}
Best Score: 0.94

SVR:
Best Parameters: {'regressor__C': 10, 'regressor__gamma': 'scale'}
Best Score: 0.47

RandomForest:
Best Parameters: {'regressor__max_depth': 5, 'regressor__n_estimators': 10}
Best Score: 0.58

GradientBoosting:
Best Parameters: {'regressor__learning_rate': 0.1, 'regressor__n_estimators':
200}
Best Score: 0.66

XGB:
Best Parameters: {'regressor__learning_rate': 0.1, 'regressor__n_estimators':
200}
Best Score: 0.58
```

　ただし，1.8 節で説明したように，筆者は「その領域に関する知識を使わずに，最適アルゴリズムを決定することに反対」です。これらのアルゴリズムの決定に統一的な解は存在しません。スペクト

第 11 章　ケモメトリクスと機械学習の実践

ルの定量分析を行う際には，実験・研究の適用範囲（時間，場所，データの分散など）や目的（求められる正確度など）に基づき，「その領域に関する知識(試料，スペクトルと目的変数の両方の測定原理・測定装置および測定装置の誤差，アルゴリズム)」を用いながら，堅牢性の高いモデルを最適化することが必要です。その意味では，PCA や PLS 回帰のローディングやスコアは，スペクトルの分散を把握するための大きな武器になります。

本章の最後に，PCA スコアを使用してサポートベクトルマシン（SVM）を用いた品種の推定（アガチスと桐)を行います。また，PCA ローディングとスコアについてもしっかりと観察します。まず，PCA と SVM を用いてクロスバリデーションを行い，ハイパーパラメータをチューニングして最適化を行います。

コード 11.19　PCA と SVM を用いたクロスバリデーションとハイパーパラメータの最適化

```
 1  X_train, X_test, y_train, y_test = train_test_split(
 2      spectra, prop, test_size=0.3, random_state=2)
 3  # パイプラインの定義
 4  pipeline = Pipeline([
 5      ("pca", PCA()),
 6      ("svm", SVC())
 7  ])
 8  # ハイパーパラメータのグリッド
 9  param_grid = {
10      "pca__n_components": range(1, 11),
11      "svm__C": [0.1, 1, 10, 100],
12      "svm__gamma": [0.001, 0.01, 0.1, 1]
13  }
14  # GridSearchCV の設定
15  grid_search = GridSearchCV(pipeline, param_grid, cv=5, scoring="accuracy")
16
17  # グリッドサーチの実行
18  grid_search.fit(X_train, y_train["label"])
19
20  # 最適なハイパーパラメータとスコアの表示
21  print("Best parameters:")
22  print(grid_search.best_params_)
23  print("\nBest cross-validation score: {:.2f}".format(
24      grid_search.best_score_))
25
26  # テストデータでの性能評価
27  y_pred = grid_search.predict(X_test)
28  print("\nClassification_report")
29  print(classification_report(y_test["label"], y_pred))
```

```
Best parameters:
{'pca__n_components': 3, 'svm__C': 100, 'svm__gamma': 0.1}

Best cross-validation score: 0.99

Classification_report
precision recall f1-score support
```

11.6 パイプラインを用いたモデルの最適化

```
0 1.00 0.89 0.94 19
1 0.87 1.00 0.93 13

accuracy 0.94 32
macro avg 0.93 0.95 0.94 32
weighted avg 0.95 0.94 0.94 32
```

出力結果の Best cross-validation score は 0.99 であり，これはグリッドサーチによるクロスバリデーションで得られた最良の平均精度スコアを示しています。つまり，モデルはクロスバリデーション中に約 99% の精度でラベルを正しく予測できたということになります。

Classification_report には，テストセットに対するモデルの性能が詳細に示されています。

① **precision**（適合率）：正と予測されたもののうち，実際に正であった割合。この例では，ラベル 1 の適合率は 87%。つまり，ラベル 1 と予測されたもののうち，実際にラベル 1 であったものが 87% であることを意味する。

② **recall**（再現率）：実際に正だったもののうち，正と予測された割合。この例では，ラベル 1 の再現率は 100%。つまり，実際にラベル 1 だったものすべてが，正しく予測されている。

③ **f1-score**：適合率と再現率の調和平均。値が高いほど，モデルの性能が良いことを示す。

④ **support**：各ラベルの実際の出現回数。この例では，ラベル 0 が 19 回，ラベル 1 が 13 回出現している。

⑤ **accuracy**（正確度）：全体の正しい予測の割合。この例では，94% の正確度が示されている。

⑥ **macro avg**：ラベルごとのスコアの単純平均。

⑦ **weighted avg**：ラベルごとのスコアをサポート（各ラベルのデータポイント数）で加重平均したもの。これにより，試料数が多いラベルのスコアが，全体の平均に大きな影響を与えることになる。

以上により，最適な主成分数は 3 と求まったため，主成分数 1 〜 3 のスコアとローディングを以下のプログラムで観察していきます。

コード 11.20　最適なパラメータで PCA と SV 分類を設定

```python
# 最適なパラメータで PCA と SV 分類を設定
pca = PCA(n_components=3)
svm = SVC(C=100, gamma=0.1, probability=True)

# PCA で変換
X_train_pca = pca.fit_transform(X_train)

# 新たな図でスコアとローディングのプロット
fig, axes = plt.subplots(3, 2, figsize=(8, 6))
mean_spectrum = X_train.mean(axis=0)
# スコアのプロット
for i in range(3):
    axes[i, 0].scatter(y_train["mc"], X_train_pca[:, i], c=y_train["label"])
    axes[i, 0].set_xlabel("mc")
    axes[i, 0].set_ylabel(f"PC{i+1}")
```

269

```
16
17      # ローディングのプロット
18      for i in range(3):
19          axes[i, 1].plot(X_train.columns,pca.components_[i], label=f"PC{i+1}")
20          axes[i, 1].plot(X_train.columns,mean_spectrum.values, color="r",
21      label="Mean Spectrum")
22          axes[i, 1].set_xlabel("Wavelength")
23          axes[i, 1].set_ylabel("Loading")
24      plt.tight_layout()
25      plt.show()
```

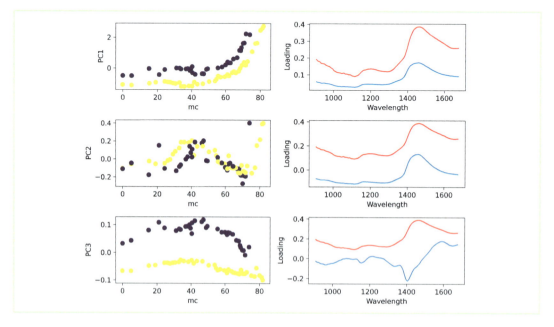

図の左側は上段から順に PC1, PC2, PC3 のスコアのプロットで横軸は目的変数（含水率）です（紫色がアガチス，黄色が桐）。右側も上段から順に PC1，PC2，PC3 の平均スペクトル（赤色）とローディング（青色）のプロットです。

左上段の PC1 スコアは含水率の増加にともなって高くなっています。また，アガチス（黒色）と桐（黄色）の比較では，アガチスのほうが全体的に PC1 スコアが高い傾向があります。右上段の PC1 のローディング（青色）は 1420 nm 付近，水の吸収が存在する領域で極大値を示しています。また，PC1 のローディングは全波長にわたって正の値をとっています。つまり，PC1 はスペクトルの「ベースライン変動」と「含水率の増減」を強調していることがわかります。

ベースライン変動は光散乱により生じ，木材内での光散乱は木材の密度と細胞壁の形状に強く依存することから，このベースライン変動はアガチスと桐の密度と細胞壁の形状の違いによるものと考えられます。また，ローディングが全波長で正であるため，含水率が大きくなるほど PC1 スコアも上昇します。

さらに，ベースラインを見ると桐のほうがより多くの光を反射していることになります（この測定

11.6 パイプラインを用いたモデルの最適化

は反射方式で行っている）。つまり，吸光度が大きいということは，光が吸収されているか，あるいは反射していないということを意味します。また，ローディングがすべて正の値であるため，吸光度が大きいほどスコアは大きくなります。すなわち，スコアが大きいほど吸光度が大きく，反射光が少ないということになります。

次に，左中段のPC2スコアでは，アガチスと桐の違いが明瞭ではありません。右中段のPC2のローディングは，1420 nm付近でのみ正の値を示し，それ以外の範囲では負の値となっています。また，1420 nm付近は水による吸収位置がPC1よりも低波長側に位置しています。近赤外光における水の吸収は，水素結合の状態によって波長方向にシフトすることが知られており，この成分は含水率および水素結合の状態を強調していると考えられます。

最後に，左下段のPC3スコアでは，アガチスと桐の違いが明瞭であり，含水率との相関が見られないことから，このスコアは含水率の影響を受けにくいことがわかります。右下段のPC3のローディングには，1400 nm付近で特徴的な負のピークが見られます。そこで，以下のプログラムのようにPC1とPC3を用いてSV分類を行うと，テストセットの判別性能は100%となります（ここでは念のためPC1とPC2，PC2とPC3，PC1とPC3の組み合わせで検討を行っている）。

コード11.21　PCAを用いたSV分類

```
1  # PCA で変換
2  X_train_pca = pca.fit_transform(X_train)
3  X_test_pca = pca.transform(X_test)
4  # PC1 と PC2 による SV 分類
5  svm.fit(X_train_pca[:, [0, 1]], y_train["label"])
6  y_pred_12 = svm.predict(X_test_pca[:, [0, 1]])
7  print("Using PC1 and PC2:")
8  print(classification_report(y_test["label"], y_pred_12))
9  # PC2 と PC3 による SV 分類
10 svm.fit(X_train_pca[:, [1, 2]], y_train["label"])
11 y_pred_23 = svm.predict(X_test_pca[:, [1, 2]])
12 print("Using PC2 and PC3:")
13 print(classification_report(y_test["label"], y_pred_23))
14 # PC1 と PC3 による SV 分類
15 svm.fit(X_train_pca[:, [0, 2]], y_train["label"])
16 y_pred_13 = svm.predict(X_test_pca[:, [0, 2]])
17 print("Using PC1 and PC3:")
18 print(classification_report(y_test["label"], y_pred_13))
```

```
Using PC1 and PC2:
precision recall f1-score support

0 0.86 0.95 0.90 19
1 0.91 0.77 0.83 13

accuracy 0.88 32
macro avg 0.88 0.86 0.87 32
weighted avg 0.88 0.88 0.87 32

Using PC2 and PC3:
```

第 11 章　ケモメトリクスと機械学習の実践

```
precision recall f1-score support

0 1.00 0.84 0.91 19
1 0.81 1.00 0.90 13

accuracy 0.91 32
macro avg 0.91 0.92 0.91 32
weighted avg 0.92 0.91 0.91 32

Using PC1 and PC3:
precision recall f1-score support

0 1.00 1.00 1.00 19
1 1.00 1.00 1.00 13

accuracy 1.00 32
macro avg 1.00 1.00 1.00 32
weighted avg 1.00 1.00 1.00 32
```

　このように，SV 分類による複雑な判別面を引く場合でも，PCA などを用いてローディングやスコアを詳細に観察することは，より正確で堅牢性の高いモデルの開発につながります。本章では，アウトライヤーの検出方法に続き，ローディングやスコアの観察を組み合わせたモデル作成の手法について説明しました。スペクトル解析時には，モデルの適用範囲や目的に基づいて，「その領域に関する知識」を活かしながら堅牢性の高いモデルを最適化することが重要です。その意味で，PCA や PLS 回帰のローディングやスコアは，スペクトルの分散を把握するうえで非常に有効な情報となります。

第12章 ハイパースペクトルイメージング解析

ハイパースペクトルイメージング（hyperspectral imaging, HSI）は，試料の2次元空間の各ピクセルにおいて，多数の波長での反射率や透過率に基づくスペクトルデータを取得する技術です。これにより測定した HSI データは，波長方向（z軸）の分散を解析するケモメトリクスと機械学習に加え，空間方向（x，y軸）の分散を把握する画像解析や深層学習も用いた解析を行う必要があります。

本章では，含水率の異なる木材試料の近赤外 HSI（NIR–HSI）データを用いて，これらの解析手法について説明していきます。まず，NIR–HSI データを読み込み，反射率を計算します。次に，PCA と画像解析を組み合わせ，試料と背景（試料がない箇所）のピクセルを識別します。さらに，試料に対応するピクセルからスペクトルを抽出し，PLS 回帰によって，平均スペクトルと目的変数間で検量線を作成します。最後に，この検量線を各ピクセルに適用し，目的変数のマッピングを作成します。

12.1
RGB 画像とハイパースペクトルイメージング（HSI）

ハイパースペクトルイメージング（HSI）は，物質の化学的組成や物理的特性を空間的に解析する手法です。おもな種類やその用途は以下のとおりです。

① **近赤外ハイパースペクトルイメージング（NIR–HSI）**：近赤外領域の光を利用して，物質の化学組成や物理特性を解析する。用途は農業，食品検査，医療など。

② **ラマン／赤外顕微イメージング**：ラマン散乱や赤外スペクトルを用いて，化学組成のマッピングを行う。用途は材料科学や生物など。

③ **二次イオン質量分析イメージング**：サンプル表面から放出される二次イオンのマススペクトルを用いて，表面の元素組成や同位体比を解析する。

④ **蛍光イメージング**：蛍光スペクトルを用いて，生物試料内の特定の分子やイオンの分布を可視化する。

⑤ **X線イメージング**：X線の吸収スペクトルを用いて，材料の密度や元素組成の分布を可視化する。

一般的に利用されるデジタル画像は，図 12.1 に示すように，各ピクセルに赤（R），緑（G），青（B）の3色と強度の情報が格納されています。ピクセルは画像を構成する最小単位の要素であり，画像要素または画素とも呼ばれます。通常，ピクセルは正方形または長方形の形状をしており，各部分の色と強度のデータをもっています。

第12章 ハイパースペクトルイメージング解析

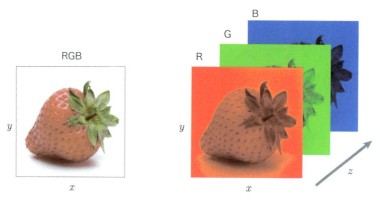

図 12.1　RGB 画像

ピクセルに格納されているデータの容量は，**ビット深度**または**色深度**と呼ばれます．これは，各ピクセルが表現できる色の数を示しており，ビット深度が高いほど多くの色を表現できるようになります．たとえば，8 ビットのビット深度では，色成分ごとに 256 色（2^8）を表現可能です．したがって，8 ビットの RGB 画像であれば，16,777,216 色（256^3）を表現することができます．

画像の**解像度**は，横方向と縦方向のピクセル数で表され，たとえば「1920×1080」などといった形式で示されます．解像度が高くなるほど，画像はより細かいディテールをもち鮮明になりますが，その分，データサイズも大きくなります．

HSI データは，図 12.2 に示すように，位置情報（x, y）と波長情報（z）からなる 3 次元データです．各ピクセルにはスペクトル情報が含まれています．RGB 画像では各ピクセルに RGB の 3 色の情報が格納されていますが，HSI では各ピクセルに数百の波長分の強度情報が格納されています．

なお，スペクトルデータのビット深度は 10 ビット（0〜1023）以上であることが多いです．1 サンプルあたりのデータサイズは，x 方向に 320 ピクセル，y 方向に 320 ピクセルの画像で，波長方向に 256 のデータがあり，各ピクセルに 16 ビットの強度情報が格納されている場合，約 50 MB になります．

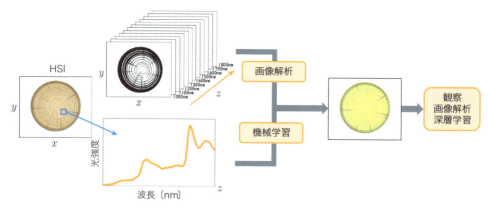

図 12.2　ハイパースペクトルイメージングの概要

HSI データの解析は以下の過程で行います。

① 各ピクセルからスペクトル情報を抽出する。
② 抽出したスペクトルにケモメトリクスや機械学習モデルを適用することでイメージデータを得る。

このイメージデータをそのまま観察する場合もありますが，より詳細な解析のためには

③ イメージデータに画像解析や深層学習を適用することで画像としての特徴を把握する。

なお，①のスペクトル情報の抽出では，「どの部位からスペクトル情報を抽出するか」を決定するために，画像解析を用いる場合もあります。このように，HSI データの解析では，波長方向（z軸）の分散を扱うケモメトリクスや機械学習と，空間方向（x，y軸）の分散を扱う画像解析や深層学習を組み合わせて，データの分散を効率的に把握する必要があります。

12.2
NIR–HSI データの構造と読み込み

本章では，木材試料の含水率を NIR–HSI データを用いてマッピングすることを目的とします。まず，Python での HSI データの読み込みから始めますが，その前に HSI データの構造を理解しておくことが重要です。

HSI データは，測定装置によって形式が異なる場合がありますが，**raw ファイル**形式で保存されることが多いです。raw ファイルは，センサで捉えられた生のデータが保存されており，画像の色や明るさなどの調整が行われていない状態のファイルです。未圧縮または可逆圧縮で保存されるため，データサイズは JPEG などの圧縮形式の画像に比べて大きくなります。

今回の例では，プッシュブルーム型の NIR–HSI 装置を用いて測定された HSI データを解析します。**プッシュブルーム型**は，**図 12.3**(a) のように，分光カメラ内で，反射光を z軸方向に分光し，位置 x軸方向と波長 z軸方向の光強度データを 2 次元検出器によって取得するものです。スライダーで試料を動かしながら測定することで，y軸方向の情報を取得できます。このように取得したデータは，x軸× y軸× z軸の 3 次元データとして扱うことができます。

例として使用する wood.raw ファイルに保存された HSI データは，x軸方向を 320 ピクセル，y軸方向を 280 ピクセル，z軸方向を 256 ピクセルとして計測されたものです。このファイルには，各ピクセルにおける試料からの反射光強度が格納されています。ここで，試料の正確な反射率を計算するためには，**参照光データ**と**ダークデータ**も測定する必要があります。参照光データは，標準白板（硫酸バリウムやテフロンなど，理想的に完全反射する物質)からの反射光強度を測定たデータです。ダークデータは，光がまったく入らない状態での検出器のノイズを測定したデータです。これらのデータを使用して，試料の反射光強度を正規化し，正確な反射率を求めます。

第12章 ハイパースペクトルイメージング解析

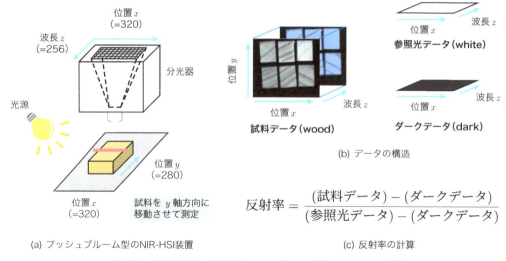

図 12.3 反射率計算の概要（プッシュブルーム型の NIR-HSI 装置）

なお，プッシュブルーム型の分光器では前述のとおり，試料を移動させながら y 軸方向の情報を得るため，y 軸方向が変化しても x 軸と z 軸方向での条件（入射光強度や検出器）は一定となります。このため，参照光データ（white）とダークデータ（dark）は試料を動かさずに，x（320）$\times z$（256）の 2 次元データとして一度だけ測定を行います（図 (b)）。

各ピクセルにおける反射率（reflectance）は，次式で計算を行います（図 (c)）。

$$\text{reflectance}(x,y,\lambda) = \frac{\text{wood}(x,y,\lambda) - \text{dark}(x,y,\lambda)}{\text{white}(x,y,\lambda) - \text{dark}(x,y,\lambda)} \tag{12.1}$$

ここで，x と y は位置情報を表し，λ は測定波長を示します。もともと検出器の z 軸方向のデータとして扱われていた強度値は，実際には各波長に対応づけられます。この対応により，測定されたデータから波長ごとの反射率を計算し，詳細なスペクトル情報を得ることが可能になります。なお，white と dark は 2 次元データですが，これらのデータを x（320）$\times z$（256）の行列として y 軸方向（280）に複製し，反射率の計算に使用します。

実際に，Python を用いて raw ファイルとして保存された HSI データから反射率の計算を行います。GitHub からダウンロードしたフォルダ `dataChapter12` が，ipynb ファイル（`SpeAna12_1_Imaging.ipynb`）と同じフォルダに保存されていることを確認してください。

`dataChapter12` フォルダには 8 つのファイルが含まれています。`HSI_mc.csv` には，HSI で測定した木材試料の実測の含水率が格納されています。そのほかには，wood, white, dark の raw ファイルと **hdr ファイル**が保存されています。

HSI における hdr（ヘッダー）ファイルは，生データファイル（通常は `.raw`, `.dat` などの拡張子）に付随するメタデータファイルです。hdr ファイルには，HSI データに関する重要な情報が含まれており，**データキューブ**の寸法（行数，列数，測定波長点数（スペクトルバンド数）），データタイプ

（整数，浮動小数点など），**インタリーブ形式**（HSI データの記録方法，おもに BSQ，BIL，BIP の 3 つの形式），波長情報，および HSI データを正しく解釈・処理するために必要なその他のメタデータが記載されています。

　HSI データにおいて，データキューブは 3 次元のデータ構造を指します。具体的には，画像の各ピクセルに対してスペクトル情報（各波長における強度データ）が記録されており，これによりデータは「行数 × 列数 × スペクトルバンド数」の形で構成されます。この立体的なデータ構造がキューブに似ていることから，データキューブと呼ばれます。

　hdr ファイルはメモ帳などでも開くことができます。メモ帳で wood.hdr を開くとメタデータを下記のように確認できます。

ファイル wood.hdr

```
ENVI
description = {
File generated from Compovision Spectra Measurement}
file type = ENVI
sensor type = Sumitomo Electric Industries Ltd. CV-N800-HS(16bit/Grey),013CA00007
acquisition date = DATE(dd-mm-yyyy): 12-04-2022

interleave = bil
samples = 320
lines = 280
bands = 256
default bands = { 62, 78, 93 }
header offset = 0
data type = 12
byte order = 0
x start = 0
y start = 0

fps = 100
;calibration = 0

Wavelength = {
913.10,
919.43,
925.77,
932.10,
〜〜以下省略〜〜
```

　ここから，ファイルタイプ（file type = ENVI），測定日（acquisition date = DATE(dd-mm-yyyy): 12-04-2022），ピクセル数（samples=320, lines=280, bands=256）やフレームレート（fps=100）などの情報が読み取れます。また，この hdr ファイルには波長情報も格納されています（Wavelength=913.10, 919.43, …）。

　ファイル形式が ENVI であるため，**Spectral Python**（**SPy**）ライブラリの一部であり，ENVI 形式の HSI データの読み書きを行うためのモジュールである `spectral.io.envi` を使用してデータ

第 12 章　ハイパースペクトルイメージング解析

を読み込みます。以下のプログラムを実行することで，ENVI の open メソッドを用いてファイルを読み込み，その概要を print 関数で表示します。

コード 12.1　HSI データの読み込みとその概要の表示

```
1  dark_ref=envi.open("dataChapter12/dark.hdr","dataChapter12/dark.raw")
2  white_ref=envi.open("dataChapter12/white.hdr","dataChapter12/white.raw")
3  wood_ref=envi.open("dataChapter12/wood.hdr","dataChapter12/wood.raw")
4  print(white_ref)
5  print(wood_ref)
```

```
Data Source: '.\dataChapter12/white.raw'
# Rows: 1
# Samples: 320
# Bands: 256
Interleave: BIL
Quantization: 16 bits
Data format: uint16
Data Source: '.\dataChapter12/wood.raw'
# Rows: 280
# Samples: 320
# Bands: 256
Interleave: BIL
Quantization: 16 bits
Data format: uint16
```

　次に以下のプログラムで反射率を計算します。読み込んで代入した変数（wood_ref など）の形式は，SPy が提供するクラスの 1 つである BiLFile です。

コード 12.2　反射率の計算

```
1  # NumPy 配列に変換
2  white=np.array(white_ref.load())
3  dark=np.array(dark_ref.load())
4  wood=np.array(wood_ref.load())
5  # 波長データを抽出
6  wave =wood_ref.metadata["wavelength"]
7  wave=np.array(wave,dtype=float)
8  # 反射率の算出
9  ref_sample=np.divide(np.subtract(wood,dark),np.subtract(white,dark))
10 print("white",white.shape)
11 print("dark",dark.shape)
12 print("wood",wood.shape)
13 print(" 反射率 ",ref_sample.shape)
```

```
white (1, 320, 256)
dark (1, 320, 256)
wood (280, 320, 256)
反射率 (280, 320, 256)
```

まず，各 BilFIle オブジェクトを NumPy 配列に変換した後，波長データを抽出しています。ここで，6行目の wood_ref.metadata は，hdr ファイルに含まれるメタデータを辞書形式で保持しています。このメタデータから，"wavelength" キーを使って波長情報を取得できます。得られる wave は波長の値を要素とするリストになります。この後の数値型の演算を正確に行うために，wave を float の配列に変換します。次に，NumPy の divide（商）と subtract（差）を用いて反射率 ref_sample を計算し，各データの行列数を表示します。

ここで，white，dark，wood の行列数が異なるにもかかわらず反射率を計算できている理由は，NumPy の**ブロードキャスト**機能によるものです。ブロードキャストとは，異なる形状の配列どうしで演算を行う際に，特定のルールに従って自動的に形状が拡張される仕組みです。

この場合，wood の形状は (280, 320, 256)，white と dark の形状は (1, 320, 256) です。ブロードキャストによって，white と dark は最初の次元の 1 が wood の最初の次元である 280 に拡張されます。結果として，white と dark は形状 (280, 320, 256) にブロードキャストされ，要素ごとの演算が可能になります。

これで HSI データから反射率を計算することができました。なお，第 11 章まではスペクトルデータとして吸光度を用いてきましたが，その理由はランベルト・ベール則によって吸光度が濃度と比例関係にあるためです。しかし，HSI では反射率をもとにその後の解析を行います。これは，反射率の値が 0 以下になることがあるためです。

吸光度は反射率の対数であるため，反射率の値が負の場合には吸光度を計算できません。分光イメージングでは，検出器や光強度によってピクセルの反射率の値が負になる場合があるため，ここでは吸光度ではなく反射率を用いて解析を進めていきます。

なお，ここまでの計算はプッシュブルーム型で測定した ENVI 形式の HSI データから反射率を計算する方法です。測定機器によっては，測定ソフトからエクスポートした強度データをそのまま解析に用いる場合もあります。

12.3
画像とスペクトルの抽出

反射率のデータから任意の位置や波長における画像とスペクトルを抽出して観察していきます。まず，以下のプログラムで任意の波長における画像を表示する関数を作成します。

コード 12.3　任意の波長での画像を出力

```
1  def get_image_at_wavelength(sample, waveinf, wavelength):
2      """
3      Parameters:
4      ref_sample (numpy.ndarray): HSI データ（形状：（高さ，幅，波長数））
5      wave (list or numpy.ndarray): 波長データ（形状：（波長数,））
6      wavelength (float): 抽出したい任意の波長
7      Returns: なし
8      """
```

```
 9      wave_array = np.array(waveinf,dtype=float)
10      # 波長に最も近いインデックスを見つける
11      idx = np.argmin(np.abs(wave_array - wavelength))
12      # その波長での画像を取得
13      image = ref_sample[:, :, idx]
14      plt.figure(figsize=(6, 6))
15      img = plt.imshow(image, cmap="viridis")
16      plt.colorbar(img, orientation="horizontal", shrink=0.8, aspect=40,
17                   pad=0.05)
18      plt.title(f"Image at {wavelength} nm")
19      plt.show()
```

以下のプログラムで関数を実行します．ここでは，1200 nm に最も近い波長での画像の出力を行っています．

コード 12.4　get_image_at_wavelength 関数の実行

```
1  get_image_at_wavelength(ref_sample, wave, 1200)
```

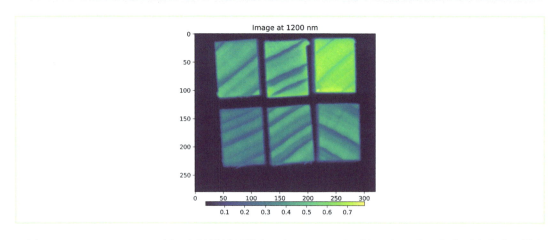

図から，この HSI では 6 個の木材試料が測定されていることがわかります．右上が含水率の最も低い試料で，左下が含水率の最も高い試料となっており，おおよそ含水率の順に並んでいます．黒色に見える部分は試料がない箇所（背景）です．たとえば，この画像で xy 座標が $(150, 150)$ のピクセルは木材試料であり，$(10, 10)$ のピクセルは背景であることがわかります．

ここで，任意の 2 か所のピクセルのスペクトルを出力する関数を以下のプログラムで作成します．この関数では「画像のどこからスペクトルを抽出したか」をわかりやすくするために，スペクトルの積算値（すべての波長の反射率の和）の画像を表示し，そこに「スペクトルを抽出したピクセル」を表示させています．

12.3　画像とスペクトルの抽出

コード 12.5　任意の 2 か所のピクセルにおけるスペクトルとスペクトルの積算値の画像の出力

```python
def plot_spectrum_and_sum_image(sample, waveinf, x1, y1, x2, y2):
    """
    Parameters:
    sample (numpy.ndarray): HSI データ（形状：（高さ，幅，波長数））
    waveinf (numpy.ndarray): 波長データ（形状：（波長数，））
    x1, y1 (int): 1 つ目の指定されたピクセルの座標
    x2, y2 (int): 2 つ目の指定されたピクセルの座標
    Returns:
    None
    """
    # 任意の位置のスペクトルを取得
    spectrum1 = sample[y1, x1, :]
    spectrum2 = sample[y2, x2, :]

    # スペクトルの積算値の画像を計算
    sum_image = np.sum(sample, axis=2)

    plt.figure(figsize=(8, 8))

    # スペクトルの積算値の画像を表示
    plt.subplot(2, 1, 1)
    plt.imshow(sum_image, cmap="gray")
    plt.colorbar(label="Sum")
    # 1 つ目の位置にピンク色のマークを付ける
    plt.scatter(x1, y1, color="magenta", marker="x")
    plt.scatter(x2, y2, color="cyan", marker="x") # 2 つ目の位置に水色のマークを付ける
    plt.title("Sum Image")

    # 任意の位置のスペクトルを表示
    plt.subplot(2, 1, 2)
    plt.plot(waveinf, spectrum1, color="magenta",
             label=f"Spectrum at ({x1}, {y1})")
    plt.plot(waveinf, spectrum2, color="cyan",
             label=f"Spectrum at ({x2}, {y2})")
    plt.xlabel("Wavelength (nm)")
    plt.ylabel("Reflectance")
    plt.title("Spectra at Specified Locations")
    plt.legend()

    plt.tight_layout()
    plt.show()

# 使用例
# plot_spectra_and_sum_image(sample, waveinf, x1, y1, x2, y2)
```

　以下のプログラムで関数を実行します。ここでは，xy 座標が (150, 150) と (10, 10) のピクセルの
スペクトルを出力しています。

コード 12.6　`plot_spectrum_and_sum_image` 関数の実行

```
1  plot_spectrum_and_sum_image(ref_sample, wave, 150,150,10,10)
```

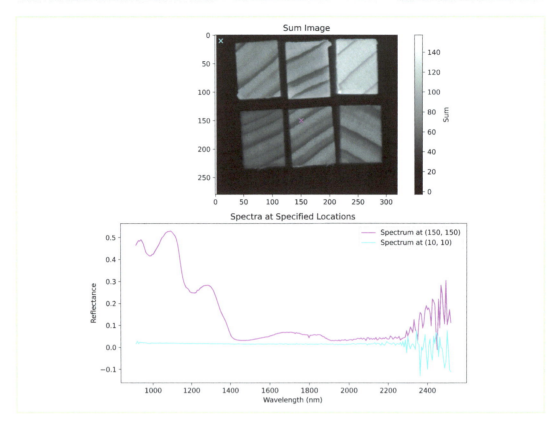

　図上段の画像から，ピンク色の座標 (150, 150) は木材試料を示し，水色の座標 (10, 10) は背景であることが確認できます．図下段のスペクトルでは，背景に相当するスペクトルが全波長にわたって 0 に近い値を示していることがわかります．また，木材試料と背景の両方において，波長 2200 nm 以上ではスペクトルが非常にノイジーになっています．この理由は，2200 nm 以上で光源からの光強度が低下するためです．

　これを確認するために，以下のプログラムで $x = 150$ における参照光データ，ダークデータ，試料反射光を表示します．

コード 12.7　参照光データ，ダークデータ，試料反射光の表示

```
1  plt.figure(figsize=(6, 4))
2  plt.plot(wave,white[0,150,:],"y-",label= "white")
3  plt.plot(wave,dark[0,150,:],"k-",label= "dark")
4  plt.plot(wave,wood[150,150,:],"c-",label= "wood")
5  plt.xlabel("Wavelength (nm)")
6  plt.ylabel("intensity")
7  plt.legend()
```

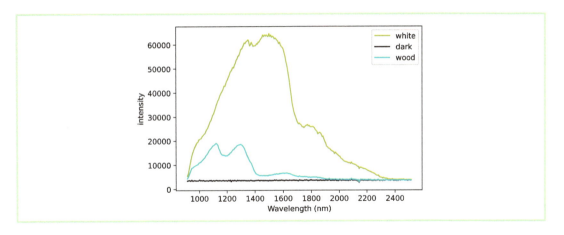

図から，波長 2200 nm 以上では，参照光と試料反射光ともに光強度が非常に小さく，試料反射光はダークデータとほぼ同じ値を示していることが確認できます．このため，以降の解析では 2200 nm 以下のスペクトルを用いることにします．

12.4 試料領域のスペクトルと画像を抽出

12.4.1 任意の波長領域での HSI とスペクトルの抽出

任意の波長領域での HSI とスペクトルを抽出するための関数を以下のプログラムで作成します．

コード 12.8 任意の波長領域における画像とスペクトルの抽出

```python
def extract_image(sample, waveinf, minz, maxz):
    """
    Parameters:
    sample (numpy.ndarray): HSIデータ（形状：（高さ，幅，波長数））
    waveinf (numpy.ndarray): 波長データ（形状：（波長数,））
    minz (float): 抽出する波長範囲の最小値
    maxz (float): 抽出する波長範囲の最大値
    Returns:
    tuple: 抽出された画像データと波長情報（numpy.ndarray, numpy.ndarray）
    """
    # 指定された波長範囲のインデックスを見つける
    idx1 = np.argmin(np.abs(waveinf - minz))
    # idx2 のインデックスを含めるために +1
    idx2 = np.argmin(np.abs(waveinf - maxz)) + 1

    # 任意の波長範囲での画像データを抽出
    sample_extract = sample[:, :, idx1:idx2]
    # 対応する波長情報を抽出
    wave_extract = waveinf[idx1:idx2]

    return sample_extract, wave_extract
```

この関数では，波長データの中から最小値 minz と最大値 maxz に最も近い波長のインデックスを見つけ，その領域でデータを抽出します．今回は，minz を 950（波長の最小値よりも小さい値を適当に指定），maxz を 2200 として，次のプログラムで関数を実行します．

コード 12.9 extract_image 関数の実行

```
1  sample_extract, wave_extract=extract_image(ref_sample, wave, 950, 2200)
```

抽出が正しく行えているかを確認するために，再度，次のようにコード 12.5 の plot_spectrum_and_sum_image 関数を実行します．

コード 12.10 plot_spectrum_and_sum_image 関数の実行（抽出後）

```
1  plot_spectrum_and_sum_image(sample_extract, wave_extract, 150,150,10,10)
```

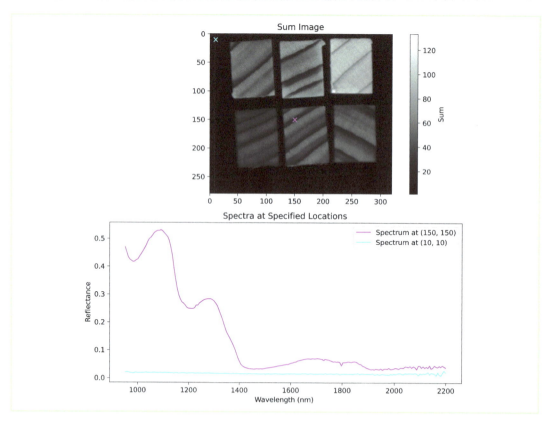

図下段のスペクトルから，波長 2200 nm 以下のスペクトルが正しく抽出できていることがわかります．図上段の画像では，抽出前と同様に HSI データには木材試料と背景が含まれていることが確認できます．HSI データでは，画像上のどのピクセルからスペクトルデータを抽出するかを決めることが非常に重要です．ここでは，木材試料に対応するピクセルと背景に対応するピクセルを判別し，木材試料に相当するピクセルのみからスペクトルの抽出を行います．

12.4.2　試料領域の抽出

図下段のスペクトルをさらに詳しく見ると，木材試料と背景ではスペクトルが大きく異なり，特に低波長では木材試料の反射率が高く，背景ではほぼ0に近いことがわかります。このため，低波長の反射率を用いることで，木材試料と背景を判別できる可能性があります。ただし，単に反射率を用いるだけでは，隣接するピクセルどうしの関係や位置情報を考慮することができません。そこで，画像処理を活用します。

ここでは，コンピュータビジョンと機械学習のオープンソースのライブラリである **OpenCV** を使用します。OpenCV は，画像処理や動画分析，顔認識，オブジェクト検出など，さまざまな用途で利用されているライブラリです。代表的な使用例として，以下のような多様な関数が用意されています。

① **動画分析**：オブジェクト追跡（VideoCapture），動作検出（calcOpticalFlowPyrLK），フレーム分析（BackgroundSubtractorMOG2）など。
② **顔認識**：顔検出（CascadeClassifier），顔の特徴抽出（LBPHFaceRecognizer_create）など。
③ **オブジェクト検出**：特定のオブジェクトの検出（dnn.readNetFromCaffe），位置の特定（dnn.NMSBoxes）など。
④ **画像処理**：画像フィルタリング（GaussianBlur），エッジ検出（cv2.Canny），色調整（cv2.cvtColor）など。

HSI データの解析では，特に画像処理アルゴリズムを用います。以下に一例を示します。

① **フィルタリングとエッジ検出**
  - cv2.GaussianBlur()：ガウシアンフィルタで画像の平滑化（ぼかし）を行う。
  - cv2.Canny()：Canny エッジ検出器を使って画像のエッジ（輪郭）を検出する。
② **形態学的変換**
  - cv2.erode()，cv2.dilate()：画像を収縮（erode）・膨張（dilate）する。
  - cv2.morphologyEx()：収縮の後に膨張を行う開演算，膨張の後に収縮を行う閉演算などにより，ノイズ除去やエッジ強調の効果を得る。
③ **画像の変換**
  - cv2.resize()：画像のサイズを変更する。
  - cv2.warpAffine()，cv2.warpPerspective()：画像をアフィン変換・透視変換する。
④ **コンピュータビジョンタスク**
  - cv2.HoughCircles()，cv2.HoughLines()：ハフ変換を使って画像内の円・直線を検出する。
  - cv2.findContours()：画像から輪郭を検出する。

ここでは，これらのアルゴリズムを使わずに，木材試料と背景の領域の閾値決定に**大津の二値化法**を用います。大津の二値化法は，画像の閾値を自動的に決定し，画像を前景と背景の2つのクラスに

第 12 章　ハイパースペクトルイメージング解析

分ける手法です。この方法では，画像のヒストグラムを用いてクラス間の分散を最大化する最適な閾値を見つけ出し，その閾値に基づいて画像を二値化します。

この方法は，画像のヒストグラムが二峰性分布（データが 2 つの異なるピークをもつ確率分布）を示す場合に特に効果的です。大津の二値化法は，scikit-image ライブラリから利用可能です。なお，ここでの例では，木材試料と背景という，スペクトルの形状が大きく異なる 2 つの領域の判別を行います。

なお，スペクトルの形状が似ているものを判別する場合には，1 つの波長だけでは不十分なことがあります。そのような場合には，スペクトル全体の分散を効率的に把握できる PCA スコアを用いることで，判別が可能になることがあります。

以下のプログラムで，1 つの波長と PCA スコアをもとに，大津の二値化法で木材試料と背景を判別する関数を作成します。

コード 12.11　1 つの波長と PCA スコアによる領域の判別

```python
def extract_sample_region(sample, waveinf, wavelength):
    """
    パラメータ:
    sample (numpy.ndarray): HSI データ（形状：（高さ，幅，波長数））
    waveinf (numpy.ndarray): 波長情報（形状：（波長数,））
    wavelength (float): 抽出する特定の波長
    戻り値:
    None
    """
    # ①wavelength で指定される波長での画像を抽出
    # ①-1 指定された波長に最も近いインデックスを見つける
    idx = np.argmin(np.abs(waveinf - wavelength))
    # ①-2 指定された波長での画像を抽出
    image = sample[:, :, idx]
    # ②PCA スコアの画像を作成
    # ②-1 reshape で 3 次元データの sample を（高さ×幅，波長数）の 2 次元データに展開する
    reshaped_sample = sample.reshape((-1, sample.shape[2]))
    # ②-2PCA を実行し，第 1～第 3 主成分スコアを計算
    pca = PCA(n_components=3)
    pca_scores = pca.fit_transform(reshaped_sample)
    # ②-3reshape でサイズを（y,x,3）の 3 次元データに戻す
    pc_images = pca_scores.reshape((sample.shape[0], sample.shape[1], 3))

    # ③大津の二値化法を使用して二値化画像を作成（木材部が 1，背景部が 0）
    binary_image = (image > threshold_otsu(image)).astype(int)
    pc1_binary = (
        (pc_images[:, :, 0] > threshold_otsu(pc_images[:, :, 0])).astype(int))
    pc2_binary = (
        (pc_images[:, :, 1] > threshold_otsu(pc_images[:, :, 1])).astype(int))
    pc3_binary = (
        (pc_images[:, :, 2] > threshold_otsu(pc_images[:, :, 2])).astype(int))

    # 画像を表示
    plt.figure(figsize=(12, 9))
    plt.subplot(3, 4, 1)
```

```
36        plt.imshow(image, cmap="gray")
37        plt.title(f"Image at {wavelength} nm")
38        plt.subplot(3, 4, 5)
39        plt.imshow(binary_image, cmap="gray")
40        plt.title("binary image")
41        plt.subplot(3, 4, 2)
42        plt.imshow(pc_images[:, :, 0], cmap="gray")
43        plt.title("PC1 score image")
44        plt.subplot(3, 4, 6)
45        plt.imshow(pc1_binary, cmap="gray")
46        plt.title("PC1 binary image")
47        plt.subplot(3, 4, 10)
48        plt.plot(pca.components_[0])
49        plt.title("PC1 loading")
50        plt.subplot(3, 4, 3)
51        plt.imshow(pc_images[:, :, 1], cmap="gray")
52        plt.title("PC2 score image")
53        plt.subplot(3, 4, 7)
54        plt.imshow(pc2_binary, cmap="gray")
55        plt.title("PC2 binary image")
56        plt.subplot(3, 4, 11)
57        plt.plot(pca.components_[1])
58        plt.title("PC2 loading")
59        plt.subplot(3, 4, 4)
60        plt.imshow(pc_images[:, :, 2], cmap="gray")
61        plt.title("PC3 score image")
62        plt.subplot(3, 4, 8)
63        plt.imshow(pc3_binary, cmap="gray")
64        plt.title("PC3 binary image")
65        plt.subplot(3, 4, 12)
66        plt.plot(pca.components_[2])
67        plt.title("PC3 loading")
68        plt.tight_layout()
69        plt.show()
70
71        return binary_image,pc1_binary,pc2_binary,pc3_binary
```

①では，wavelength で指定した波長に最も近いインデックスを見つけ，その画像 image を抽出します。②では，PCA スコアの画像を作成します。はじめに，②–1 で reshape メソッドを用いて 3 次元データ (y, x, 波長数) を 2 次元データ ($y \times x$, 波長数) に展開します。その後，②–2 でPCA スコアを計算し，②–3 で再び 3 次元に戻します。

なお，このプログラムでは木材試料と背景に関係なく，すべてのピクセルのスペクトルデータを用いて PCA を行っています。そのため，ここで抽出される分散は木材試料と背景の違いが強調されたものと考えられます。これらのイメージデータに対して，③で大津の二値化法（threshold_otsu）を用い，木材試料を 1，背景を 0 とする画像データを出力し，その後可視化します。最後に，それぞれからの判別結果を出力します。次のプログラムで関数を実行します。ここでは，1 つの波長として1000 nm を指定しています。

第 12 章 ハイパースペクトルイメージング解析

コード 12.12 `extract_sample_region` 関数の実行

```
1  binary_image,pc1_binary,pc2_binary,pc3_binary  = extract_sample_region(
2      sample_extract, wave_extract,1000)
```

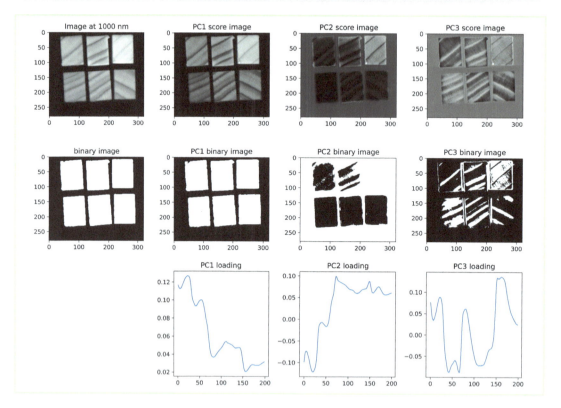

　図上段は左から順番に，指定した波長での反射率，PC1 スコア，PC2 スコア，PC3 スコアの画像です。図中段は，それぞれの画像に対して大津の二値化法を用いて判別を行った二値化画像です。PCA の結果は，図下段のローディングで示されています。今回の例では，1000 nm における反射率と PC1 スコアを用いた場合に，木材試料の領域をうまく判別できていることがわかります。そのため，今後は判別画像として反射率を用いた二値化画像 binary_image を用います。

　ここまでで，大津の二値化法を用いて木材試料に対応するピクセルを判別しました。次に，OpenCV の `connectedComponentsWithStats` 関数を用いて連結成分を認識していきます。この関数は，画像の連結成分のラベリングを行い，それぞれの連結成分に関する情報を提供します。連結成分とは，画像内で連続しているピクセルの集合を指し，ここでは二値化画像で識別される同一試料の領域や背景の領域を意味します。この関数を用いることで，画像中の各オブジェクト（連結成分）を識別し，それらの特性（大きさ，形状，位置など）を把握することができます。次のプログラムのように関数を実行します。

12.4 試料領域のスペクトルと画像を抽出

コード 12.13 `connectedComponentsWithStats` 関数の実行

```
1  retval, labels, stats, centroids = cv2.connectedComponentsWithStats(image)
```

この関数は以下の値を返します。

① **retval**：ラベルの数。
② **labels**：各ピクセルにラベル番号が割り当てられた配列（入力画像と同じサイズ）。
③ **stats**：各ラベル（連結成分）の構造情報が格納された配列。各行には，そのラベルの左上の座標 (x, y)，幅，高さ，面積の情報が含まれる。
④ **centroids**：各ラベルの重心が格納された配列。

なお，lables や stats に格納される配列では通常，背景がラベル 0 として扱われ，他の連結成分には 1 から順番にラベル番号が割り当てられます。以下のプログラムで connectedComponents WithStats 関数を利用して，木材試料にラベル番号の割り当てを行います。

コード 12.14 二値化画像をもとに，特定の領域へのラベル番号の割り当て

```python
 1  def analyze_binary_image(sample, waveinf, binary_im):
 2      """
 3      Parameters:
 4      sample (numpy.ndarray): HSI データ（形状：（高さ，幅，波長数））
 5      waveinf (numpy.ndarray): 波長データ（形状：（波長数,））
 6      binary_image (numpy.ndarray): バイナリ画像（形状：（高さ，幅））
 7      Returns:
 8      None
 9      """
10      # ①反射率を積算した画像を作成
11      sum_image = np.sum(sample, axis=2)
12      binary_im = (binary_im * 255).astype(np.uint8)
13
14      # ②connectedComponentsWithStats で連結成分を解析
15      num_labels, labels, stats, centroids = cv2.connectedComponentsWithStats(
16          binary_im)
17      # 画像を表示
18      plt.figure(figsize=(6, 6))
19      # ③connectedComponentsWithStats の結果をマーク
20      marked_image = sum_image.copy()
21      for i in range(1, num_labels):  # 背景をスキップ
22          print(f"{i} 番目の情報は {stats[i]} です ")
23          marked_image[labels == i] = 100
24          x, y = int(centroids[i][0]), int(centroids[i][1])
25          cv2.putText(marked_image, str(i), (x, y), cv2.FONT_HERSHEY_SIMPLEX,
26                      1, (255, 0, 0), 2)
27
28      plt.imshow(marked_image, cmap="magma")
29      plt.title("connectedComponentsWithStats")
30
```

289

```
31        plt.tight_layout()
32        plt.show()
33        return num_labels, labels, stats, centroids
```

①で反射率を積算した画像データを準備します。②でconnectedComponentsWithStatsを用いて連結成分を解析します。③でconnectedComponentsWithStatsの結果をマークします。ここで，connectedComponentsWithStatsのラベル番号は通常，連結成分が画像内で検出された順序に基づいて割り当てられます。そのため，この画像内にラベル番号も表示します。次のプログラムで，この関数を（1000 nm の反射率から判別した）binary_image に対して実行します。

コード 12.15　analyze_binary_image 関数の実行

```
1  num_labels, labels, stats, centroids = analyze_binary_image(
2       sample_extract, wave_extract, binary_image)
```

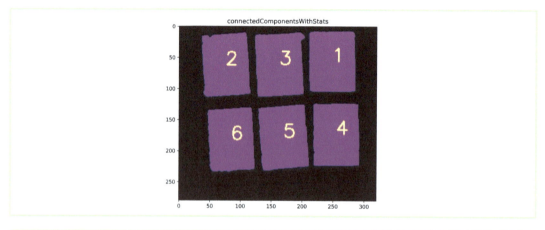

```
1番目の情報は [ 210   8  75  97 7074] です
2番目の情報は [  37  10  79 104 7270] です
3番目の情報は [ 123  10  81 103 7440] です
4番目の情報は [ 218 124  74 100 7239] です
5番目の情報は [ 129 126  82 106 7584] です
6番目の情報は [  46 131  77 103 7187] です
```

図から，各試料のラベル番号が確認できます。前述のとおり，ラベル番号は通常，連結成分が画像内で検出された順序に基づいて割り当てられています。ここでは，右上が1，左上が2，中央上が3，右下から左下にかけて4〜6のラベル番号が割り当てられています。これらの詳細な情報は，各変数 num_labels, labels, stats, centroids に格納されています。

次節からはHSIデータにPLS回帰を適用し，含水率のマッピングを作成します。この際，ラベル番号と実測の含水率の値との対応をしっかりと認識しておく必要があります。

12.5 PLS 回帰を用いた目的変数の予測値の空間分布を可視化

　HSI データから目的変数の予測値（含水率）の空間分布（各木材試料内で水がどのように分布しているか）を可視化します。図 12.4 にその手順を示します。まず，connectedComponentsWithStats 関数で認識されたラベル情報 labels を用いて，各木材試料の平均スペクトルを計算します。次に，平均スペクトルと目的変数である含水率の実測値との間で PLS 回帰を行います。PLS 回帰で得られた回帰係数を全ピクセルの各スペクトルに適用することで予測値を計算し，空間分布の可視化を行います。

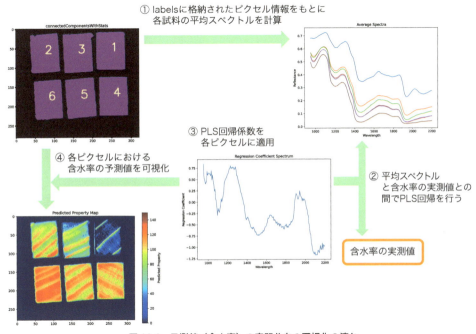

図 12.4　予測値（含水率）の空間分布の可視化の流れ

　はじめに，以下のプログラムで各試料の含水率の実測値を読み込みます。含水率のデータはフォルダ dataChapter12 内の HSI_mc.csv に格納されています。

コード 12.16　含水率のデータの読み込み

```
# 含水率のデータを読み込む
mc=pd.read_csv("dataChapter12/HSI_mc.csv")
mc=mc.rename(columns={"Unnamed: 0":""})
mc=mc.set_index("")
print(mc)
```

第 12 章　ハイパースペクトルイメージング解析

```
1 9.808280
2 65.889571
3 96.082474
4 104.445664
5 92.848572
6 120.367111
```

続いて，以下のプログラムを用いて，各木材試料の平均スペクトルを計算します。

コード 12.17　各木材試料の平均スペクトルの計算

```
 1  average_spectra = [] # 空のリストを用意して，平均スペクトルを格納
 2  sample_order = [1, 3, 2, 4, 5, 6] # ①サンプルの順序を指定
 3  # 各ラベルに対して処理を行う
 4  for label in sample_order:
 5      # ②ラベルに該当するピクセルのインデックスを取得
 6      indices = np.where(labels == label)
 7      # ③対応するスペクトルを抽出
 8      component_spectra = sample_extract[indices[0], indices[1], :]
 9      avg_spectrum = np.mean(component_spectra, axis=0) # ④平均スペクトルを計算
10      average_spectra.append(avg_spectrum) # リストに平均スペクトルを追加
11  average_spectra = np.array(average_spectra) # リストを NumPy 配列に変換
12
13  # 平均スペクトルをプロット
14  plt.figure(figsize=(8, 6))
15  plt.plot(wave_extract, average_spectra.T)
```

①で，HSI_mc.csv から読み込んだ含水率の試料番号と，connectedComponentsWithStats 関数で認識されたラベルの番号を合わせるために，順番を [1, 3, 2, 4, 5, 6] と指定します。次に，for 文を用いて，各ラベルの平均スペクトルを計算します。これは，②でラベルに該当するピクセルのインデックスを取得し，③で対応するスペクトルを抽出し，④で平均スペクトルを計算し，リストに追加することで行われます。このプログラムを実行することで，図 12.4 右上に示すような各試料の平均スペクトルが得られます。

これにより，各試料の平均スペクトルと含水率の実測値が得られたため，これらの変数との間で PLS 回帰を行い，回帰係数から各ピクセルの含水率の予測値を算出し，試料内の空間分布を可視化します。以下がそのプログラムです。

コード 12.18　PLS 回帰によるスペクトル解析と予測値の空間分布の可視化

```
1  def analyze_spectra(sample, waveinf, labelsin, sample_order, prop,
2                      n_components, filter_size=0, vmin=None, vmax=None):
3      """
4      引数：
5      spectra (numpy.ndarray): 反射率データ（形状：(y, x, 波長数)）
6      waveinf (numpy.ndarray): 波長情報（形状：(波長数,)）
7      labelsin (numpy.ndarray): 試料領域情報（形状：(y, x)）
8      sample_order (list): 試料領域の順序
9      prop (numpy.ndarray): PLS 回帰の目的変数
```

292

```
10          n_components (int): PLS 回帰の成分数
11          filter_size (int): ガウシアンフィルタのサイズ (デフォルト: 0, フィルタリングなし)
12          vmin (float): 予測プロパティマップの最小値 (オプション)
13          vmax (float): 予測プロパティマップの最大値 (オプション)
14
15          戻り値:
16          numpy.ndarray: 各領域の平均スペクトル
17          """
18          # 平均スペクトルを計算
19          average_spectra = []
20          for label in sample_order:
21              indices = np.where(labelsin == label)
22              component_spectra = sample[indices[0], indices[1], :]
23              avg_spectrum = np.mean(component_spectra, axis=0)
24              average_spectra.append(avg_spectrum)
25          average_spectra = np.array(average_spectra)
26
27          # 平均スペクトルをプロット
28          plt.figure(figsize=(8, 6))
29          plt.plot(waveinf, average_spectra.T)
30          plt.xlabel("Wavelength")
31          plt.ylabel("Reflectance")
32          plt.title("Average Spectra")
33          plt.show()
34
35          # 指定した成分数で PLS 回帰を実行
36          plsr = PLSRegression(n_components=n_components)
37          plsr.fit(average_spectra, prop)
38          prop_pred = plsr.predict(average_spectra)
39          r2 = r2_score(prop, prop_pred)
40          mse = mean_squared_error(prop, prop_pred)
41          print(f"R2: {r2}")
42          print(f"MSE: {mse}")
43
44          # 実測値と予測値の散布図を表示
45          plt.figure(figsize=(8, 6))
46          plt.scatter(prop, prop_pred, alpha=0.7, color="blue")
47          plt.xlabel("Measured")
48          plt.ylabel("Predicted")
49          plt.title(f"Measured vs. Predicted (R2: {r2:.2f}, MSE: {mse:.2f})")
50          plt.show()
51
52          # 回帰係数スペクトルを表示
53          plt.figure(figsize=(8, 6))
54          plt.plot(waveinf, plsr.coef_.flatten())
55          plt.xlabel("Wavelength")
56          plt.ylabel("Regression Coefficient")
57          plt.title("Regression Coefficient Spectrum")
58          plt.show()
59          # ① spectra の各ピクセルに対して PLS 回帰モデルを適用
60          # ① -1 要素がすべて 0 の行列を作成
61          predicted_spectra = np.zeros_like(sample[:, :, 0])
```

第12章　ハイパースペクトルイメージング解析

```
62        for label in sample_order:
63            # ①-2 ラベルに該当するピクセルのインデックスを取得
64            indices = np.where(labelsin == label)
65            # ①-3 該当のピクセルで PLS 回帰による予測
66            predicted_spectra[indices] = plsr.predict(sample[indices[0],
67                                                      indices[1], :]).flatten())
68
69        # ②予測結果をガウシアンフィルタでぼかす (filter_size > 0 の場合)
70        if filter_size > 0:
71            predicted_spectra = cv2.GaussianBlur(predicted_spectra,
72                                                 (filter_size,filter_size),0)
73        # 予測結果を表示
74        plt.figure(figsize=(8, 6))
75        plt.imshow(predicted_spectra, cmap="jet",vmin=vmin, vmax=vmax)
76        plt.colorbar(label="Predicted Property")
77        plt.title("Predicted Property Map")
78        plt.show()
79        return average_spectra
```

　プログラムの大半はすでに説明してきた内容です。①の PLS 回帰モデルの適用に際して，はじめに①-1 で要素がすべて 0 の行列を作成しています。これは，背景に相当するピクセルの値を 0 とするためです。次に，①-2 でラベル番号に該当するピクセルのインデックスを取得し，そのピクセルに対して，①-3 で predict メソッドを用いて PLS 回帰による予測を行います。

　機械学習を用いる際には通常，試料をトレーニングセットとテストセットに分割する必要がありますが，ここでは試料数が 6 個と少ないため，全試料をトレーニングに使用して，空間分布の可視化を行っています。実際に解析を行う場合には，HSI でも必ずトレーニングセットおよびバリデーションセット（あるいはクロスバリデーション）を用いて最適化したモデルをテストセットに適用し，考察を行ってください。

　実は，図 12.4 で示した一連の流れは，統計的に最適な方法であるとはいえません。これは，PLS 回帰が平均スペクトルと全試料の含水率に基づいて実行されたためです。この方法では，全体のデータセットの平均に依存しているため，各試料の個別のばらつきや特徴を十分に反映できない可能性があります。

　本来は，検量線を利用する際には，予測値を求める試料のスペクトルと目的変数が，検量線を作成した試料の分散の範囲内に収まっている必要があります。したがって，平均スペクトルに基づく PLS 回帰は，個々の試料のばらつきを無視しているため，統計的に適切ではありません。

　今回の例では，各ピクセルのスペクトルにはノイズが多く含まれますが，平均スペクトルはノイズが少なくなります。そのため，ノイズの少ないデータから作成したモデルをノイズの多いデータに適

用することになります。この手順は空間分布の可視化を行う際には避けられないため，結果は相対的な指標として解釈する必要があります。外乱光や測定器の誤差によるスペクトルのノイズが大きい場合には，**フィルタリング**を行うことがあります。画像のフィルタリングにはさまざまな目的がありますが，おもにノイズ除去やエッジ強調，平滑化（ぼかし），シャープ化などがあります。フィルタリングは，画像とフィルタ（カーネルとも呼ばれる）を畳み込むことで行われます。畳み込みにより，各ピクセルとその周囲のピクセルにフィルタを適用し，新しいピクセルの値が計算されます。フィルタの種類によって得られる結果は異なります。

②で利用している`GaussianBlur`は，**ガウシアンフィルタ**を使用して画像の平滑化（ぼかし）を行う一般的なフィルタリング操作です。ガウシアンフィルタは，正規分布に基づき，中心から離れるほど小さくなる重みをもつカーネルです。これにより，画像のエッジや細部を滑らかにし，ノイズを低減します。ここで，predicted_spectra は入力画像，(filter_size, filter_size) はカーネルのサイズ，0 はカーネルの標準偏差です。カーネルのサイズが大きいほど，平滑化の効果が強くなります。標準偏差が 0 の場合，カーネルのサイズから自動的に計算されます。

OpenCV では GaussianBlur 以外にも以下のようなモジュールが準備されています。

① ノイズ除去
- `fastNlMeansDenoising()`：非局所平均フィルタによるノイズ除去。
- `medianBlur()`：メディアンフィルタによるノイズ除去。

② エッジ強調
- `Laplacian()`：ラプラシアンフィルタによるエッジ強調。
- `filter2D()`：カスタムカーネルを使用したエッジ強調。

③ 平滑化（ぼかし）
- `blur()`：平均フィルタによるぼかし。

④ シャープ化
- `filter2D()`：カーネルを使用したシャープ化。

次のプログラムでコード 12.18 の関数を実行します。

コード 12.19 analyze_spectra 関数の実行

```
average_spectra = analyze_spectra(sample_extract, wave_extract,
                                  labels, [1,3,2,4,5,6],mc,3,1,0,150)
```

第 12 章　ハイパースペクトルイメージング解析

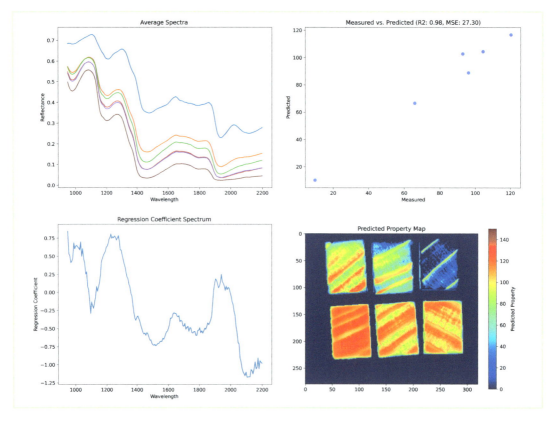

　図は，左上が各試料の平均スペクトル，右上が各試料の含水率の実測値（横軸）と予測値（縦軸）のプロット，左下が回帰係数のスペクトル，右下が含水率の予測値の試料内の空間分布を示しています。木材試料ごとに含水率の差が確認でき，同一試料内の含水率の分布も明確になっていることがわかります。特に，年輪の部分（晩材部）では，含水率が高いことがわかります。このように，統計的には最適ではないものの，試料内の化学成分の分布を相対的に可視化することで，試料の平均値を扱う解析では得られない知見を得ることができます。

12.6
HSI データ解析への畳み込みニューラルネットワーク（CNN）の適用

　HSI データの解析には，ここまで説明してきた手法に加えて，さまざまなアプローチが存在します。本章の最後では，PCA を使用して HSI データから化学成分の空間分布を可視化し，さらに畳み込みニューラルネットワーク（CNN）を適用して含水率の予測を行います。前節では PLS 回帰を用いて「平均スペクトル」から「含水率」を推定しましたが，今回の方法では「試料内の化学成分の分布」を考慮したモデルを構築できるため，モデルの正確度の向上が期待されます。

　まず，以下のプログラムで，各ピクセルに対して第 1 主成分から第 3 主成分までのスコアを計算し，各スコアを RGB に対応させた疑似 RGB 画像を作成します。

12.6 HSI データ解析への畳み込みニューラルネットワーク（CNN）の適用

コード 12.20　PCA による化学成分の空間分布の可視化

```python
# ラベルが指定された領域からすべてのスペクトルを抽出
wood_spectra = sample_extract[labels > 0]  # ①ラベルが 0 より大きい領域からスペクトルを抽出

# ②抽出したスペクトルデータを用いて，3 つの主成分で PCA を実行
pca = PCA(n_components=3)  # 3 つの成分で PCA を初期化
pca.fit(wood_spectra)  # 抽出したスペクトルデータで PCA を実行
# ③ PCA モデルを使用して，データセット全体を変換
# PCA 変換のために形状を変更
reshaped_sample = sample_extract.reshape(-1, sample_extract.shape[2])
pca_scores = pca.transform(reshaped_sample)  # データを変換
# もとの形状に戻す
full_pca_scores = pca_scores.reshape(sample_extract.shape[0],
                                     sample_extract.shape[1], 3)

# 最初の 3 つの主成分の PCA スコアをプロット
plt.figure(figsize=(6, 4))
plt.imshow(full_pca_scores)
plt.colorbar(label="PC1-3 Score")
plt.title("PCA Score (PC1-3)")
plt.show()

# PC1 から PC3 までのローディングを表示
plt.figure(figsize=(6, 4))
# PC1 のローディングをプロット
plt.plot(wave_extract, pca.components_[0], label="PC1 Loadings", color="red")
# PC2 のローディングをプロット
plt.plot(wave_extract, pca.components_[1], label="PC2 Loadings", color="blue")
# PC3 のローディングをプロット
plt.plot(wave_extract, pca.components_[2], label="PC3 Loadings",
         color="black")
plt.xlabel("Wavelength")
plt.ylabel("Loadings")
plt.title("PCA Loadings")
plt.legend()
plt.show()
```

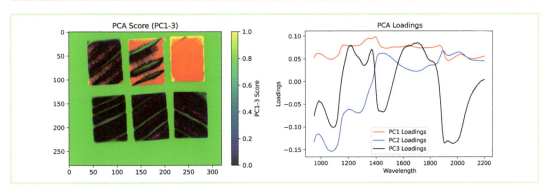

第 12 章　ハイパースペクトルイメージング解析

　はじめに，①で木材試料に対応するピクセルのスペクトルデータを抽出します。②では，抽出した
スペクトルデータをもとに，3 つの主成分で PCA を実行します。12.4 節では，木材試料に相当する
ピクセルを判別するために，木材試料と背景の全領域のスペクトルデータを用いて PCA を行った結
果，第 1 主成分には木材試料の背景との差の分散が抽出されました。一方，本節の PCA では，木材
試料の領域のスペクトルデータのみを使用するため，「含水率の違い」や「部位の違い」に基づく分
散が主成分として抽出されることが期待されます。

　次に，③で HSI データを `reshape` 関数を使って 2 次元に変換し，PCA スコアを計算した後に再
び reshape 関数で 3 次元に戻します。HSI データの解析では，reshape 関数を多用します。ケモ
メトリクスでは 2 次元（データ数 × 波長数）に変換し，画像解析では 3 次元データ（x, y, 波長（色））
に変換してから解析を進めます。

　このプログラムを実行することで，図左の PCA スコアによる空間分布と，図右の PCA ローディ
ングが得られます。ローディングからは，PC1 がすべて正の値を示しており，スペクトルのベース
ライン変動を反映していることがわかります。ベースライン変動に関与する因子としては，木材試
料の密度が考えられます。PC2 は低波長側で負の値，高波長側で正の値を示しており，木材試料の
色やスペクトルの乗算的なベースライン変動を反映していると推察されます。PC3 の 1400 nm と
1900 nm 付近の大きな負のピークは水の吸収によるものです。そのため，PC3 は特に水の分散を強
調していることがわかります。

　さらに，PCA スコアの空間分布を可視化することにより，可視光では捉えられない化学成分の情
報を視覚的に確認できます。

　次に，PCA スコアの画像に CNN を適用します。まず，以下のプログラムを使用して，各試料に
対応するピクセルを抽出します。

コード 12.21　各試料のピクセルを抽出（ピクセル数が同じになるように調節）

```
1  A6=full_pca_scores[120:240,37:127,:]
2  A5=full_pca_scores[120:240,125:215,:]
3  A4=full_pca_scores[120:240,213:303,:]
4  A3=full_pca_scores[0:120,30:120,:]
5  A2=full_pca_scores[0:120,120:210,:]
6  A1=full_pca_scores[0:120,205:295,:]
```

　なお，これらのピクセルは，画像解析ではなく目視で設定したものです。次に，以下のプログラム
で CNN モデルを定義し，このモデルを用いて PCA スコアの画像から含水率を予測します。ここで
もテストセットを準備していませんが，実際に同様の解析を行う際は，必ずバリデーションセットと
テストセットを準備することが重要です。

コード 12.22　CNN モデルの定義と CNN を用いた含水率の予測

```
1  images = np.array([A1, A2, A3, A4, A5, A6]) # 画像データを NumPy 配列に格納
2  mc = np.array(mc) # 含水率データを NumPy 配列に格納
3
```

12.6 HSIデータ解析への畳み込みニューラルネットワーク（CNN）の適用

```python
# ① CNN モデルの定義
model = Sequential([
    Conv2D(32, (3, 3), activation="relu",
           input_shape=(120, 90, 3)),  # 畳み込み層
    MaxPooling2D((2, 2)),  # プーリング層
    Conv2D(64, (3, 3), activation="relu"),  # 畳み込み層
    MaxPooling2D((2, 2)),  # プーリング層
    Conv2D(64, (3, 3), activation="relu"),  # 畳み込み層
    Flatten(),  # 平坦化層
    Dense(64, activation="relu"),  # 全結合層
    Dense(1)  # 出力層
])

# ②モデルのコンパイル
# 最適化アルゴリズムと損失関数の設定
model.compile(optimizer="adam", loss="mean_squared_error")
model.summary()  # ③モデルの構造を表示
# モデルの学習
model.fit(images, mc, epochs=10)  # ④画像データと含水率データでモデルを学習

# 含水率の予測
mc_pred = model.predict(images).flatten()  # ⑤画像データから含水率を予測

# 予測値と実測値の散布図のプロット
plt.scatter(mc, mc_pred, alpha=0.7, color="blue")
plt.xlabel("mc")
plt.ylabel("predicted")
plt.title("mc vs predicted")
plt.show()

# R2 と MSE の計算
r2 = r2_score(mc, mc_pred)  # 決定係数R2 の計算
mse = mean_squared_error(mc, mc_pred)  # 平均二乗誤差の計算
rmse = np.sqrt(mse)
print(f"R2: {r2:.2f}")
print(f"RMSE: {rmse:.2f}")
```

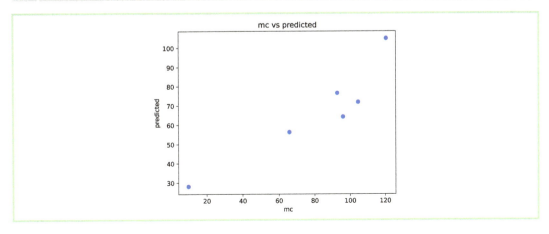

第 12 章　ハイパースペクトルイメージング解析

```
Model: "sequential_2"
_____
Layer (type) Output Shape Param #
=================================================================
conv2d_6 (Conv2D) (None, 118, 88, 32) 896

max_pooling2d_4 (MaxPoolin (None, 59, 44, 32) 0
g2D)

conv2d_7 (Conv2D) (None, 57, 42, 64) 18496

max_pooling2d_5 (MaxPoolin (None, 28, 21, 64) 0
g2D)

conv2d_8 (Conv2D) (None, 26, 19, 64) 36928

flatten_2 (Flatten) (None, 31616) 0

dense_4 (Dense) (None, 64) 2023488

dense_5 (Dense) (None, 1) 65

=================================================================
Total params: 2079873 (7.93 MB)
Trainable params: 2079873 (7.93 MB)
Non-trainable params: 0 (0.00 Byte)

R2: 0.70
MSE: 19.66
```

　①で CNN モデルを定義し，ここでは PCA スコアの画像をサイズ (120, 90, 3) の入力データ
として使用しています。これらから，複数の畳み込み層とプーリング層を経由し，最終的に含水率を
予測する出力層へとつなげています。②でモデルをコンパイルし，③でその構造を表示しています。

　次に，④で学習を行います。今回はエポック数 (epoch) を 10 としましたが，結果として得られ
た決定係数は 0.70 でした。エポック数を大きくすることで，決定係数は増加しますが，再三繰り返
したとおり，実際の運用時にはクロスバリデーションが不可欠です。

　本章では，HSI データの解析を説明してきました。前述のように，reshape 関数を用いて 2 次元
と 3 次元との変換を繰り返し，波長方向にはケモメトリクスや機械学習，空間方向には画像解析や深
層学習を組み合わせて解析を行います。ケモメトリクスは波長間や試料間の分散を効率的に抽出する
ことに優れ，画像解析は空間的な分散の可視化に適しています。ここでも筆者の主張は，科学データ
を取り扱う場合には極力，波長方向にはケモメトリクス，空間方向には画像解析を用いるべきである
ということです。2 つの軸がある分，解析の方法もいろいろな組み合わせが考えられます。本書を参
考にしながら，実際の研究で扱っているデータに対しても解析を最適化していただきたいと思います。

あとがき

　本書は，スペクトル解析の実践を提供するものでしたが，このあとがきでは「相関から因果への昇華」というキーワードを手がかりに，科学のあり方そのものについて考えていきたいと思います。

　批評家で哲学者の東浩紀が『動物化するポストモダン』講談社（2001）で論じた「データベース消費への移行」という現象が，科学分野においてもみられるように筆者は感じています。かつては，科学の探求が一つの理論に基づいて統一的な解を求める「大きな物語」として機能していたのに対し，現代では多様なデータが並列的に処理されて解釈される「小さな物語」が多くを占めるようになっているように思います。この変化は，フランスの哲学者ジャン＝フランソワ・リオタールの言う「大きな物語の終焉」と呼応するものであり，科学の進歩が、現代社会における多様な価値観や視点（いわゆるポストモダンの考え方）にどのように影響されているかを示しているように思います。これは，X（旧 Twitter）で散見される「エビデンス」に対する言い争いに現れているようにも思います。

　科学的な「エビデンス」を保証する立場であった大学の役割は変容しつつあります。社会学者の吉見俊哉が議論する「大学の二度目の死」は，今日の学術研究に対して重要な問題点を突き付けています。インターネットの普及とデジタル化の進展が，「エビデンス」の独占者であった大学の役割を根底から変えてしまいました。これは，15 〜 16 世紀における三大発明の一つである活版印刷が，大学の役割や社会の構造を大きく変えたことに匹敵します。当時，活版印刷は知識の普及を加速させ，宗教改革や「大学の死」に象徴される社会的な変革をもたらしました。

　そしてまた，現在進行しているインターネットの普及とデジタル化は，そのとき以上に，現代社会の構造を根底から変えつつあります。これらの技術によって大学の授業はオワコン化しつつあります。また，かつて大学が保持していた知の集積地としての地位は，テクノロジー企業や民間の研究機関によって，しだいに代替されつつあります。スペース X 社やテスラ社の CEO であるイーロン・マスクや，他のテクノロジー企業が動かす資金は，日本の大学の研究予算とは桁違いであり，この資金力の差が研究の進行速度や成果に直接的な影響を与えています。（2024 年 11 月にドナルド・トランプが米大統領選に勝利した直後の段階で，イーロン・マスクの総資産は約 48 兆円に達しています。日本の 2024 年度科学技術振興費は 1.4 兆円です。）

　大学の教員は（多くて）数億円の予算を獲得し，これによりさらに事務仕事に忙殺されながら，年収 1 千万円程度でひたすら疲弊しています。一方で，イーロン・マスクが共同設立したブレイン・マシン・インタフェースを開発する企業，ニューラリンク社の社員は豊富な資金と給料で研究に集中できるわけです。ニューラリンク社は 2024 年 3 月に「ヒトへの脳インプラントの施術を受けた人物が，このデバイスを使ってオンラインチェスやビデオゲームをプレイできるようになった」と報告しています。

　現在の科学研究費の「選択と集中」を見るたびに私が思いだすのは，インドの政治指導者ガンジーが指摘した「社会的大罪」です。ガンジーが社会的大罪とみなした 7 つのうち，4 と 5 は大学に関連するものです。

あとがき

1　原則なき政治
2　道徳なき商業
3　労働なき富
4　人格なき教育
5　人間性なき科学
6　良心なき快楽
7　犠牲なき信仰

　7つの社会的大罪が進んでいる現状は，われわれが「病気に罹ることと疑うことを罪として考え，互いが摩擦を起こさないようにゆっくりと歩み，貧することも富むこともせず，誰もが平等であり，誰もが平等を望む社会」のような「新世界」に突き進んでいるように思えてなりません。科学技術の発展がもたらす利益は計り知れませんが，それが生み出す社会的・倫理的な分断や不平等にも留意しなければなりません。

　さて，データサイエンスは世界をソフト面で変革しています。特にデータ生成において，深層学習は新たな地平に到達しつつあります。本書では，「機械学習よりもケモメトリクスを」と繰り返して述べてきましたが，データ生成については違う視点で捉える必要があります。2017年に発表された論文 "Attention is All You Need" で提案された「Transformer (attention層)」と「U-net」は，画像生成 (拡散モデル) や大規模言語モデル (large language model, LLM) を新たなステージに押し上げています。スペクトル解析においても，Transformer におけるデータ生成は有用な手法になると思います。

　OpenAI 社の共同創業者ピーター・ティールは，「AIは中央集権的」であると述べています。データサイエンスにおいて最も重要な要素は「良質なデータを大量に集める」ことと，「これらを解析する GPU を大量に保有する」ことにあります。つまり，「もてるもの」がデータサイエンスを牽引していくことになります。これは，私がスペクトル解析に機械学習ではなくケモメトリクスを勧める理由の一つでもあります。

　スペクトル解析においては，機械学習的アプローチはメタ解析に限るものとし，それ以外の研究では (ビッグデータも豊富な GPU もないため) ケモメトリクスで堅牢性を保証するようなモデルをつくるべきと考えます。しかし，本書を読んでいただいた方の中には，ケモメトリクスを用いても，結局は「なぜ予測できるか」や「堅牢性」を明確にすることは難しいと思った方がいらっしゃるかもしれません。実は私も同様の思いを抱いています。それでも，われわれが行うべきことは，相関から因果に昇華させることをあきらめずに，汎用性の高いモデルを作成する努力をするということにあると思います。この努力と葛藤が「エビデンス」への手がかりとなり，ひいてはこれが「新世界」への抗いとなると信じています。

　本書はケモメトリクスを用いた解析を通じて，読者に「相関から因果へ」という科学的な洞察の飛躍を支援することを裏テーマとしています。本書がこれらの理解を深める一助となり，読者がそれぞれの研究や実践の場で新たな視点をもって取り組むことができることを願っています。

稲垣　哲也

索引

プログラミング関連用語索引

%whos	44
__init__	177
apply	169, 175
array	76
as キーワード	32
bar	49
bool 型	23
boxplot	224
class	29
coef_	251
connectedComponentsWithStats	288
cross_val_score	257
DataFrame	83
ddof	60, 166, 248
def キーワード	27
default	82
describe()	182, 223
df.head()	45
dot	76
epoch	300
equal_val	67
Estimator	264
f 文字列	38
find_peaks	229
fit	82
for 文	26
GaussianBlur	295
header	43
if 文	24
iloc	46, 85
lambda	169
linalg.inv	76
LinearRegression	82, 116, 264

linspace	49
loc	85
ndarray	34, 83
np	32
np.random.normal	60
pearsonr	70
pickle	258
Pipeline	263
plt	32
predict	83
print	21
random.rand	70
range	26
read_excel	41
requirements.txt	33
reshape	35, 287, 298
seaborn	242
self	177
singal	229
sklearn.preprocessing.StandardScaler	176
sns	242
spectral.io.envi	277
stats.norm.cdf	50
stats.norm.pdf	49
stats.t.pdf	56
stats.t.ppf	60
stats.ttest_ind	67
std	86
sum	47
train_test_split	255
Transformer	264
transpose	76
type	22
var	86
with_std=False	166

語句索引

数字・記号

0–1 損失 198
ε 不感損失関数 213

A

AAS 2
AGI 98
Anaconda 31
Anaconda Prompt 31
API 90

B

BiLFile 278

C

ChatGPT 89
CLS 法 102
CNN 216, 296

D

Dense 層 218

G

GNPS 163
grad 205

H

hdr ファイル 276
HSI 273

I

ILS 法 112
IQR 226
IR 分光法 2
Iris データセット 180
Isolation Forest 244

J

Jupyter Notebook 15

K

k 近傍法 186
k-分割交差検証 145
Keras 217
k-fold クロスバリデーション 145
KKT 条件 208
k–NN 186

L

LOOCV 146

M

Markdown 20
MassBank 163
Matchms 163
MLR 112
MoNA 163
MS 163
MSC 167
MyGPTs 93
MZmine 3 163

N

NFL 定理 12
NIPALS 法 149
NMR 分析 1
NN 215
NumPy 34, 83

O

One-Hot エンコーディング 217
OpenCV 285

P

p 値 64, 70
pandas 40, 83
PCA 118
PCR 142
PLS–DA 198
PLS 回帰 148
PRESS 147
Python 4, 15

●Q

Q1 226

Q3 226

QR 分解 131

●R

raw ファイル 275

RBF カーネル 211

ReLU 関数 215

RMSE 143

●S

Savitzky-Golay フィルタ 172

scikit-learn 29

SciPy 229

SNV 170, 174

Spectral Python 277

SPy 277

SV 回帰 213

SV 分類 214

SVD 127, 132

SVM 196

●T

t 値 56

t 分布 55

TensorFlow 216

●U

UV-Vis 分光法 2

●W

Welch の方法 67

●X

XGBoost 189

●Z

Z スコア 39, 49

●あ

アイリスデータセット 180

アウトライヤー 244

アトリビュート 34, 35

アンサンブル学習 190

●い

一次微分 170, 171

一括読み込み 161

イミュータブル 23

色深度 274

因果 8, 9

インタリーブ形式 277

インデックス 41

インデント 25

●う

ウェイトローディング 149, 250, 252

ウォード法 184

●え

似非科学 13

エポック 219, 300

演繹法 13

●お

応答変数 100

大津の二値化法 285

オーバーフィッティング 142, 190

オブジェクト指向 34

オミクス解析 160

●か

回帰係数 251

回帰線 78

回帰問題 190

階層的クラスタリング 180

解像度 274

ガウシアンフィルタ 295

ガウス分布 38

返り値 27

過学習 142, 190

305

索引

核磁気共鳴分析 1	系統誤差 51
学習器 190	結合音 6
確証性の原理 13	決定木 189
画像解析 273	決定境界 186
活性化関数 215	決定係数 144
カーネル化 210	ケモメトリクス 6
カーネル関数 211	原子吸光分光法 2
カーネルトリック 209, 211	検出器 2
カーブフィッティング 4, 106, 237	検証 142
カラム名 41	検量線 8
カルーシュ・クーン・タッカー条件 208	検量モデル 9
関数 27	堅牢性 142

● き

機械学習 5	
規格化 122	
機器分析 1	
帰納法 13	
キーボードショートカット 19	
帰無仮説 64	
逆行列 73, 76	
逆最小二乗法 112	
吸光度 101	
強化学習 5	
教師あり学習 5, 180	
教師なし学習 5, 180	
共分散 68	
行列 72	
局所的最適解 208	
寄与率 120, 252	

● こ

光源 2
勾配 205
勾配ブースティング 189, 191
公理 13
古典的最小二乗法 102
コメントアウト 19
固有値 128
固有値問題 127
固有ベクトル 128
コンストラクタ 177

● く

偶然誤差 51
区間推定 52
クラス 82
クラスタリング 180
クラスラベル 197
グリッドサーチ 259
クロマトグラフィー 1

● さ

最小二乗法 78, 192, 198
最小絶対値法 192
最小値 226
最大値 226
最尤推定値 193
サポートベクトル 196, 199
サポートベクトル回帰 213
サポートベクトル分類 214
サポートベクトルマシン 196
残差行列 122
参照光データ 275

● け

蛍光分光法 2

● し

紫外可視分光法 2
シグモイド関数 215
二乗平均平方根誤差 143

二乗和 78
実験計画法 227
質量分析 1, 163
四分位範囲 226
指紋スペクトル 241
射影 153
弱学習器 190
シャムニューラルネットワーク 164
重回帰分析 192
収束演算 149
従属変数 100
自由度 248
自由度の差分 60, 166
樹形図 181
主成分回帰 142
主成分分析 118
主問題 203
純スペクトル行列 104
乗算的散乱補正 167
真値 148
シンプレックス法 193
信頼区間 52
信頼係数 54

● す
スケールパラメータ 203
スコア 118, 119
スパース行列 209
スペクトル 2
スペクトル解析 2
スペクトル行列 104
スペクトル分解 4
スムージング 170, 171
スムージングポイント 173
スラック変数 202

● せ
斉一性 13
正確度 148
正規分布 38, 45
正則化 194
正則化パラメータ 202

精度 148
正方行列 73
制約条件 129, 205
整列ランク変換 227
赤外分光法 2
説明変数 6, 100
線形計画法 193
線形スタック 217
線形代数 72
線形変換 128

● そ
相関 8, 9
相関係数 68
相関スペクトル 231
双対問題 203, 220
疎行列 209
ソフトマージン 202
ソフトマックス関数 218
損失関数 191, 192, 196
損失値 194

● た
大域的最適解 208
第 1 四分位数 226
対角要素 123
第 3 四分位数 226
ダークデータ 275
多重共線性 115, 142
多重線形回帰 112
畳み込みニューラルネットワーク 216, 296
タプル 23
単位行列 73
単位ベクトル 205
単回帰分析 78

● ち
治験 160
中央値 226
中心化 119, 133, 165
中心極限定理 52

307

索引

●て
定理 13
データ型 22
データキューブ 276
データフレーム 40
データ変換 226
デバッグ 95
デフォルト値 82
転移学習 216
点推定 52
転置行列 74

●と
特異値 132
特異値行列 132
特異値の二乗 132
特異値分解 127, 132
独立変数 100
トークン 90
凸二次最適化問題 208

●な
内積 72
内挿 170
内点法 193

●に
二次微分 170, 171
ニューラルネットワーク 215

●の
濃度行列 104
ノーフリーランチ定理 12

●は
倍音 6
ハイパースペクトルイメージング 273
ハイパーパラメータ 203, 259
ハイパーパラメータチューニング 264
パイプライン 263
波形分離 106
箱ひげ図 224

バージョン 32
外れ値 226
バタフライ効果 88
パッケージ 29, 176
バッチサイズ 219
ハードマージン 201
パラメータ 35, 82
バリデーション 122, 142, 143
バリデーションセット 143

●ひ
ピアソンの相関係数 68
引数 27
ピーク検出 229
ピクセル 273
ピークピッキング 4
ピーク分離 171
ひげ 226
ヒストグラム 49, 224
非線形反復部分最小二乗法 149
ビッグデータ 179
ビット深度 274
一つ抜きクロスバリデーション 146
ヒートマップ 241
ビニング処理 164
標準化 39, 69, 133, 165
標準スコア 39
標準正規変量 170, 174
標準偏差 36, 47
標本 50
標本標準誤差 58
ヒンジ損失 198

●ふ
フィルタリング 295
フォークト関数 237
フォーマット文字列 38
プッシュブルーム型 275
部分的最小二乗回帰 148
部分的最小二乗判別分析 198
不偏分散 52
プラグイン 90

308

索引

ブロードキャスト 279
プロンプト 89
プロンプトエンジニアリング 93
分解 112
分光器 2
分光分析 1, 2
分散 36
分散共分散行列 131
分類問題 190

● へ
平均 36, 47
ベースライン補正 234
変数 21
ヘンペルのカラス 13

● ほ
母集団 50

● ま
マージン 196, 199
マージン最大化 196
マススペクトル 163
マンハッタン距離 181

● み
密結合層 218

● め
メソッド 34
メタ解析 11
メタボローム解析 163

● も
目的変数 6, 100
モジュール 29, 176
モジュール化 175
モデル 190
戻り値 27

● ゆ
有意差 63
有意水準 54
ユークリッド距離 181, 184

● よ
予測残差平方和 147
予測変数 100

● ら
ライブラリ 29
ラグランジュ乗数 130
ラグランジュの未定乗数法 130, 204
ラッソ回帰 194
ラマン分光法 2
ラムダ式 169
ランダムフォレスト 189, 190
ランベルト・ベール則 100

● り
リスト 21
リッジ回帰 194

● ろ
ローディング 118, 119, 250

309

著者紹介

稲垣哲也

2006 年　名古屋大学農学部応用生物科学科卒業
2011 年　名古屋大学大学院生命農学研究科生物圏資源学専攻博士後期課程修了
　　　　博士（農学）
2011 年　名古屋大学大学院生命農学研究科助教
2011 ～ 2012 年　University of Northern British Columbia 研究員（兼任）
2016 年　名古屋大学大学院生命農学研究科講師
2021 年　名古屋大学大学院生命農学研究科准教授
　　　　現在に至る

NDC433　　　　319p　　　　24cm

Python と ChatGPT を活用する　スペクトル解析実践ガイド
ケモメトリクスから機械学習まで

2025 年 2 月 26 日　第 1 刷発行

著　者　稲垣哲也
発行者　篠木和久
発行所　株式会社　講談社　　　　KODANSHA
　　　　〒112-8001　東京都文京区音羽 2-12-21
　　　　　　販　売　(03) 5395-5817
　　　　　　業　務　(03) 5395-3615
編　集　株式会社　講談社サイエンティフィク
　　　　代表　堀越俊一
　　　　〒162-0825　東京都新宿区神楽坂 2-14　ノービィビル
　　　　　　編　集　(03) 3235-3701
本文データ制作　株式会社トップスタジオ
印刷・製本　株式会社ＫＰＳプロダクツ

　　　　落丁本・乱丁本は，購入書店名を明記のうえ，講談社業務宛にお送り下さい．
　　　　送料小社負担にてお取替えします．
　　　　なお，この本の内容についてのお問い合わせは講談社サイエンティフィク
　　　　宛にお願いいたします．定価はカバーに表示してあります．
　　　　© Tetsuya Inagaki, 2025
　　　　本書のコピー，スキャン，デジタル化等の無断複製は著作権法上での例外
　　　　を除き禁じられています．本書を代行業者等の第三者に依頼してスキャン
　　　　やデジタル化することはたとえ個人や家庭内の利用でも著作権法違反です．
　　　　Printed in Japan

ISBN 978-4-06-538590-6